面向新工科的电工电子信息基础课程系列教材
教育部高等学校电工电子基础课程教学指导分委员会推荐教材

从零开始设计你的智能小车

基于STM32的嵌入式系统开发

胡 青 编著

清華大學出版社
北 京

内 容 简 介

本书从“实战”出发，以 STM32F103VET6 单片机为对象，以 C 语言为开发语言，详细讲解如何在 CMSIS 固件库基础上完成嵌入式应用系统的开发。通过本书的学习，读者能够初步了解嵌入式系统设计中的硬件设计和软件设计，掌握硬件和软件调试技巧，具备设计、规划和实现一个简单嵌入式应用系统的能力。

全书以“智能小车设计”作为主线，内容分为基础篇、提高篇和实践篇三个层次。“基础篇”介绍嵌入式开发的基本常识、系统架构等。“提高篇”以小车功能需求为目标组织各章节内容，每章实现智能小车的一个功能。“实践篇”从应用系统设计、规划的角度出发，通过两个不同的“智能小车”系统设计实例，从功能设计规划开始，经过硬件需求分析与选型、硬件设计与供电设计，到软件设计、系统测试，详细讲解从设计规划到开发实现的完整过程。侧重分析设计思路、设计方法，以及项目的组织架构，培养作为系统开发工程师应该具备的“全局观”和从系统层面分析、分解系统功能的能力。

本书可作为高等院校自动化类、电气工程类、电子信息类等相关专业的教材，也可作为嵌入式开发爱好者的入门书籍。

图书在版编目(CIP)数据

从零开始设计你的智能小车：基于 STM32 的嵌入式系统开发/胡青编著. —北京：清华大学出版社，2022.3（2025.3重印）
面向新工科的电工电子信息基础课程系列教材
ISBN 978-7-302-59893-0

Ⅰ. ①从… Ⅱ. ①胡… Ⅲ. ①微处理器－系统开发－高等学校－教材 Ⅳ. ①TP332

中国版本图书馆 CIP 数据核字(2022)第 010628 号

责任编辑：文 怡 李 晔
封面设计：王昭红
责任校对：郝美丽
责任印制：曹婉颖

出版发行：清华大学出版社
网　　址：https://www.tup.com.cn，https://www.wqxuetang.com
地　　址：北京清华大学学研大厦 A 座　　**邮　　编**：100084
社 总 机：010-83470000　　**邮　　购**：010-62786544
投稿与读者服务：010-62776969，c-service@tup.tsinghua.edu.cn
质量反馈：010-62772015，zhiliang@tup.tsinghua.edu.cn
课件下载：https://www.tup.com.cn，010-83470236
印 装 者：三河市科茂嘉荣印务有限公司
经　　销：全国新华书店
开　　本：185mm×260mm　　**印　　张**：18　　**字　　数**：419 千字
版　　次：2022 年 5 月第 1 版　　**印　　次**：2025 年 3 月第 4 次印刷
印　　数：2601～3100
定　　价：59.00 元

产品编号：089164-01

前言

2014年，教育部推动“卓越工程师教育培养计划”，重庆大学自动化学院建立了“卓越计划”实验班。为了适应“卓越计划”加强培养学生工程素养的要求，2017年，我为实验班开设了全新的“嵌入式技术与应用”课程。课程注重实践，引导学生建立工程师的思维方式，培养设计、规划、开发嵌入式应用系统的能力。课程选择主流的32位ARM Cortex-M3内核STM32F103VET6单片机为对象，以C语言为开发语言，详细讲解如何在CMSIS固件库基础上完成嵌入式应用系统的开发。

通过几届的教学实践，课程取得了比较满意的效果，学生们认为课程培养了他们的动手能力，使他们初步掌握了嵌入式开发技术，很多同学将课程所学的知识应用在竞赛和SRTP、国创项目，取得了较好的成绩。以课程内容为基础，结合教学中发现的问题以及学生实践中的反馈，形成了本书的主体内容。

本书以“智能小车设计”作为主线，分为基础篇、提高篇和实践篇三个层次。“基础篇”介绍嵌入式系统的基本概念、单片机系统架构、CMSIS库基本结构等，重点讲解嵌入式系统开发的基础知识、常用的片上硬件模块，包括GPIO模块、基本定时器以及嵌套向量中断控制器NVIC等。“提高篇”以小车功能需求为主线，每章实现小车的一个功能。内容安排由浅入深，“按需学习”，即针对具体的功能需求，选择合适的扩展硬件模块。为了控制拓展的硬件模块而学习片上硬件的相关功能，了解与该功能相关的寄存器和接口函数，掌握基于库函数的嵌入式开发技术。每章都有设计实例，详细分析实例项目的硬件设计和软件设计。在开发实例的讲解上，突出单片机“参考手册”“数据手册”的作用。从项目开发的角度，分析项目文件的组织结构，接口函数的设计。“实践篇”从应用系统设计规划的角度出发，通过两个不同的“智能小车”设计，从功能设计规划开始，到硬件需求分析与选型、硬件设计与供电设计、软件设计与测试，详细讲解从设计规划到开发实现的完整过程。重点分析设计思路、设计方法，以及项目的组织架构，培养作为系统开发工程师应该具备的“全局观”和从系统层面分析、分解系统功能的能力。

本书面向对嵌入式系统开发有兴趣的读者，只要有C语言的编程经验即可，无需更多的软硬件开发经验。本书以“单片机最小系统板＋相关硬件小模块”的方式搭建硬件平台，而不是直接购买一块昂贵的开发板，书中用到的所有硬件模块都很容易在网络平台上购买到，并且有很多可互相替换的硬件模块可供选择。新手做硬件设计难免会出错，在教学过程中，每一届都有学生因失误而烧毁硬件，最小系统板、8段LED、L298N等都损坏过，甚至小车都撞坏过，这很正常。学习游泳怎能不呛水，但是如果损坏的硬件价格昂贵，这就很“痛”了。集成了所有外扩硬件的开发板成本太高，一旦损坏就会给学习

前言

者带来高昂的成本损失，也会对其造成很大的心理压力，使其在学习和使用的过程中畏首畏尾。本书选择“最小系统板＋硬件模块”的方式，每一个硬件模块的价格都不高，减轻学习者的经济压力和心理负担，使其更能勇于尝试。这种方式能锻炼学习者动手做硬件设计的能力，硬件设计对嵌入式系统设计来说是非常重要的部分。

本书的配套资料中给出了开发软件、单片机手册、芯片数据手册、硬件模块资料等，还有教学大纲、教学课件、讲解视频、参考例程等，尤其是每个参考例程都配有视频讲解，说明所需要的硬件如何连接，分析程序结构，演示实验现象。学习了相关章节内容后，按照视频讲解，逐步操作，就能复现实验现象。在“吃透”参考例程的基础上，边学习边实践，最终一定能够设计并实现自己的智能小车，这时就能真正体会到开发嵌入式系统的乐趣。

胡　青

2022 年 2 月

于重庆大学

教学大纲＋教学课件

参考例程

开发软件＋单片机手册＋硬件模块资料

目录

目录

目录

目录

目录

第1章 嵌入式系统概述

1.1 单片机概述

1.1.1 单片机的定义

单片机(Micro Controller Unit,MCU)又称为"微控制器单元",即在一块芯片上集成了中央处理器CPU、中断系统、RAM和ROM存储器,以及I/O口、定时器、串行接口等多种硬件模块,构成了一个小而完整的微型计算机系统。

图1.1是Cortex-M3内核的单片机结构示意图。任何一款单片机中都集成有一个CPU内核,这个内核决定了单片机的性能。20世纪80年代Intel公司推出的51系列单片机中集成了8位的CPU,而意法半导体公司(ST Microelectronics)生产的STM32F1系列的单片机中集成了32位的Cortex-M3内核,两者的性能差异极大。

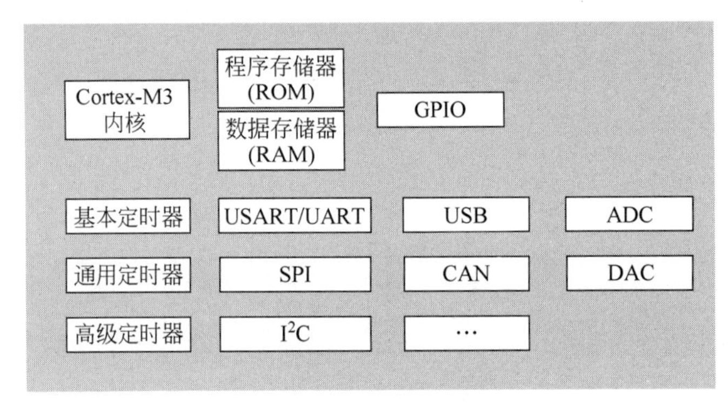

图1.1 单片机结构示意图

内核是衡量单片机性能最重要的因素。根据单片机芯片中集成资源的多少,一个公司会推出相同内核的多个系列多种型号的单片机,例如,意法半导体公司生产的STM32F1系列的单片机,内核都是Cortex-M3,但是根据存储器容量大小以及片上资源多少,又分成小容量、中等容量和大容量3类多种型号的单片机。

1.1.2 单片机与PC的对比

从物理尺寸来说,PC在主板上通过各种插槽,接入CPU、内存条、硬盘等外部硬件,而单片机将CPU、存储器、I/O口、串口、SPI接口等常用硬件模块全部集成在一块芯片内。PC的重量、体积以及价格都远远超过单片机。PC的价格从几千元到上万元不等,而单片机芯片加上扩展外设,通常价格为几十元到几百元。

从组织结构上来说,PC采用了普林斯顿结构,也就是通常所说的冯·诺依曼结构,在这种结构中程序和数据不加区分,存放在一起,安装应用程序时程序存储在硬盘中,而运行程序时将硬盘上的程序加载到内存中,CPU才能执行。

单片机大多采用了哈佛结构,即程序与数据分开存储的存储器结构。单片机内部集成有两种类型的存储器Flash ROM和RAM存储器,通常Flash ROM存储器的容量大于RAM存储器，例如，STM32F103VE型号的单片机内部集成有512KB的Flash ROM，而RAM只有64KB。Flash ROM是程序存储器，下载时通常将程序下载到Flash ROM中，数据存储器RAM用于堆(heap)、栈(stack)以及变量。

从性能上来说，目前PC主流配置的CPU为64位多核CPU，主流单片机内核为32位。以加法运算为例，32位的单片机需要执行两条加法指令才能完成64位的加法运算，而64位的PC只需要一条加法指令。一直以来，CPU主频在一定程度上可以反映CPU的工作速度，目前市场上可以购买到的Intel酷睿4核i3-9100 CPU，其主频为3.6GHz，而在市场占有率较高的STM32系列单片机中，比较高档的STM32F7系列单片机的主频为216MHz，主流的STM32F1系列单片机的主频最高只能达到72MHz，因此无论是从工作速度，还是从数据运算能力来说，单片机的性能都远远低于PC。

从应用来说，一台PC上安装不同的应用程序，可以完成播放视频、电子游戏、文字处理、科学计算等各种功能，PC的应用程序多种多样，其功能是灵活通用的。通常单片机上运行的软件都是针对某个具体应用而专门开发的，没有通用性。

总的来说，与PC相比，单片机具有体积小、功耗低、价格便宜、内部集成的硬件模块资源丰富等优点。

1.2 嵌入式系统

嵌入式系统已经深入到人们日常工作、生活、学习、娱乐的方方面面。生活中必备的电饭煲、空调、洗衣机、智能电视，遍布大街小巷的视频监控，汽车的电子系统，观看网络电视所需的机顶盒，遥控玩具，无人机等，所有这些设备中都嵌入了一个控制核心——单片机。

通常认为嵌入式系统是**为特定应用而设计的专用计算机系统**。嵌入式系统的控制核心可以是单片机、DSP或其他微处理器，硬件由控制核心和扩展硬件外设组成，软件则包括底层的系统软件以及专门开发的应用软件。嵌入式系统具有软硬件可裁剪、可靠性高、实时性强的特点，对成本、体积、重量、功耗都有严格要求。

嵌入式系统是软硬件一体化的完整系统，其软件已经固化在系统中，很少能够改变。例如遥控无人机，买回来后，只能通过遥控器控制无人机，玩家不能改变无人机的功能。近年来，单片机的功能越来越强大，支持“在系统编程”(In-System Programming，ISP)，甚至是“在应用编程”(In-Application Programming，IAP)，使得过去固化的嵌入式系统软件现在具备了升级换代的能力，例如机顶盒就具有在线升级功能。

1.3 ARM是什么

ARM首先是一个公司的名称，该公司致力于RISC微处理器研发，采用了ARM公司技术的微处理器，通常被称作“ARM微处理器”。

1.3.1 ARM公司简介

1991年，ARM公司成立于英国剑桥。ARM公司不直接生产销售微处理器芯片，而是以知识产权(Intelligent Property，IP)授权的方式向全球各大半导体生产商转让设计许可。获得许可的生产商在 ARM 架构中根据自身产品的设计要求，添加硬件模块，完成具体型号微处理器芯片的设计、生产与销售，而采用 ARM 技术的微处理器，通常称为“ARM 微处理器”。

ARM 微处理器具有功耗低、功能强、指令长度固定、寄存器丰富等特点，全球很多大型的半导体公司都获得了 ARM 公司的授权，包括 Intel、飞利浦、摩托罗拉、意法半导体、德州仪器等。这些公司都设计生产 ARM 内核的系列微控制器，而下游的生产厂商将这些微控制器作为控制核心，应用到自己的产品设计中。目前 ARM 微处理器已经遍及工业控制、消费电子、网络通信等各个领域，市场占有率居高不下。

1.3.2 ARM 架构、ARM 内核与 ARM 单片机

ARM(Advanced RISC Machines)架构是 32 位精简指令集处理器架构。1985 年，ARMv1 架构诞生，只有 26 位寻址，ARMv1 架构没有用于商业产品，只有一个原型机，即 ARM1 内核。1986 年推出 ARMv2 架构，添加了乘法指令 MUL，支持 32 位乘法运算，ARM2 内核采用了该架构。多年来，ARM 公司一直推动着技术进步，不断推陈出新。2004 年推出了 ARMv7 架构，从这时起 ARM 公司以 Cortex 来命名内核，推出了该架构下的 3 个系列内核：高端应用的 ARM Cortex-A、实时应用的 ARM Cortex-R 系列以及成本敏感的微控制器应用系列 ARM Cortex-M。Cortex-A 系列内核有 A8、A9、A15、A17 等，Cortex-R 系列内核有 R4、R5、R6 和 R7，而 M3、M4 和 M7 都是 Cortex-M 系列内核。2011 年，首款支持 64 位指令集的处理器架构 ARMv8 诞生，Cortex-A32、A35、A57 等都采用了 ARMv8 架构的 64 位内核。

获得 ARM 公司授权的半导体产商生产基于具体内核的单片机芯片，例如，基于 ARM Cortex-M3 内核，德州仪器公司生产了 Stellaris 系列单片机，NXP 公司生产了 LPC17xx 系列单片机，意法半导体公司生产了 STM32L1、STM32F1 和 STM32F2 系列单片机。基于不同的 Cortex 内核，意法半导体公司推出了多个系列单片机，表 1.1 中列出了多个 STM32 系列单片机的内核。

表 1.1 STM32 系列单片机

内　　核	单片机系列	特　　点
Cortex-M0/M0+	STM32F0	主流产品
	STM32L0	低功耗
Cortex-M3	STM32F2	高性能
	STM32F1	主流产品
	STM32L1	低功耗
Cortex-M4	STM32F4	高性能
	STM32F3	主流产品
	STM32L4	低功耗
Cortex-M7	STM32F7	高性能

以 STM32F1 系列单片机来说，根据 CPU 主频的高低，又进一步细分为 STM32F101、STM32F102 和 STM32F103 3 个系列，其 CPU 主频分别为 36MHz、48MHz 和 72MHz。每个系列又细分为多种型号，不同型号的单片机，其内部集成的资源有明显差异。表 1.2 对比了 48 引脚的 STM32F103C6T6 和 144 引脚的 STM32F103ZET6 单片机的内部资源，可以看出，后者的片上资源远远多于前者。

表 1.2　STM32F103C6T6 与 STM32F103ZET6 片上资源对比

型　　号	主频	ROM	RAM	定时器 通用/高级/基本	串口 USART/UART	IO 引脚数	ADC	DAC
STM32F103C6T6	72MHz	32KB	10KB	2/1/0	2	37	2	0
STM32F103ZET6	72MHz	512KB	64KB	4/2/2	3/2	112	3	2

各大厂商都推出了多个系列型号丰富的单片机，通常都会提供选型手册，在选型手册中对各个型号单片机的性能，以及片上硬件资源进行详细说明。在开发嵌入式系统时，用户可以根据具体硬件需求、成本要求等指标选择合适型号的单片机。

1.3.3　ARM Cortex-M3 内核概述

Cortex-M3 内核是 32 位的 CPU，这意味着它内部的通用寄存器是 32 位的，能够一次完成 32 位数据的存取和运算。Cortex-M3 内核结构如图 1.2 所示。

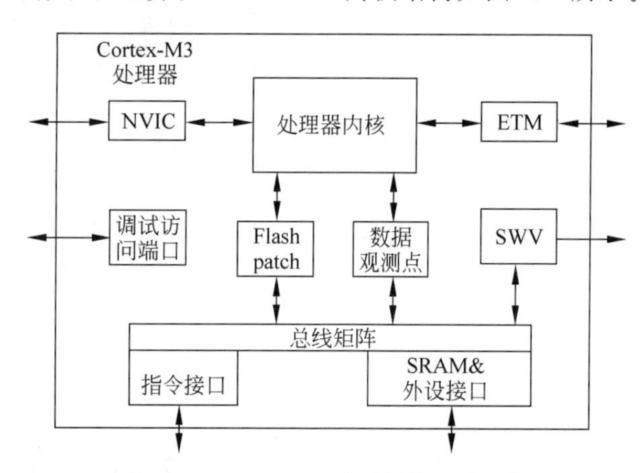

图 1.2　Cortex-M3 内核结构示意图*

Cortex-M3 内核采用哈佛结构，即程序和数据分开存储，通过指令总线 I-Code 和数据总线 D-Code 分别访问程序和数据，存取数据的同时能够取指令，执行效率更加高效。运算能力强，具有单时钟周期的硬件乘法器和硬件除法器。

内核中首次集成了嵌套向量中断控制器(Nested Vector Interrupt Controller，NVIC)，从

* 书中一些摘自相关产品资料的图表未做汉化及标准化处理。

收到中断请求到进入中断服务程序，只需要 12 个时钟周期。在连续中断情况下，使用尾链技术(Tail-Chaining)，使得连续中断服务只需要 6 个时钟周期，大大提高了中断响应的速度。NVIC 最多可管理 240 个外部中断，能够单独使能/禁止每个中断源，可编程设置优先级管理模式，支持每个中断源单独设置优先级，中断管理极其灵活。

Cortex-M3 内核支持 ARM Thumb-2 指令集，该指令集混合了 16 位和 32 位的指令集，指令功能强大，执行效率高，并且占用存储空间少。Cortex-M3 提供两种调试接口：JTAG(Join Test Action Group)和 SWD(Serial Wire Debug)，后者只需要两个信号线(时钟信号 SWCLK 和数据信号线 SWDIO)就能下载和调试程序。

Cortex-M3 内核支持两种工作模式：线程模式(Thread Mode)和处理模式(Handler Mode)。每种模式可以配置自己的栈，能够更好地支持实时操作系统(Real-Time Operating System，RTOS)。此外，内核中还集成有一个 24 位的滴嗒定时器，可以为 RTOS 提供定时中断，方便操作系统进行任务调度。

Cortex-M3 内核支持三种功耗管理模式：睡眠模式、停止模式和待机模式，使得芯片的功耗控制更为有效。

采用统一的存储映射结构，即存储器和硬件外设都在一个地址空间中。将 4GB 的地址空间划分为代码区(即片上 ROM 存储区)、片上 SRAM 区、片上外设区等，如图 1.3 所示。

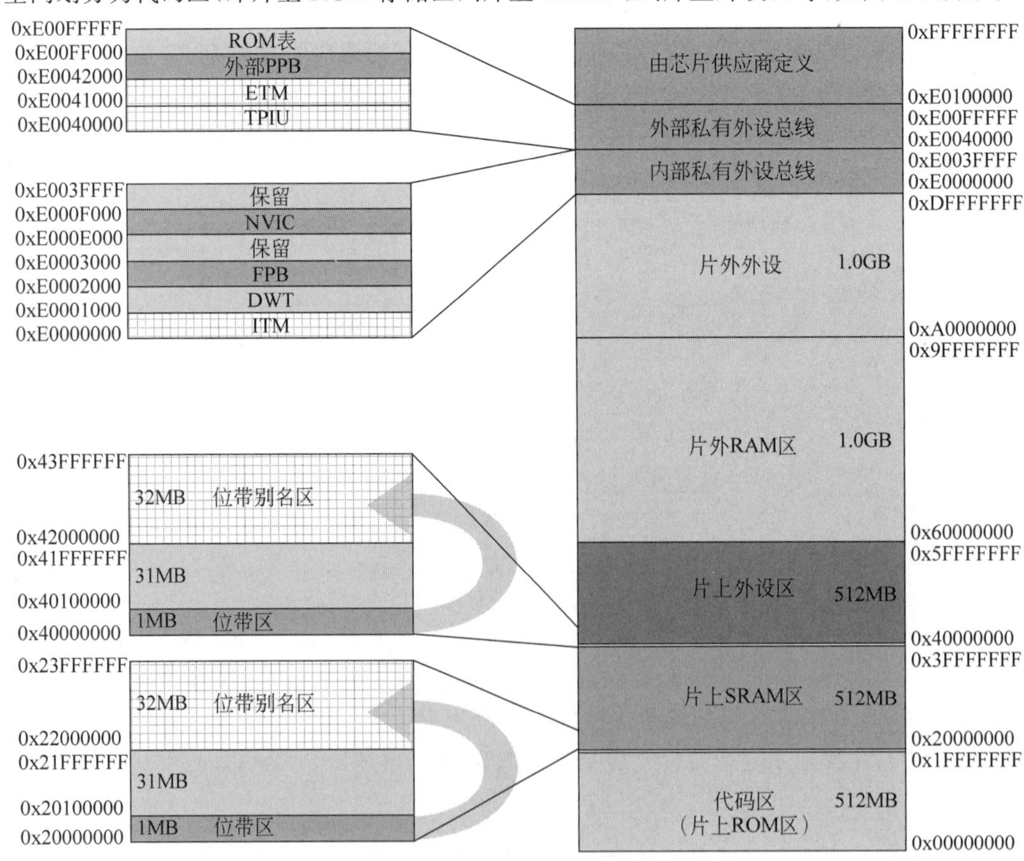

图 1.3　存储器地址映射图

存储器映射结构中为片上 ROM 和片上 SRAM 都分配了 512MB 的地址空间，具体由芯片生产商决定单片机芯片中实际集成的存储器容量大小。例如，STM32F103T4U6 单片机内部只集成有 16KB 的 ROM 和 6KB 的 RAM，而 STM32F103VET6 单片机则集成了 512KB 的 ROM 和 64KB 的 RAM。

片上 SRAM 区和片上外设区的最低 1MB 空间为位带区，位带区中每个字节中的每个二进制位都映射到位带别名区中的一个 4 字节地址，所以位带别名区占 32MB 地址空间。对位带别名区的读写操作，实质上就是读写位带区对应的二进制位，通过位带别名区可以方便地实现单个二进制位的读写。

第2章 STM32F103单片机概述

2.1 单片机的手册

为了方便开发者熟悉单片机，掌握单片机的开发，各个生产厂商都为各自生产的单片机提供了一系列的手册，例如，参考手册、数据手册等。不同手册的侧重点不同，作为开发人员，需要了解这些手册的作用。在研发过程中遇到问题时，能够查阅合适的手册，针对具体问题，学习并掌握单片机的功能。

1. 编程手册(programming manual)

单片机中最核心的部分是"内核"。ARM 系列单片机是 ARM 公司设计，授权其他半导体厂商生产，所以基于一个型号的内核，会有多个厂商生产的多个系列、不同型号的单片机。

生产厂商围绕某一型号内核推出多个单片机系列，针对同一内核的单片机系列，为嵌入式系统开发人员提供编程手册。编程手册中详细介绍核心处理器的工作模式、内部寄存器、堆栈管理模式，以及处理器所支持的汇编指令集，对常用的汇编指令做了较为详细的介绍。

除了核心处理器以外，内核中还集成了其他硬件模块。例如，Cortex-M3 内核中集成了嵌套向量中断控制器 NVIC、存储器保护单元 MPU、系统控制模块 SCB 以及系统嘀嗒定时器 SysTick。编程手册中详细介绍了内核中所集成模块的功能以及相关寄存器。

在 STMicroelectronics 公司的官网 https://www.st.com/content/st_com/en.html 中搜索"programming manual"，搜索结果的列表中给出了不同内核的编程手册，列表的"Product Associations"栏目中显示了编程手册对应的具体产品型号，单击"show all"查看所有的产品型号，如图 2.1 所示。

从这个列表中，可以根据单片机型号，下载对应的编程手册。例如，从列表中可以找到 STM32F1 系列单片机的编程手册 PM0056：STM32F10xxx/20xxx/21xxx/L1xxxx Cortex®-M3 programming manual。

2. 选型指南(selection guide)

围绕着具体内核，集成不同的片上硬件模块，生产商就可以生产和销售多个系列多种型号的单片机，为了方便用户选型，生产商大多会提供选型手册。选型手册中会列举出多个系列具体型号单片机的主频、内核、片上存储器大小以及片上硬件资源数量。

"STM32 系列 32 位微控制器(MCU)产品选型手册"中包含了 STM32 F0～F4 等多个系列单片机的选型指南。选型指南中用表格方式列举出不同系列各种型号单片机的片上资源及其封装形式，见图 2.2。通常情况下，封装引脚数多的单片机集成了更多的片上硬件资源。注意同一内核不同系列的单片机，其最高主频有所不同，主频越高则内核的性能越强大。单片机的性能强大，集成的片上硬件资源多，价格也就越高。

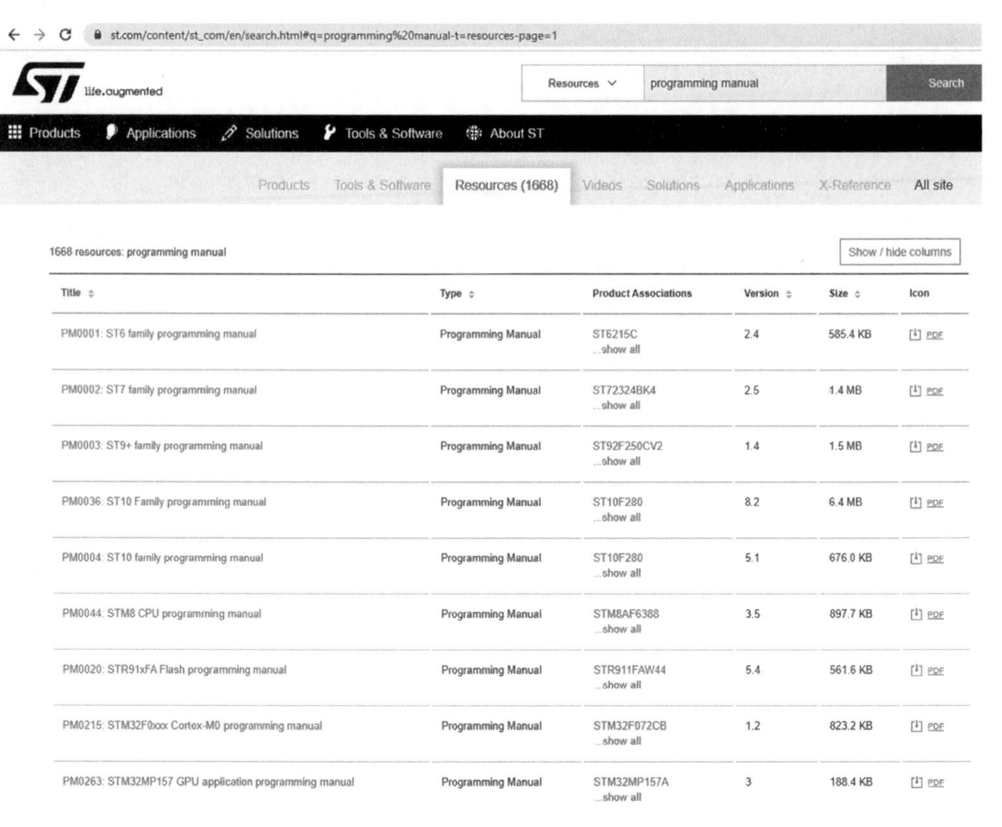

图 2.1　STMicroelectronics 官网

STM32 F0系列 – ARM® Cortex®-M0入门级MCU

产品型号	主频(MHz)	内核	FLASH(KB)	RAM(KB)	EEPROM(B)	封装	通用IO	最低工作电压	最高工作电压	16位定时器	32位定时器	电机控制定时器	低功耗定时器	高分辨率定时器	12位ADC转换单元	12位ADC通道	16位ADC转换单元	16位ADC通道	12位DAC	比较器	放大器	SPI	QUADSPI	I2S	I2C	高速I2C	U(S)ART	低功耗UART
STM32F0x0超值型 – 48 MHz																												
STM32F030C6T6	48	ARM Cortex-M0	32	4	0	LQFP48	39	2.4	3.6	5	0	1	0	0	1	13	0	0	0	0	0	1	0	0	1	0	1	0
STM32F030C8T6	48	ARM Cortex-M0	64	8	0	LQFP48	39	2.4	3.6	7	0	1	0	0	1	16	0	0	0	0	0	2	0	0	2	0	2	0
STM32F030F4P6	48	ARM Cortex-M0	16	4	0	TSSOP20	15	2.4	3.6	5	0	1	0	0	1	12	0	0	0	0	0	1	0	0	1	0	1	0
STM32F030K6T6	48	ARM Cortex-M0	32	4	0	LQFP32	26	2.4	3.6	5	0	1	0	0	1	13	0	0	0	0	0	1	0	0	1	0	1	0
STM32F030R8T6	48	ARM Cortex-M0	64	8	0	LQFP64	55	2.4	3.6	7	0	1	0	0	1	16	0	0	0	0	0	2	0	0	2	0	2	0
STM32F030RCT6	48	ARM Cortex-M0	256	32	0	LQFP64	51	2.4	3.6	8	0	1	0	0	1	18	0	0	0	0	0	2	0	0	2	0	6	0
STM32F030CCT6	48	ARM Cortex-M0	256	32	0	LQFP48	37	2.4	3.6	8	0	1	0	0	1	12	0	0	0	0	0	2	0	0	2	0	6	0
STM32F070C6T6	48	ARM Cortex-M0	32	6	0	LQFP48/UQFN48	38	2.4	3.6	5	0	1	0	0	1	13	0	0	0	0	0	2	0	0	1	0	2	0
STM32F070CBT6	48	ARM Cortex-M0	128	16	0	LQFP48/UQFN48	37	2.4	3.6	8	0	1	0	0	1	13	0	0	0	0	0	2	0	0	2	0	4	0

图 2.2　选型指南列表节选

针对应用的具体要求，开发人员应该从中选择合适型号的单片机，满足系统性能要求的同时尽可能降低成本。

3. 参考手册(reference manual)

针对每个系列的单片机，生产商会提供“参考手册”。参考手册中首先介绍单片机的系统架构，然后分章节讲解内核以外的各个片上硬件模块，详细描述硬件模块的功能以及寄存器的作用。

“STM32F10xxx参考手册”针对STM32F101、STM32F102和STM32F103系列单片机，详细讲解了单片机的存储器架构，片上外设的功能、寄存器以及如何编程操作。图2.3显示了STM32F10xxx系列单片机中文参考手册的章节目录以及首页的说明。总的来说，每个章节详细讲解一个硬件模块的功能以及内部寄存器作用，最后以列表方式给出模块内部寄存器的地址映像和复位值。例如“第14章 基本定时器(TIM6和TIM7)”中分为4个小节，分别是“简介”“主要特性”“功能”和“寄存器”。各小节详细描述了定时器的功能、计数模式、内部寄存器以及如何编程操作。如果开发中需要用定时器完成基本定时功能，则需要仔细阅读学习这部分内容，了解定时器的工作模式，熟悉定时器内部的寄存器，掌握对定时器的编程操作。

Bookmarks

导言
相关文档
目录
1 文中的缩写
2 存储器和总线构架
3 CRC计算单元(CRC)
4 电源控制(PWR)
5 备份寄存器(BKP)
6 复位和时钟控制(RCC)
7 通用和复用功能I/O(GPIO和AFIO)
8 中断和事件
9 DMA 控制器(DMA)
10 模拟/数字转换(ADC)
11 数字/模拟转换(DAC)
12 高级控制定时器(TIM1和TIM8)
13 通用定时器(TIMx)
14 基本定时器(TIM6和TIM7)
15 实时时钟(RTC)
16 独立看门狗(IWDG)
17 窗口看门狗(WWDG)
18 灵活的静态存储器控制器(FSMC)
19 SDIO接口(SDIO)
20 USB全速设备接口(USB)
21 控制器局域网(bxCAN)

STM32F10xxx参考手册

参考手册

小、中和大容量的STM32F101xx, STM32F102xx和STM32F103xx
ARM内核32位高性能微控制器

导言

本参考手册针对应用开发，提供关于如何使用小容量、中容量和大容量的STM32F101xx、STM32F102xx或者STM32F103xx微控制器的存储器和外设的详细信息。在本参考手册中STM32F101xx、STM32F102xx和STM32F103xx被统称为STM32F10xxx。

STM32F10xxx系列拥有不同的存储器容量，封装和外设配置。

关于订货编号、电气和物理性能参数，请参考STM32F101xx、STM32F102xx和STM32F103xx的数据手册。

关于芯片内部闪存的编程，擦除和保护操作，请参考STM32F10xxx闪存编程手册。

关于ARM Cortex™-M3内核的具体信息，请参考Cortex™-M3技术参考手册。

相关文档

- Cortex™-M3技术参考手册，可按下述链接下载：

图2.3 参考手册截图

嵌入式系统开发是一个“边学边做”的过程，开发人员针对具体的功能需求，查阅参考手册的相应章节，了解硬件模块的功能，深入理解参考例程的代码，掌握具体功能的程序设计方法。在这个“学习-应用”的过程中，参考手册是每位开发人员都必备的重要资料,在系统开发过程中会时常翻阅它。

4. 数据手册(datasheet)

功能复杂一点的芯片都有数据手册,单片机也不例外。数据手册里会详细说明芯片的机械特性(mechanical characteristics)和电气特性(electrical characteristics)。芯片的封装形式、引脚功能、输出以及输入时高、低电平的电压范围,能够输出的最大电流,能够承受的最大输入电流等,这些信息都在数据手册中。

单片机的数据手册中还详细描述了引脚功能。对于开发人员来说,比较重要的是"通用目的输入/输出引脚"(即 GPIO 引脚)的功能。在"引脚定义"(pin definition)表格中 IO 引脚的"类型"标注为"IO"。IO 引脚的功能分为"主功能"(即复位后的默认功能)、"复用功能"(即 alternate functions)以及"重映射"后的功能(即 remap),如图 2.4 所示。

Pins					Pin name	Type(1)	I/O Level(2)	Main function(3) (after reset)	Alternate functions	
BGA144	BGA100	LQFP64	LQFP100	LQFP144					Default	Remap
F6	—	—	—	131	V_{DD_11}	S				
B7	—	—	—	132	PG15	I/O				
A7	A7	55	89	133	PB3/JTDO	I/O	FT	JTDO	PB3/TRACESWO JTDO SPI3_SCK/I2S3_CK/	TIM2_CH2/ SPI1_SCK
A6	A6	56	90	134	PB4/JNTRST	I/O	FT	JNTRST	PB4/SPI3_MISO	TIM3_CH1/ SPI1_MISO
B6	C5	57	91	135	PB5	I/O		PB5	I2C1 SMBAI/ SPI3_MOSI/I2S3_SD	TIM3_CH2/ SPI1_MOSI
C6	B5	58	92	136	PB6	I/O	FT	PB6	I2C1 SCL(6)/ TIM4 CH1(6)	USART1_TX
D6	A5	59	93	137	PB7	I/O	FT	PB7	I2C1 SDA(6)/ FSMC_NADV/ TIM4_CH2(6)	USART1_RX
D5	D5	60	94	138	BOOT0	I		BOOT0		
C5	B4	61	95	139	PB8	I/O	FT	PB8	TIM4_CH3(6)/SDIO_D4	I2C1_SCL/ CANRX
B5	A4	62	96	140	PB9	I/O	FT	PB9	TIM4_CH4(6)/SDIO_D5	I2C1_SDA/ CANTX
A5	D4	—	97	141	PE0	I/O	FT	PE0	TIM4_ETR FSMC_NBL0	
A4	C4	—	98	142	PE1	I/O	FT	PE1	FSMC_NBL1	
E5	E5	63	99	143	V_{SS_3}	S		V_{SS_3}		
F5	F5	64	100	144	V_{DD_3}	S		V_{DD_3}		

图 2.4 引脚定义表

通常一个单片机芯片中集成有多个 GPIO 模块,称为 GPIOA 模块、GPIOB 模块,等等。每个 GPIO 模块内包含多个 IO 引脚,从 0 开始为引脚编号,所以 GPIOA 模块中的引脚称为 PA0、PA1……

单片机可以通过 GPIO 引脚输入或输出高、低电平，连接控制片外的其他硬件，例如，若希望通过引脚输出高、低电平控制一个 LED 小灯的亮灭，那么 GPIO 引脚应该作为通用目的输出引脚。此外，IO 引脚还需要为片上硬件模块服务，当片上硬件模块需要通过引脚输入或输出信息时会占用某些指定的 IO 引脚为自己服务，这时 GPIO 引脚启用了它的复用功能，而不是作为“通用目的 IO 引脚”了。从图 2.4 中可以看出，PB6 引脚复位后的默认功能为 IO 引脚，即作为 PB6 引脚使用，而它默认的复用功能有两个，分别是为 I2C1 模块服务，作为它的 SCL 信号，即 I2C1_SCL；或者是为定时器 TIM4 服务，作为它的 CH1 信号，即 TIM4_CH1。这就意味着 I2C1 模块和 TIM4 模块工作时都需要占用 PB6 引脚为自己服务，因此这两个模块不能同时启用，任何时候都只能启用其中一个模块。

“重映射”(Remap)可以在一定程度上解决引脚复用功能冲突的问题。启用某个硬件模块的“重映射”功能，可以将该硬件模块的引脚重新映射到其他 IO 引脚上。例如，默认情况下 TIM4 模块占用 PB6～PB9 作为自己的 CH1～CH4 引脚，通过重映射，可以将它们映射到 PD12～PD15 引脚。

参考手册中详细阐述了模块的功能，但并没有说明模块对应的引脚，具体引脚的相关信息在数据手册中才有详细描述。

参考手册和数据手册都是系统开发中重要的参考资料。

5. 固件库用户手册(firmware user manual)

意法半导体公司为 STM32 系列单片机的开发提供了固件库 FWLib，库中为每个片上外设编写了驱动程序，大大降低了开发难度，提高了程序的可移植性。固件库用户手册中说明了固件库程序包的结构，每个章节介绍一种片上外设的驱动程序，其中包括外设寄存器的结构体定义、库函数列表，以及每个库函数的详细说明和举例。

单片机芯片功能越来越强大，片上资源愈加丰富，随之而来的是嵌入式系统开发难度的不断增加。而固件库的出现，大大降低了开发难度，缩短开发周期，并且提供更好的程序移植性，因此 STM32 系列单片机的软件设计大多基于固件库，而固件库用户手册则是开发人员学习了解库函数功能的参考资料。

通常，在开发嵌入式系统时，首先是分析用户需求，规划系统功能；然后查阅选型手册，综合考虑性能和成本，选择合适的单片机芯片和外部硬件模块；完成硬件选型后，才进入软件设计阶段。

在进行软件开发时，首先需要仔细学习参考手册中的相关章节，了解片上外设的功能和相关寄存器；然后仔细分析参考例程，仔细阅读库函数的函数说明，了解函数功能、参数说明、相关的宏定义，掌握对片上外设的编程操作，为后续嵌入式系统的应用程序开发做好准备。

学习并实现了每个系统功能，为应用系统开发做好了知识储备之后，才能进行完整的系统开发。首先应进行硬件引脚的整体规划。分析系统功能，列出嵌入式系统中用到的所有片上外设。查阅数据手册，确定片上外设占用的 GPIO 引脚，确定没有引脚冲突。

若有冲突，看看是否可以通过重映射解决冲突；若不能，看看是否可以选择不同的片上外设解决冲突。如果无法解决引脚冲突，甚至需要重新选型。在确定了嵌入式系统的具体硬件实现后，才可进入到程序设计阶段，此时就可以按照功能，逐步完成嵌入式系统的开发。

2.2 STM32F103 单片机体系结构概述

2.2.1 ARM Cortex-M3 内核

STM32F103 单片机采用 32 位的 Cortex-M3 内核。Cortex-M 系列内核是 ARM 公司针对价格敏感应用领域推出的嵌入式微控制器内核，其主要特点有：

- 支持 Thumb-2 指令集；
- 采用哈佛架构，程序和数据分开存储，通过不同的总线访问，执行效率更加高效；
- 运算能力强，具有单时钟周期的 32 位硬件乘法器和除法器；
- 两种工作模式：处理模式(handler mode)和线程模式(thread mode)；
- 采用统一编址方式，存储器与外设在同一个 4GB 的地址空间中；
- 内核中首次集成了嵌套向量中断控制器 NVIC，最多可管理 240 个中断源，实现了功能强大又灵活的中断管理。

教学视频

2.2.2 STM32F103 单片机系统架构

1. 存储架构

STM32F103 单片机的系统架构如图 2.5 所示。Cortex-M3 内核通过 ICode 总线访问 Flash 存储器；通过 DCode 总线，经过总线矩阵，访问 SRAM 存储器和 Flash 存储器；通过 System 总线与 DMA 和片上外设通信。

一般来说，Flash 存储器用于存储程序，而 SRAM 存储器用于存储数据。堆栈、变量等都在 SRAM 存储器中分配存储空间，但是程序中定义的常量往往会保存在 Flash 存储器中。

根据片上集成的存储器容量大小，STM32F103 单片机又进一步分为高密度系列、中密度系列和低密度系列。高密度系列单片机中集成有灵活静态存储器接口 FSMC (flexible static memory controller)，通过 FSMC 接口可以访问多种类型的存储器，包括 SRAM、NOR Flash、NAND Flash 等，轻松扩展片外存储器。

片上硬件分别挂接在 3 个总线上，即 AHB 系统总线、APB1 和 APB2 总线。AHB 系统总线经过桥接电路产生 APB1 和 APB2 总线。AHB 系统总线时钟是基础，对它进行预分频后得到 APB1 和 APB2 总线时钟。AHB 总线的最大工作频率可达 72MHz。APB2 作为快速外设总线，其工作速度可以与 AHB 总线的工作速度一致，此时预分频系

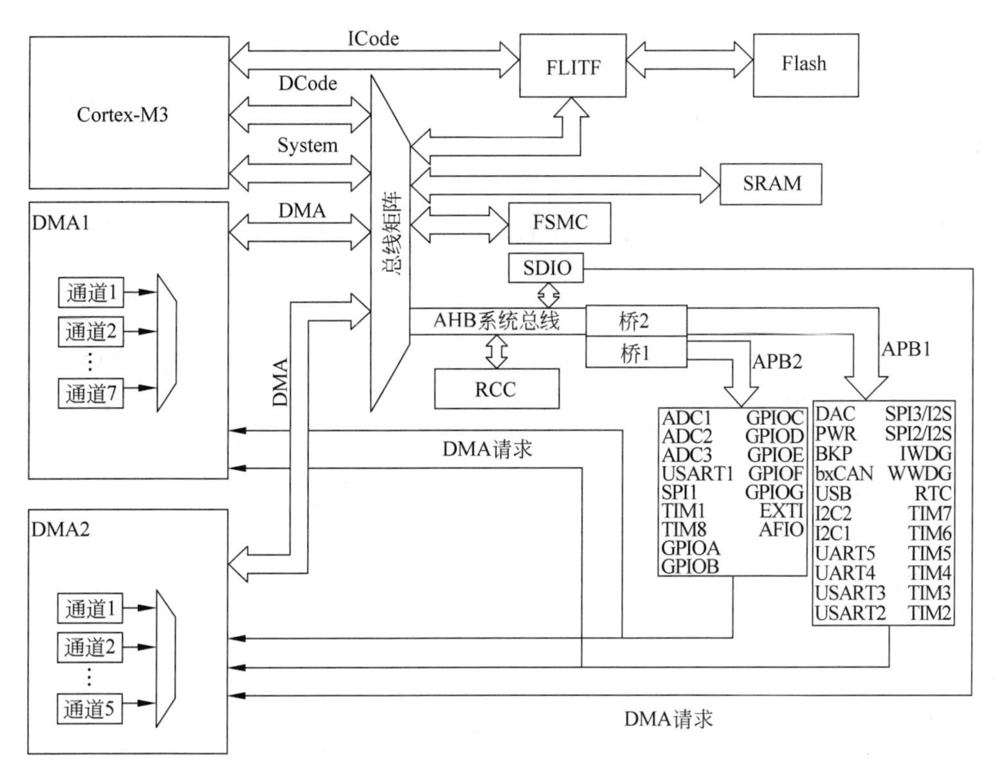

图 2.5 系统架构示意图

数为 1。APB1 为慢速外设总线，最大工作频率为 36MHz，其预分频系数为 2。

Cortex-M3 内核采用统一编址方式，程序存储器、数据存储器、片上硬件以及片外扩展硬件都组织在同一个 4GB 的地址空间中。单片机内部集成的片上程序存储器地址从 0x08000000 开始，片上数据存储器地址从 0x20000000 开始，而片上外设地址从 0x40000000 开始，参见图 1.3。存储器架构中为片上 Flash 和 SRAM 存储器分别预留了 512MB 的空间，但具体实现多大的存储容量，由各个型号单片机自行决定。例如，STM32F103VET6 单片机内部集成有 512KB 的 Flash 存储器和 64KB 的 SRAM 存储器，而 STM32F103C4T6 单片机内部只集成了 16KB 的 Flash 存储器和 6KB 的 SRAM 存储器。

2. 位带区(Bit-Band)

单片机的程序设计中常常需要单独读写某个二进制位，为了方便实现按位操作，在片上 SRAM 和片上外设的区域中都设置有位带区。

位带区中每个字节的二进制位映射到位带别名区中占一个字(word)，也就是 4 字节的地址空间。一个字节有 8 个二进制位，每个二进制位映射到位带别名区占 4 字节的地址空间，1MB 位带区对应的位带别名区为 32MB。对位带别名区的字进行读或写操作，实质就是对位带区的某个二进制位进行操作。

从0x20000000开始的1MB地址空间依序映射到从0x22000000开始的位带别名区，一个字节的8个二进制位，从最低的d0位开始映射，因此地址为0x20000000字节单元的d0位映射到位带别名区地址为0x22000000开始的一个字，d1位映射到位带别名区地址为0x22000004开始的一个字，以此类推，d7位映射到位带别名区地址为0x2200001C。

设位带区基地址为BB_Base，位带别名区基地址为BBA_Base，位带区字节地址BB_Byte，这个字节的d(i)位映射到位带别名区的地址BBA_Addr(BB_Byte,i)，可以用如下公式计算，

BBA_Addr(BB_Byte,i)＝BBA_Base＋(BB_Byte－BB_Base)×0x20＋i×0x04

例2.1：写出地址为0x20000100字节单元的8个二进制位对应的位带别名区地址。

地址0x20000100属于SRAM区域，因此位带区基地址BB_Base为0x20000000，位带别名区基地址BBA_Base为0x22000000，需要映射的位带区字节地址BB_Byte为0x20000100，利用上面公式计算d0～d7位的位带别名区地址，结果如下：

BBA_Addr(BB_Byte,0)＝0x22000000＋(0x20000100－0x20000000)×0x20＋0×0x04
＝0x22002000

BBA_Addr(BB_Byte,1)＝0x22000000＋(0x20000100－0x20000000)×0x20＋1×0x04
＝0x22002004

BBA_Addr(BB_Byte,2)＝0x22000000＋(0x20000100－0x20000000)×0x20＋2×0x04
＝0x22002008

…

BBA_Addr(BB_Byte,7)＝0x22000000＋(0x20000100－0x20000000)×0x20＋7×0x04
＝0x2200201C

例2.2：写出GPIOA模块IDR寄存器的8个二进制位对应的位带别名区地址。

首先查阅参考手册确定GPIOA模块IDR寄存器的地址。参考手册“存储器组织”节中给出了片上外设寄存器的起始地址，确定GPIOA模块寄存器的起始地址为0x40010800。再查阅参考手册中关于GPIO的章节，“GPIO和AFIO寄存器地址映像”节中给出了寄存器的偏移地址，确定IDR寄存器的偏移地址为008h。C语言中用前缀“0x”表示十六进制数，而汇编语言中用后缀“h”表示十六进制数。综上所述，最终确定GPIOA模块IDR寄存器的地址为0x40010808。

位带区基地址BB_Base为0x40000000，位带别名区基地址BBA_Base为0x42000000，需要映射的位带区字节地址BB_Byte为0x40010808，利用上面公式计算d0～d7位的位带别名区地址，结果如下：

BBA_Addr(BB_Byte,0)＝0x42000000＋(0x40010808－0x40000000)×0x20＋0×0x04
＝0x42210100

BBA_Addr(BB_Byte,1)＝0x42000000＋(0x40010808－0x40000000)×0x20＋1×0x04
＝0x42210104

…

BBA_Addr(BB_Byte,7)=0x42000000+(0x40010808-0x40000000)×0x20+7×0x04
=0x4221011C

3. 启动模式

通过Boot[1:0]引脚可以设置上电复位后的启动模式,启动配置见表2.1。

表2.1 启动配置

Boot1	Boot0	启动模式
x	0	从用户闪存启动
0	1	从系统存储器启动
1	1	从片上SRAM启动

在SYSCLK的第4个上升沿时锁存Boot引脚的状态,退出待机模式时也将重新锁存Boot引脚状态,决定启动模式。启动时,CPU从地址0x00000000获取堆栈栈顶的地址,并从启动存储器的地址0x00000004取一个字,加载到PC寄存器中,开始执行代码。

最常用的启动模式为“从用户闪存启动”,启动时将程序存储器映射到启动空间,也就是说,Flash存储器的内容可以在两个地址空间访问,即地址从0x00000000开始的启动空间以及地址从0x08000000程序存储器。

“从系统存储器启动”模式用于实现“在系统编程”,通过串口下载刷新单片机程序。此时系统存储器被映射到地址从0x00000000开始的启动空间,可以从它原有的地址0x1FFFF000以及启动空间访问系统存储器。

从地址0x1FFFF000开始的2KB为系统存储器,其中预置了一段Boot Loader程序,该程序在芯片出厂时由厂家设置,用户无法修改。在这个Boot Loader程序中,厂家提供了通过串行接口USART1对Flash存储器进行编程的程序。若配置为“从系统存储器启动”模式,就可以通过串行接口USART1将用户程序下载到程序存储器。

利用“从系统存储器启动”模式,通过USART1接口下载程序后,应该更改Boot引脚,将启动模式重新配置为“从用户闪存启动”模式,再次启动后,才会正常运行刚刚下载的用户程序。

2.3 什么是CMSIS

2008年,ARM公司与多家芯片生产商和软件供应商紧密合作,为基于Cortex-M系列微控制器以及Cortex-A5/A7/A9处理器的嵌入式应用开发,提供一个统一的、与开发商无关的硬件抽象层,发布了CMSIS 1.0标准。

CMSIS(Cortex Microcontroller Software Interface Standard)即Cortex微控制器软件接口标准。制定该标准的初衷是促进工业化标准的建立,为基于Cortex-M内核的设备提供通用的软件接口,以降低学习难度、开发成本并缩短研发周期。软件接口标准化可以提高软件的兼容性，方便在不同硬件上移植软件。

CMSIS 接口库屏蔽了底层硬件的细节，应用程序只需要调用接口库，就可以控制底层的硬件。ARM 公司制定了接口库的规范，由各个生产商负责实现片上外设的驱动程序。开发人员只需要学习 CMSIS 接口库函数，大大降低了嵌入式系统的开发难度。统一的接口规范使得所开发的应用软件可以方便地在不同硬件平台上进行移植，提高了程序的可移植性。

CMSIS 1.0 中只发布了 Cortex-M3 内核相关的接口函数库 CMSIS-Core。此后 CMSIS 不断更新，加入更多的组件，支持更多的硬件。在 CMSIS 5.6.0 版本中，CMSIS 支持 Cortex-M 和 Cortex-A 两个系列的内核，表 2.2 中列出了 CMSIS 支持的组件。

表 2.2　CMSIS 支持的组件

组　件	描　　述
Core(M)	Cortex-M 系列处理器内核及核内外设的标准 API
Core(A)	Cortex-A5/A7/A9 处理器内核及核内外设的标准 API
Driver	通用外设驱动器接口，为微控制器的片上外设定义的接口层
DSP	DSP 库中为不同位数的定点小数和 32 位的单精度浮点数运算定义了超过 60 个函数。并且针对 Cortex-M4/M7/M33/M35P 支持的 SIMD 指令集做了专门的优化。只适用于 Cortex-M 系列
NN	针对 Cortex-M 系列内核提供的神经网络接口库
RTOS v1	实时操作系统的通用 API，只适用于 Cortex-M0/M0+/M3/M4/M7
RTOS v2	扩展了 RTOS v1，增加了对 Armv8-M 架构的支持，动态创建对象，感知多核系统。适用于所有 Cortex-M 系列，以及 Cortex-A5/A7/A9
Pack	描述了软件组件、设备参数和评估板支持的发布机制，简化了软件复用和产品生命周期管理
SVD	为仿真器定义的外设描述
DAP	为 CoreSight 调试访问端口提供的接口固件
Zone	描述系统资源和分配的定义方法

CMSIS 的层次结构如图 2.6 所示。最底层为微控制器硬件，其中 CoreSight 调试逻辑是 ARM 处理器中用于跟踪调试的逻辑单元。CMSIS 中为 CoreSight 提供了 DAP 和 SVD 两个组件，仿真器通过这两个组件实现对 ARM 单片机的在线调试。

实时操作系统(Real-Time Operating System，RTOS)有很多，如 FREE-RTOS、RTX、μC/OS、μLinux 等，操作系统种类繁多，对开发人员来说，学习负担很重。CMSIS-RTOS 是 ARM 公司发布的操作系统标准软件接口，屏蔽了底层第三方实时操作系统的细节，为应用程序开发人员提供统一的接口函数，开发人员只需要学习 CMSIS-RTOS 就可以了。2020 年时支持 CMSIS-RTOS 的实时操作系统只有 RTX。

想要在嵌入式系统中实现神经网络是件让人头疼的事——复杂的数据结构、大量的浮点运算、对存储空间的需求，等等。为此，ARM 公司提供了 CMSIS-NN 库，库中包含

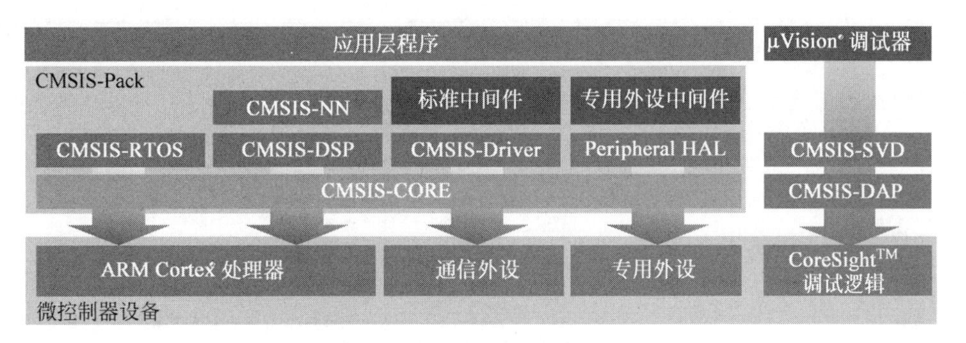

图 2.6 CMSIS 层次结构

NNFunction 和 NNSupportFunctions 两部分，可以实现卷积、全连接、BP 等常用神经网络。2018 年 1 月，Vikas Chandra 对 CMSIS 的神经网络接口库进行了测试，并将测试结果公布在 ARM 社区中，测试所用硬件为主频 216MHz 的 ARM Cortex-M7 内核的意法半导体公司 NUCLEO-F746ZG 开发板，用 CIFAR-10 数据集训练具有 3 个卷积层和一个全连接层的卷积神经网络，该数据集中包括 60 000 个 32×32 像素的彩色图片，输出分为 10 个类别，测试结果说明每张图片大约需要 99.1ms，即每秒可对 10 张图片进行分类。

CMSIS 不断在更新，2020 年 4 月发布了 5.7.0 版本。在 https://developer.arm.com/tools-and-software/embedded/cmsis 上可以找到 CMSIS 的介绍，以及最新版本的下载链接。

2.4 STM32 固件库

意法半导体公司为 32 位的 STM32F101xx 和 STM32F103xx 系列微控制器提供了固件库，库中包括所有片上外设的标准驱动函数库，如 GPIO、ADC、TIM 等，并为学习者提供了参考例程。安装 Keil MDK5 开发软件，并且导入相应的 DFP Pack 包后，就可以直接利用 Keil 5 开发软件中提供的 Manage Run-Time Environment 工具按钮方便地为项目配置所需的 CMSIS 组件。

通过直观的图形化配置界面，开发人员可以方便地为项目添加所需的组件，如图 2.7 所示。系统会自动检测所选择组件的依存关系，如果不满足依存关系，会给出黄色的警告提示信息。例如，若只选择 GPIO 组件，就会给出警告，说明该组件需要 StdPeriph Drivers 中的 Framework 和 RCC 组件，以及 CMSIS 中的 Core 组件。

Manage Run-Time Environment 工具按钮是 Keil 5 才提供的功能，之前的 Keil 4 版本中没有这个功能。若是使用 Keil 4 开发软件，就只能下载固件包程序，自行手动将固件包程序复制到项目文件夹，自己完成项目文件的配置。

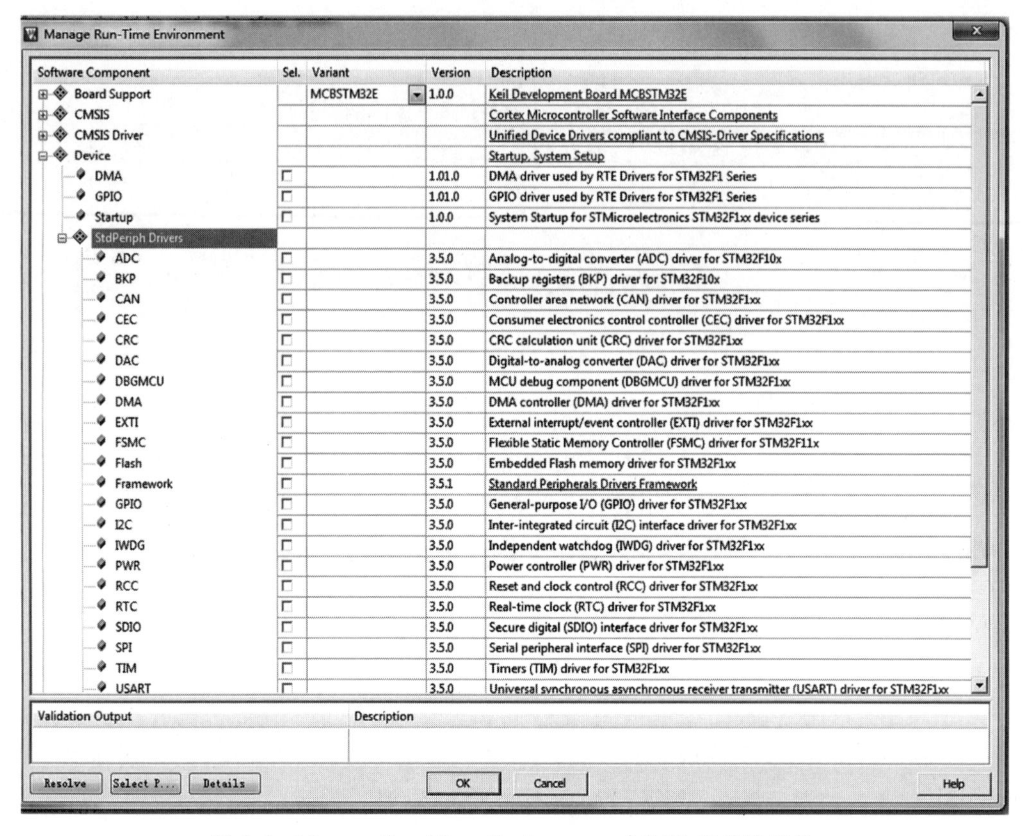

图 2.7　Manage Run-Time Environment 中配置 CMSIS 组件

基础篇

第3章 嵌入式程序设计中的C语言

本章并不详细讲解C语言的语法规则，关于C语言程序设计有很多优秀的教材和参考资料。这里只针对嵌入式开发中入门者常见的一些问题进行必要的说明和讲解。读者必须有C语言程序设计的基础。

3.1 整型

教学视频

3.1.1 整型的位宽

ANSI C中规定的基本数据类型共有6种，分别是short、int、long、char、float和double，其中，float和double为浮点型，short、int、long为整型，char为字符型。将一个字符赋值给char类型变量时，就是将字符的ASCII码，也就是将一个整型数值赋值给变量，所以char类型也是一种整型数据类型。

不同数据类型分配的字节数不同，char为1字节，short为2字节，long为4字节。int类型的长度与机器字长相同，16位系统中int占2字节，而32位系统中int占4字节。对于32位的单片机来说，int占4字节。如果不确定，则可以用"sizeof(int)"语句测试int数据类型的字节数。

整型变量进一步分为无符号整型和有符号整型。定义变量时在数据类型前面添加关键字unsigned说明定义无符号变量，signed关键字说明定义有符号变量。定义short、int和long类型变量时，在不加说明的情况下，默认定义的是有符号变量。而char类型比较复杂，与具体的编译器有关。例如，Windows环境下的Keil 5开发软件中提供了相关的配置项，如图3.1所示。若选中该配置项，那么默认情况下所定义的char变量为signed，即有符号整型变量；如果没有选中该配置项，那么在不加说明的情况下所定义的char变量为unsigned整型变量。

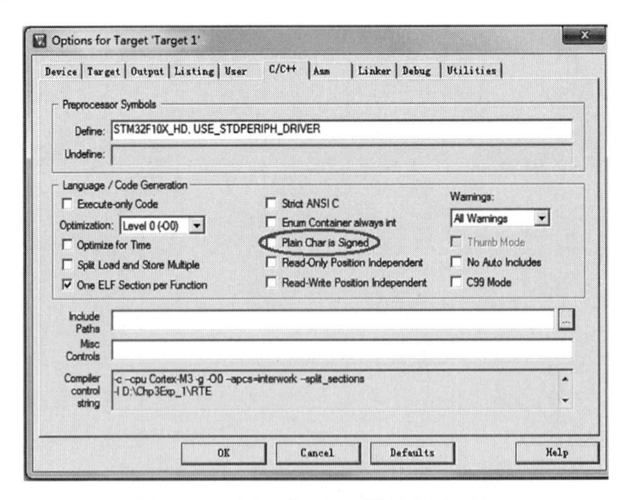

图3.1 Keil 5中char类型的配置项

定义变量时，数据类型的字节数以及signed/unsigned属性一起，决定了变量的数据范围。例如，unsigned char 为无符号 8 位整型，它的数据范围为 0～255，而 signed char 为有符号 8 位整型，它的数据范围为－128～＋127。对于有符号整型变量来说，变量中存放的是数值的补码。赋值时如果数值超出了变量的数据范围，编译器会给出警告或错误提示信息。

例 3.1：赋值超过变量的数据范围时，编译会产生警告信息。

```
#include  "stm32f10x.h"
signed char  var;
int  main(void)
{  var = 128;
   while(1)
   {  var++;
   };
}
```

上面的代码定义了全局变量 var，赋值 128 时编译时给出了如图 3.2 所示的警告信息。

```
Build Output
compiling main.c...
Users\main.c(4): warning:  #68-D: integer conversion resulted in a change of sign
  {  var=128;
Users\main.c: 1 warning, 0 errors
"Users\main.c" - 0 Error(s), 1 Warning(s).
```

图 3.2　赋值超过数据范围导致的警告信息

数值 128 对应的 8 位二进制数为 10000000，而 var 变量为 signed char 类型，保存的是数值的补码。即最高位为符号位，符号位为 1 表明是负数，为 0 是正数。按照补码规则，二进制编码 10000000 表示－128，而不是＋128，所以编译器发出警告信息，提醒"导致符号改变"。单步调试程序时在 Watch 窗口中可以观察到 var 变量的值，如图 3.3 所示。

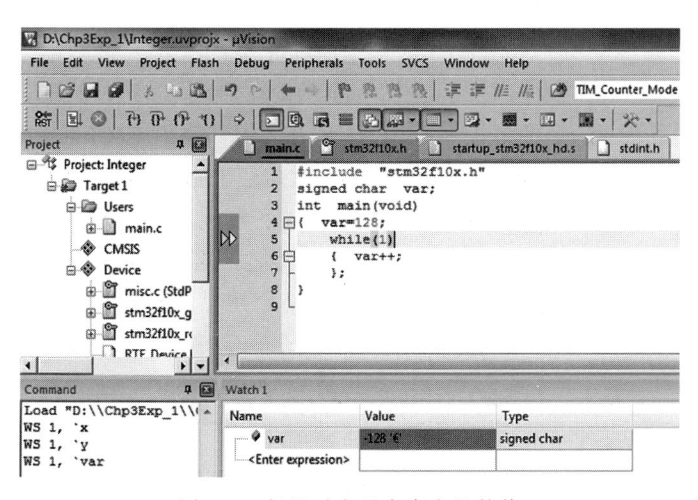

图 3.3　超界时变量中真实的数值

当赋值超过变量存储范围时，编译器会给出警告信息，编程人员应该仔细阅读警告提示信息，这样在软件开发阶段就能及时发现并改正问题。

如果经过算术运算，运算结果超出变量的数据范围，会发生什么情况呢？首先，在编译阶段不会有任何警告或错误提示。其次在程序运行阶段，也不一定会出错。只有当运算结果超出变量的数据范围时才会产生问题，此时变量中保存的结果是错误的，程序继续以错误的数据运行，极有可能导致严重后果，这时才会发现程序有问题。这种只有在运行时才有一定概率发生的错误，危害很大，想要调试定位这样的错误，难度是非常大的。因此定义变量时一定要注意变量的数据范围，根据变量的最大取值范围，定义合适的数据类型。

例 3.2：运算结果超出变量的数据范围，会得到错误的运算结果，如图 3.4 所示。

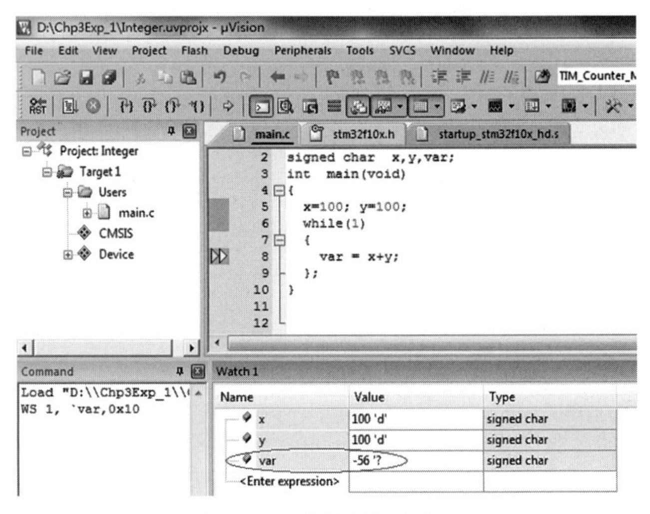

图 3.4　运算结果超出范围

例题中变量 x、y、var 都是 signed char 类型，取值范围为－128～＋127，然而运算结果为 200，超过了 var 变量可以保存的数据范围，因此 var 变量保存的运算结果是错误的。

为什么结果是－56 呢？signed char 类型为 1 字节的有符号整型，x、y 赋值 100，意味着 x、y 变量的 8 位二进制编码为 01100100，两者相加，结果为 11001000，所以 var 变量中保存的二进制编码为 11001000，按照补码规则，对应的数值就是－56。

只要将 var 变量定义为 signed short 类型，就能解决这个问题。

定义变量时一定要明确说明 unsigned 或 signed 属性，不要依赖于默认设置，这样可以增加代码的可移植性和可读性。应注意变量的数据范围，根据可能存储的最大数值来决定变量的数据类型，避免程序执行时发生运算结果超界的情况。

整型数据类型以及对应的数据范围见表 3.1。

表 3.1　数据类型及其数据范围

数据类型	字节数	数据范围	说明
unsigned char	1	0～255，即 $0\sim2^8-1$	
signed char	1	－128～＋127，即 $-2^7\sim+(2^7-1)$	

续表

数据类型	字节数	数据范围	说明
unsigned short	2	0～65 535，即 $0 \sim 2^{16}-1$	
signed short	2	−32 768～+32 767，即 $-2^{15} \sim +(2^{15}-1)$	
unsigned int	4	0～4 294 967 295，即 $0 \sim 2^{32}-1$	32位系统
signed int	4	−2 147 483 648～+2 147 483 647，即 $-2^{31} \sim +(2^{31}-1)$	32位系统
unsigned long	4	0～4 294 967 295，即 $0 \sim 2^{32}-1$	
signed long	4	−2 147 483 648～+2 147 483 647，即 $-2^{31} \sim +(2^{31}-1)$	

例3.3：signed类型变量保存的是数值的补码，如图3.5所示。

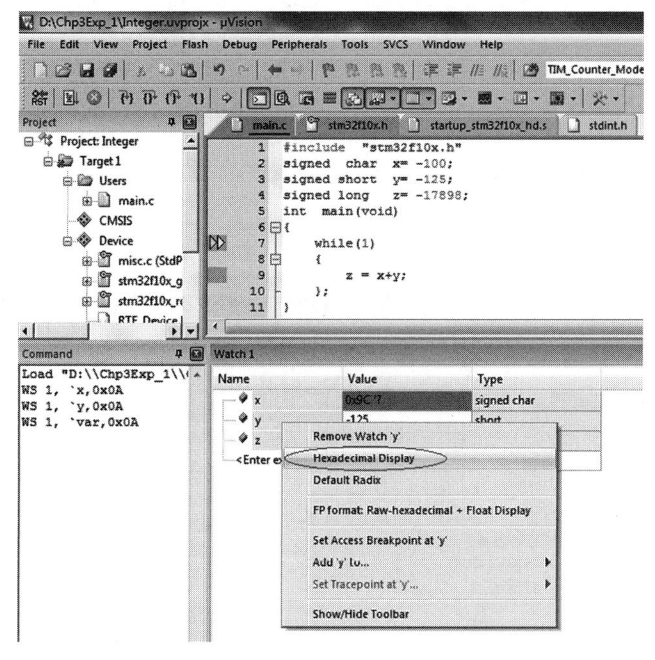

图3.5 例3.3程序截图

单步调试程序时，在Watch窗口中可以修改变量的进制，右击，在弹出的快捷菜单中选择Hexadecimal Display命令，即“十六进制显示”，就能看到变量实际存储的十六进制数值。取消这个设置，看到的就是对应的十进制数值。

C语言用0x前缀说明十六进制。每4位二进制对应转换1位十六进制，二进制与十六进制之间的换算非常方便，而二进制数据位数过多，查看和录入时容易出错，所以在调试程序时通常使用十六进制，而不直接用二进制。

例题中，x变量赋值为−100，而在Watch窗口中观察到，所存储的十六进制数值为0x9C，即二进制编码为10011100，这就是−100的补码。

例3.4：运算结果超出变量的数据范围时，进位丢失了，如图3.6所示。

程序执行后，在Watch窗口中观察到变量x的数值为44。

x是无符号8位整型，加法运算后，运算结果大于255，运算向前产生了进位，但变量

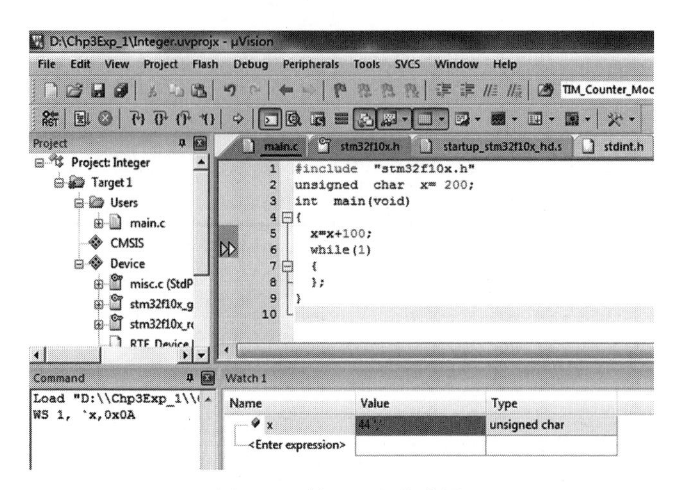

图 3.6　例 3.4 程序截图

x 是 8 位的整型变量，只能保存 8 位的运算结果，因此加法指令执行后，x 变量保存的值为 44。

例 3.5：两个正数相加，运算结果却变成负数，如图 3.7 所示。

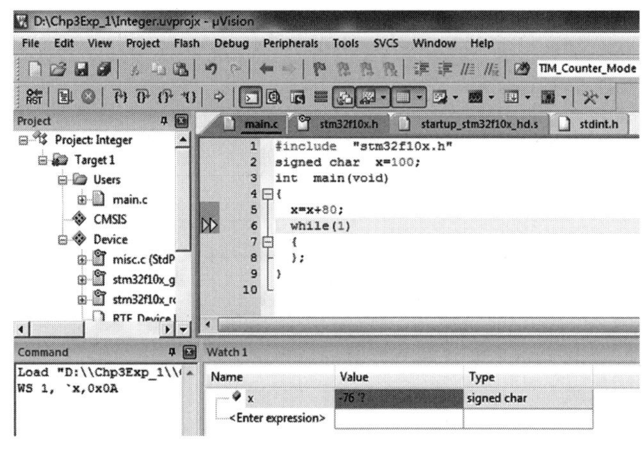

图 3.7　例 3.5 程序截图

signed char 类型的 x 变量初始化为数值 100，即变量 x 的二进制数值为 01100100。加 80，数值 80 对应的 8 位二进制数值为 01010000。两个 8 位二进制数相加，结果存回变量 x。相加后，变量 x 的二进制数值变为 10110100。作为有符号数变量，它的最高位为符号位，符号位为 1，说明是负数，按照补码的运算法则，可以得到变量 x 的十进制数值为－76。

教学视频

3.1.2　访问硬件模块的寄存器

单片机芯片中集成有多个硬件模块，每个片上硬件模块都提供有多个寄存器，通过对这些硬件模块内的寄存器进行读写操作，就可以设定硬件模块的工作方式，控制它们实现指定的功能,因此在嵌入式系统开发中,必须要访问片上硬件内部的寄存器。

嵌入式系统开发中会定义整型变量来访问硬件模块内部的寄存器,整型变量必须声明为 unsigned,并且变量的位宽必须与寄存器的位宽一致。例如,STM32F103 单片机中 GPIO 模块的配置寄存器 CRL,这个寄存器是 32 位的,所以必须定义 32 位的无符号整型变量,才能正确地访问这个寄存器。

由于定义整型变量访问寄存器时整型变量的位宽必须与寄存器的位宽一致,为此,在 Keil 5 软件提供的系统头文件 stdint.h 中,用 typedef 关键字重新命名了整型数据类型,如图 3.8 所示。重新命名后的数据类型可以直接看出数据类型的位宽,以及是否为有符号数。

```
    /* exact-width signed integer types */
typedef   signed          char int8_t;
typedef   signed short     int int16_t;
typedef   signed           int int32_t;
typedef   signed       __INT64 int64_t;

    /* exact-width unsigned integer types */
typedef unsigned          char uint8_t;
typedef unsigned short     int uint16_t;
typedef unsigned           int uint32_t;
typedef unsigned       __INT64 uint64_t;
```

图 3.8 重命名的整型数据类型

库函数中定义整型变量时不再直接使用 ANSI C 中的关键字来定义整型,而是用重命名后的 uint8_t、uint16_t、uint32_t 和 uint64_t 来定义不同位宽的无符号整型变量,用 int8_t、int16_t、int32_t 和 int64_t 定义有符号整型变量。

作为嵌入式系统的开发人员,定义整型变量时也应该采用重新命名后的数据类型,与库函数保持一致,又能直接看出整型的位宽。由于必须在当前 C 语言源文件中包含 typedef 相关语句后,才能使用重命名后的数据类型,因此 C 语言源程序中必须先用 ＃include 语句包含 stdint.h 头文件后,才能使用重命名后的类型来定义整型变量。

例 3.6：定义 int8_t 类型的变量,如图 3.9 所示。

```
1  int8_t  x=100;
2  int   main(void)
3  {
4    x=x+80;
5    while(1)
6    {
7    };
8  }
9
```

```
Build Output
Build target 'Target 1'
compiling main.c...
Users\main.c(1): error:  #20: identifier "int8_t" is undefined
  int8_t  x=100;
Users\main.c: 0 warnings, 1 error
".\Objects\Integer.axf" - 1 Error(s), 0 Warning(s).
Target not created.
Build Time Elapsed:  00:00:00
```

图 3.9 例 3.6 截图

由于没有包含 stdint.h 头文件,编译器给出了错误信息,提示“int8_t 标识符未定义”。必须先用 typedef 语句完成对整型数据类型的重命名后,才能使用重命名后的数据类型。上述程序只需要在开始处添加“＃include "stdint.h"”语句即可。

3.2 volatile 关键字

3.2.1 C 语言编译器的优化功能

C 语言的编译器会对代码进行优化,删除冗余代码。如果编译器认为对某些变量的读写操作是无用的，那么编译时就会删除相关的读写语句。如果编译器认为某些变量在程序中没有使用，那么编译时甚至可能不定义这些变量。

例 3.7：编译器对代码的优化作用，如图 3.10 所示。

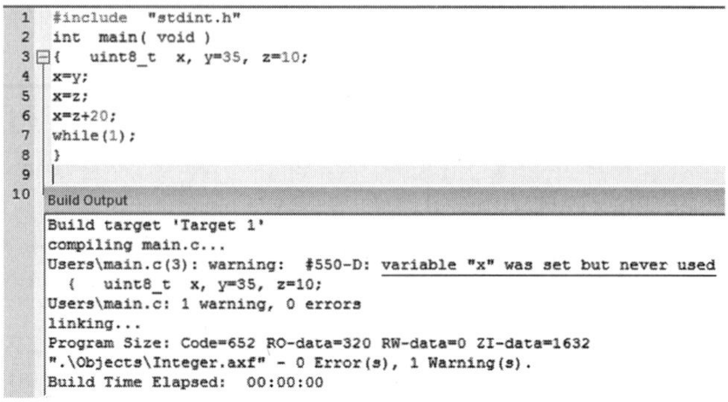

#include "stdint.h"
int main(void)
{ uint8_t x, y=35, z=10;
x=y;
x=z;
x=z+20;
while(1);
}
Build Output
Build target 'Target 1'
compiling main.c...
Users\main.c(3): warning: #550-D: variable "x" was set but never used
{ uint8_t x, y=35, z=10;
Users\main.c: 1 warning, 0 errors
linking...
Program Size: Code=652 RO-data=320 RW-data=0 ZI-data=1632
".\Objects\Integer.axf" - 0 Error(s), 1 Warning(s).
Build Time Elapsed: 00:00:00

图 3.10　例 3.7 截图

编译 main.c 源文件时，编译器给出了警告信息“变量 x 设置了值，但从未使用过”。虽然有警告信息，但程序编译连接成功，可以执行。但是单步调试程序时发现在 Watch 窗口中无法观察到变量 x、y、z 的值，如图 3.11 所示。

D:\Chp3Exp_1\Integer.uvprojx - µVision
File Edit View Project Flash Debug Peripherals Tools SVCS Window Help
Project
Project: Integer
Target 1
Users
main.c
CMSIS
Device
main.c
stm32f10x.h
startup_stm32f10x_hd.s
stdint.h
#include "stdint.h"
int main(void)
{ uint8_t x, y=35, z=10;
x=y;
x=z;
x=z+20;
while(1);
}
Command
Load "D:\\Chp3Exp_1\\
WS 1, `x,0x0A
Watch 1
Name
Value
Type
x
<not in scope>
unsigned char
y
<not in scope>
unsigned char
z
<not in scope>
unsigned char
<Enter expression>

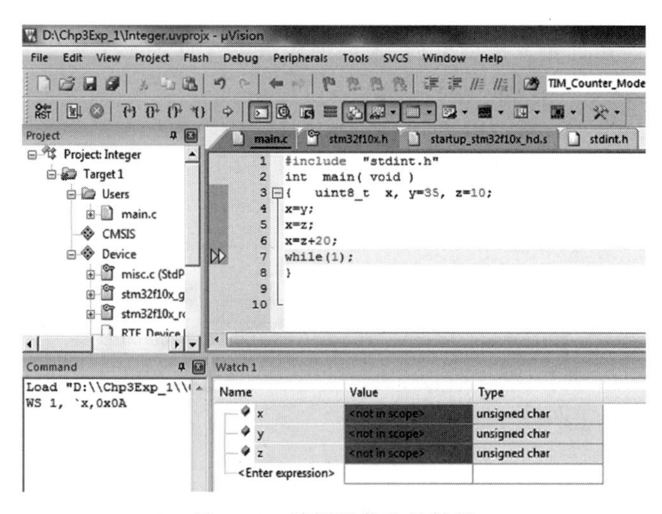

图 3.11　编译器优化的结果

这个现象就是编译器对程序进行优化而导致的。由于变量 x 赋值后从未使用，而变量 y 和 z 只用于给变量 x 赋值，所以编译器优化后，x、y 和 z 变量都不存在了，而读写这些变量的代码，作为冗余代码，也被编译器删除了。虽然看上去执行了 x=y 算赋值指令，但是打开 Disassembly 窗口，观察实际执行的机器码指令，就会发现定义变量，以及对 x 变量的 3 条赋值语句，实际上都是 NOP，也就是空操作指令，如图 3.12 所示。

CPU 执行的是机器码指令，通过反汇编窗口可以查看 CPU 真正执行的指令。所谓的“反汇编”，就是将机器码指令“反过来”翻译成汇编指令。

图 3.12 中箭头指向的是待执行的机器码指令，该机器码指令是 C 语言指令“x＝y；”的编译结果。0x080003B0 是机器码指令存放的地址，BF00 是十六进制的机器码，该条机器码指令占 2 字节，而 NOP 则是机器码指令反汇编后的汇编指令。

```
Disassembly
0x080003AA E000      DCW      0xE000
     3: {   uint8_t  x, y=35, z=10;
0x080003AC BF00      NOP
0x080003AE BF00      NOP
     4: x=y;
0x080003B0 BF00      NOP
     5: x=z;
0x080003B2 BF00      NOP
     6: x=z+20;
0x080003B4 BF00      NOP
     7: while(1);
0x080003B6 BF00      NOP
0x080003B8 E7FE      B        0x080003B8
```

图 3.12　例 3.7 程序的机器码截图

从图 3.12 显示的反汇编代码可以看出，无论是定义变量，还是赋值语句，对应的汇编指令都是 NOP 空指令，这就是编译器对代码进行优化的结果，编译器认为对变量的读写操作是无用的，将冗余代码全部都删除了。只有最后一条“while(1)；”指令是有效的指令，编译成汇编指令 B 0x080003B8。这是一条跳转指令，跳转到地址 0x080003B8，即跳转到自身，实现了“死循环”。

3.2.2　用 volatile 关键字避免优化

定义变量访问硬件模块内的寄存器时，需要严格执行每次对变量的读操作或写操作，而编译器的优化功能可能导致对寄存器的读写操作失败。如果对变量 dr 的赋值操作意味着通过串口发送相应的数据，那么对变量 dr 的每一次赋值，都意味着一次数据传输，编译器不应该对变量 dr 的赋值语句进行优化。

定义变量时添加 volatile 关键字，说明该变量的值会被某些编译器未知的因素改变，如操作系统、硬件模块等，编译器对访问该变量的代码就不再进行优化了。

例 3.8：volatile 关键字的作用。

如图 3.13 所示，例 3.7 中的程序只需要在定义变量时添加 volatile 关键字加以声明，编译时就不再有警告信息，而且反汇编程序也不再是 NOP，变量定义以及变量的赋值都真实执行了。

```
1  #include  "stdint.h"
2  int  main( void )
3  {
4    volatile uint8_t  x, y=35, z=10;
5    x=y;
6    x=z;
7    x=z+20;
8    while(1);
9  }
```

(a) C语言源程序

```
     3: {
0x080003AC B50E       PUSH     {r1-r3,lr}
     4:          volatile uint8_t  x, y=35, z=10;
0x080003AE 2023       MOVS     r0,#0x23
0x080003B0 9001       STR      r0,[sp,#0x04]
0x080003B2 200A       MOVS     r0,#0x0A
0x080003B4 9000       STR      r0,[sp,#0x00]
     5:          x=y;
0x080003B6 F89D0004   LDRB     r0,[sp,#0x04]
0x080003BA 9002       STR      r0,[sp,#0x08]
     6:          x=z;
0x080003BC F89D0000   LDRB     r0,[sp,#0x00]
0x080003C0 9002       STR      r0,[sp,#0x08]
     7:          x=z+20;
0x080003C2 F89D0000   LDRB     r0,[sp,#0x00]
0x080003C6 3014       ADDS     r0,r0,#0x14
0x080003C8 B2C0       UXTB     r0,r0
0x080003CA 9002       STR      r0,[sp,#0x08]
     8:          while(1);
0x080003CC BF00       NOP
0x080003CE E7FE       B        0x080003CE
```

(b) 反汇编程序

图 3.13　例 3.8 截图

用 volatile 关键字定义的变量，编译时不再对该变量的访问进行优化，会严格按照指令执行每一次对该变量的读写操作。因此定义变量访问硬件模块的寄存器时，一定要用

volatile 关键字加以修饰。Keil 5 软件在 core_cm3.h 头文件中定义了相关的宏，定义变量访问片上硬件模块的寄存器时都使用了 volatile 关键字，如图 3.14 所示。

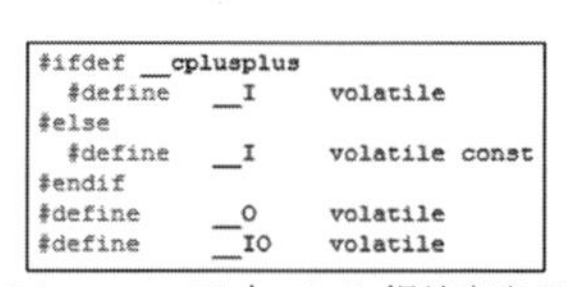

(a) core_cm3.h中volatile相关宏定义

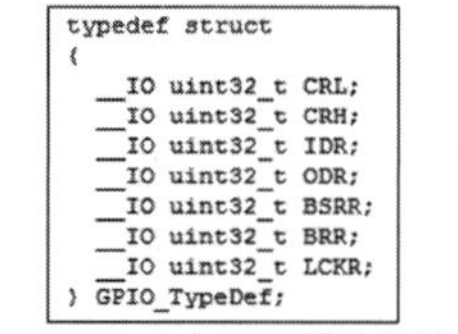

(b) stm32f10x.h中GPIO模块相关定义

图 3.14　Keil 5 中访问片上模块寄存器的相关定义

CMSIS 固件库头文件 stm32f10x.h 中为所有片上硬件模块定义了结构体数据类型，每一个结构体成员对应硬件模块中的一个寄存器。例如，GPIO 模块内有 CRL、CRH 等多个 32 位的寄存器，为访问这些寄存器，在 GPIO_TypeDef 结构体中为每个寄存器定义了一个 uint32_t 类型的变量，从图 3.14(a)可知，__IO 实质就是 volatile 关键字。从图 3.14 可以看出，系统定义变量访问片上硬件模块寄存器时全部添加了 volatile 关键字。

除了定义变量访问片上硬件模块寄存器时需要用 volatile 关键字以外，有时定义普通变量时也会添加 volatile 关键字，以避免编译器进行优化。例如，软件延时函数通过一个循环程序消耗 CPU 的执行时间，达到延时的目的。此时就希望严格按照指令顺序，执行一个没有实际作用的程序段。在软件延时函数中定义的变量，也会用 volatile 关键字加以说明，以达到软件延时的目的。软件延时程序如图 3.15 所示。

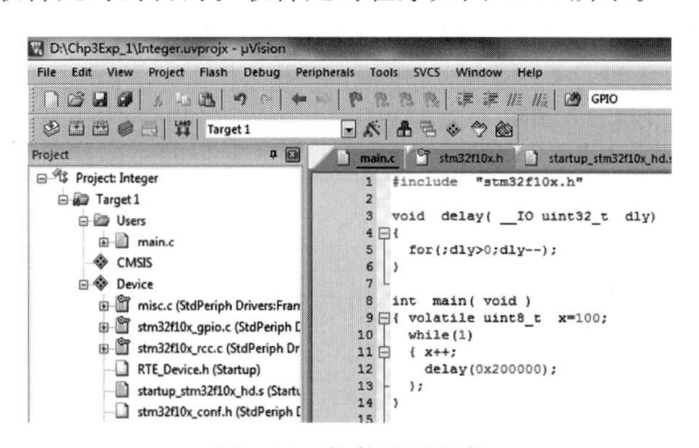

图 3.15　软件延时程序

图 3.15 中的 delay()函数中只有一条 for 循环语句，这个函数不实现任何具体的功能，仅仅是通过执行循环语句，消耗 CPU 的执行时间，达到延时的目的。

3.3　结构体数据类型

教学视频

3.3.1　struct 关键字

通过关键字 struct，可以将多个不同类型的变量组合起来，作为一个整体，这就是结构体数据类型。例如“学生”这个对象至少应该有“学号”“姓名”“性别”等属性，其中“学号”可以是32位整型，“姓名”应该是字符型数组，而“性别”可以用单个字符说明，定义为字符型即可。

例 3.9：定义结构体数据类型 Stu。

程序见图 3.16。代码首先包含了两个头文件 stdint. h 和 string. h，其中 string. h 是 C 语言标准库提供的头文件，其中包含常用的字符串处理函数的函数声明，代码中调用的字符串复制函数 strcpy()就是其中之一。

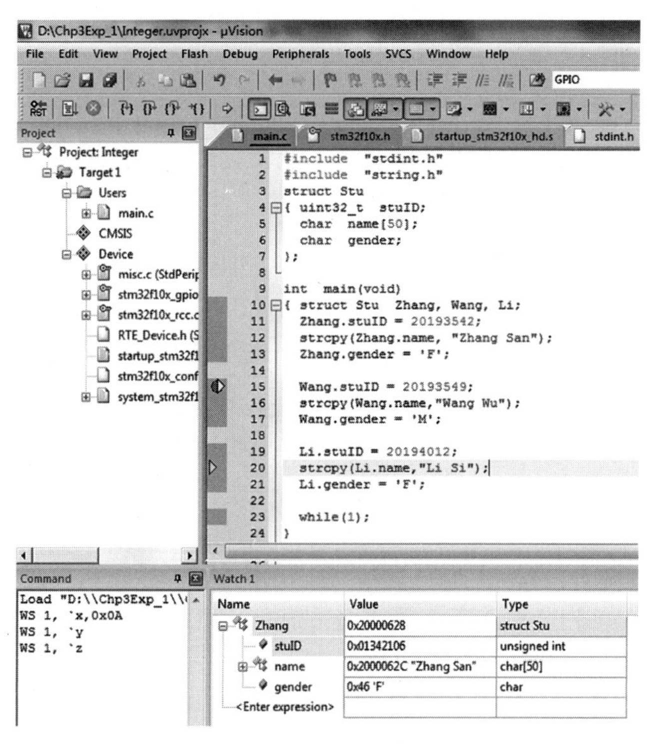

图 3.16 例 3.9 截图

Keil 5 支持一些 C 语言标准库函数，在 Keil 5 安装文件夹的“..\ARM\ARMCC\include”中，可以看到 Keil 5 提供的标准库函数的头文件，包括 stdint. h、string. h、stdio. h 等。

main()函数中定义了 3 个 Stu 结构体类型的变量 Zhang、Wang 和 Li，然后对变量的数据成员进行了赋值，name 数据成员是 char 类型的数组，调用 strcpy()函数，完成字符串复制。

在 Debug 调试环境下可以看到，Zhang 的类型是 struct Stu，作为一个复合型的变量，Value 栏目下显示的十六进制数值 0x20000628 实际上是结构体变量 Zhang 的地址。单击复合型变量左边的“+”号，可以观察其中的数据成员。

name 的十六进制数值 0x2000062C 是数组首地址，“Zhang San”是具体的字符串，单击左边的“+”号，打开数组，可以看到每个数组成员的具体情况。

教学视频

3.3.2 访问单片机片上外设寄存器

Keil 5 为所支持的单片机提供了相关的头文件，在头文件中为访问单片机片上外设的寄存器定义了相关的结构体数据类型。例如，为 STM32F10X 系列单片机提供了头文件 stm32f10x.h，该头文件中为每一种片上外设定义了一个结构体数据类型，每个数据成员对应片上外设中的一个寄存器。

单片机的参考手册中详细说明了片上外设的工作情况，从中截取了 GPIO 模块寄存器的缩略说明，如图 3.17 所示。

<table>
<tr><th>偏移</th><th>寄存器</th><th>31</th><th>30</th><th>29</th><th>28</th><th>27</th><th>26</th><th>25</th><th>24</th><th>23</th><th>22</th><th>21</th><th>20</th><th>19</th><th>18</th><th>17</th><th>16</th><th>15</th><th>14</th><th>13</th><th>12</th><th>11</th><th>10</th><th>9</th><th>8</th><th>7</th><th>6</th><th>5</th><th>4</th><th>3</th><th>2</th><th>1</th><th>0</th></tr>
<tr><td rowspan="2">000h</td><td>GPIOx_CRL</td><td colspan="2">CNF7 [1:0]</td><td colspan="2">MODE7 [1:0]</td><td colspan="2">CNF6 [1:0]</td><td colspan="2">MODE6 [1:0]</td><td colspan="2">CNF5 [1:0]</td><td colspan="2">MODE5 [1:0]</td><td colspan="2">CNF4 [1:0]</td><td colspan="2">MODE4 [1:0]</td><td colspan="2">CNF3 [1:0]</td><td colspan="2">MODE3 [1:0]</td><td colspan="2">CNF2 [1:0]</td><td colspan="2">MODE2 [1:0]</td><td colspan="2">CNF1 [1:0]</td><td colspan="2">MODE1 [1:0]</td><td colspan="2">CNF0 [1:0]</td><td colspan="2">MODE0 [1:0]</td></tr>
<tr><td>复位值</td><td>0</td><td>1</td><td>0</td><td>1</td><td>0</td><td>1</td><td>0</td><td>1</td><td>0</td><td>1</td><td>0</td><td>1</td><td>0</td><td>1</td><td>0</td><td>1</td><td>0</td><td>1</td><td>0</td><td>1</td><td>0</td><td>1</td><td>0</td><td>1</td><td>0</td><td>1</td><td>0</td><td>1</td><td>0</td><td>1</td><td>0</td><td>1</td></tr>
<tr><td rowspan="2">004h</td><td>GPIOx_CRH</td><td colspan="2">CNF15 [1:0]</td><td colspan="2">MODE15 [1:0]</td><td colspan="2">CNF14 [1:0]</td><td colspan="2">MODE14 [1:0]</td><td colspan="2">CNF13 [1:0]</td><td colspan="2">MODE13 [1:0]</td><td colspan="2">CNF12 [1:0]</td><td colspan="2">MODE12 [1:0]</td><td colspan="2">CNF11 [1:0]</td><td colspan="2">MODE11 [1:0]</td><td colspan="2">CNF10 [1:0]</td><td colspan="2">MODE10 [1:0]</td><td colspan="2">CNF9 [1:0]</td><td colspan="2">MODE9 [1:0]</td><td colspan="2">CNF8 [1:0]</td><td colspan="2">MODE8 [1:0]</td></tr>
<tr><td>复位值</td><td>0</td><td>1</td><td>0</td><td>1</td><td>0</td><td>1</td><td>0</td><td>1</td><td>0</td><td>1</td><td>0</td><td>1</td><td>0</td><td>1</td><td>0</td><td>1</td><td>0</td><td>1</td><td>0</td><td>1</td><td>0</td><td>1</td><td>0</td><td>1</td><td>0</td><td>1</td><td>0</td><td>1</td><td>0</td><td>1</td><td>0</td><td>1</td></tr>
<tr><td rowspan="2">008h</td><td>GPIOx_IDR</td><td colspan="16" rowspan="2">保留</td><td colspan="16">IDR[15:0]</td></tr>
<tr><td>复位值</td><td>0</td><td>0</td><td>0</td><td>0</td><td>0</td><td>0</td><td>0</td><td>0</td><td>0</td><td>0</td><td>0</td><td>0</td><td>0</td><td>0</td><td>0</td><td>0</td></tr>
<tr><td rowspan="2">00Ch</td><td>GPIOx_ODR</td><td colspan="16" rowspan="2">保留</td><td colspan="16">ODR[15:0]</td></tr>
<tr><td>复位值</td><td>0</td><td>0</td><td>0</td><td>0</td><td>0</td><td>0</td><td>0</td><td>0</td><td>0</td><td>0</td><td>0</td><td>0</td><td>0</td><td>0</td><td>0</td><td>0</td></tr>
<tr><td rowspan="2">010h</td><td>GPIOx_BSRR</td><td colspan="16">BR[15:0]</td><td colspan="16">BSR[15:0]</td></tr>
<tr><td>复位值</td><td>0</td><td>0</td><td>0</td><td>0</td><td>0</td><td>0</td><td>0</td><td>0</td><td>0</td><td>0</td><td>0</td><td>0</td><td>0</td><td>0</td><td>0</td><td>0</td><td>0</td><td>0</td><td>0</td><td>0</td><td>0</td><td>0</td><td>0</td><td>0</td><td>0</td><td>0</td><td>0</td><td>0</td><td>0</td><td>0</td><td>0</td><td>0</td></tr>
<tr><td rowspan="2">014h</td><td>GPIOx_BRR</td><td colspan="16" rowspan="2">保留</td><td colspan="16">BR[15:0]</td></tr>
<tr><td>复位值</td><td>0</td><td>0</td><td>0</td><td>0</td><td>0</td><td>0</td><td>0</td><td>0</td><td>0</td><td>0</td><td>0</td><td>0</td><td>0</td><td>0</td><td>0</td><td>0</td></tr>
<tr><td rowspan="2">018h</td><td>GPIOx_LCKR</td><td colspan="15" rowspan="2">保留</td><td>LCKK</td><td colspan="16">LCK[15:0]</td></tr>
<tr><td>复位值</td><td>0</td><td>0</td><td>0</td><td>0</td><td>0</td><td>0</td><td>0</td><td>0</td><td>0</td><td>0</td><td>0</td><td>0</td><td>0</td><td>0</td><td>0</td><td>0</td><td>0</td></tr>
</table>

图 3.17　GPIO 模块寄存器列表

图 3.17 显示了 GPIO 模块寄存器的相关信息，“偏移”指寄存器相对于模块首地址的偏移地址，汇编语言中用字符 h 说明为十六进制。后面给出了每个寄存器 d0～d31 位的说明。从图 3.17 中可以看出，IDR 寄存器只有低 16 位有效，而高 16 位都是保留位，目前没有任何作用。

stm32f10x.h 头文件中为访问 GPIO 寄存器定义了结构体数据类型 GPIO_TypeDef，如图 3.18 所示。

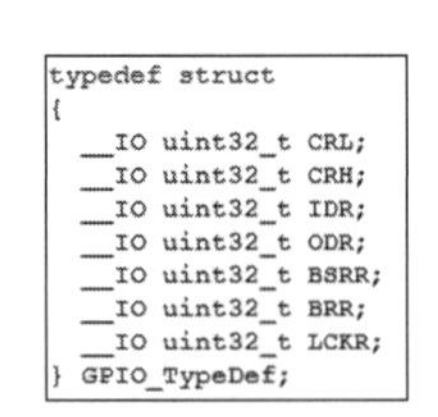

```
typedef struct
{
  __IO uint32_t CRL;
  __IO uint32_t CRH;
  __IO uint32_t IDR;
  __IO uint32_t ODR;
  __IO uint32_t BSRR;
  __IO uint32_t BRR;
  __IO uint32_t LCKR;
} GPIO_TypeDef;
```

图 3.18　GPIO 结构体定义

定义 CRL 变量用于访问 CRL 寄存器，以此类推。结构体中所定义的每一个数据成员对应访问片上外设的一个寄存器，寄存器的位宽就决定了结构体成员的数据类型。

ANSI C 按变量定义的先后顺序为变量分配存储空间，这意味着结构体中定义数据成员的先后顺序就决定了数据成员之间的相对偏移地址，所以为访问片上外设寄存器而定义的结构体，其数据成员的类型以及定义的先后顺序都必须与参考手册中的规定一致。

单片机芯片中集成有多个 GPIO 模块，每个模块的起始地址不同。STM32F103 单片机中最多集成 7 个 GPIO 模块，起始地址见表 3.2。

表 3.2 片上 GPIO 模块地址表

片上 GPIO	起 始 地 址
GPIO 端口 A	0x4001 0800
GPIO 端口 B	0x4001 0C00
GPIO 端口 C	0x4001 1000
GPIO 端口 D	0x4001 1400
GPIO 端口 E	0x4001 1800
GPIO 端口 F	0x4001 2000
GPIO 端口 G	0x4001 2400

stm32f10x.h 中定义了 GPIO_Typedef 结构体数据类型后，用宏定义将指定地址强制转换为 GPIO_Typedef 结构体指针，如图 3.19 所示，通过结构体指针就能够访问片上 GPIO 的寄存器了。

```
#define GPIOA               ((GPIO_TypeDef *) GPIOA_BASE)
#define GPIOB               ((GPIO_TypeDef *) GPIOB_BASE)
#define GPIOC               ((GPIO_TypeDef *) GPIOC_BASE)
#define GPIOD               ((GPIO_TypeDef *) GPIOD_BASE)
#define GPIOE               ((GPIO_TypeDef *) GPIOE_BASE)
#define GPIOF               ((GPIO_TypeDef *) GPIOF_BASE)
#define GPIOG               ((GPIO_TypeDef *) GPIOG_BASE)
```

图 3.19 片上 GPIO 模块的结构体指针定义

stm32f10x.h 头文件为所有的片上外设都定义了结构体数据类型，声明了基地址，并通过宏定义，将片上外设基地址强制转换为相应的结构体指针，所以 C 语言源程序中只需要包含 stm32f10x.h 头文件，就能直接通过结构体指针读写片上外设的寄存器了（见图 3.20）。Keil 5 开发环境中会自动提示结构体的数据成员，大大方便了开发人员的工作。

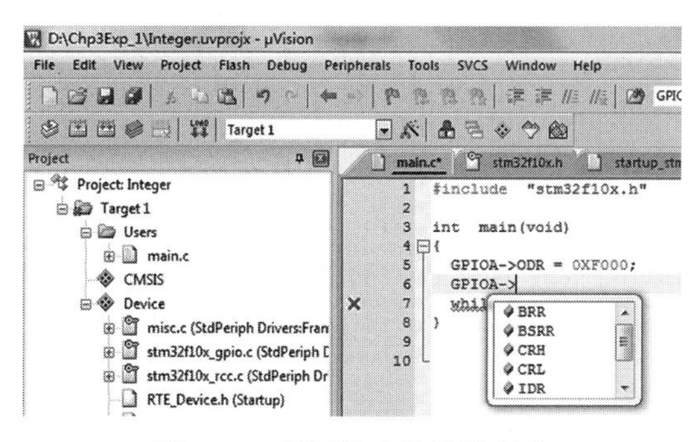

图 3.20 读写片上外设寄存器

3.4 枚举数据类型

教学视频

生活中常常会遇到只有有限个选项的情况，例如，一天是星期几的问题，只可能是星期一到星期日中的一个，而性别只有两个选项：男或女。

当定义变量时，若希望限定对变量的有效赋值只能是指定选项中的一个，此时就需要定义枚举数据类型。

对于C语言来说，枚举数据类型与结构体数据类型一样，都是“构造类型”。枚举类型将变量的取值用一组常数逐一列出来。枚举类型中的每一个取值只能是整数，默认情况下取值从0开始。

例3.9中定义的结构体Stu中，结构体成员gender说明学生性别，定义为char类型。性别只有男或女，其有效值只有'M'(男)或'F'(女)两种取值。但是作为char类型，其取值范围就远远不止这两种了。

如果将gender改为枚举数据类型，并指定其取值为'M'或'F'，那么代码中对gender变量进行赋值时，就需要用枚举数据类型中定义的选项，否则编译时会产生警告信息。

例3.10：性别只能是男或女。

如图3.21所示，代码中定义了枚举数据类型Gender，并且将结构体Stu中的数据成员gender定义为枚举类型。对gender进行赋值时，就只有Male或Female两种情况。若使用其他赋值，则编译器会给出警告信息。

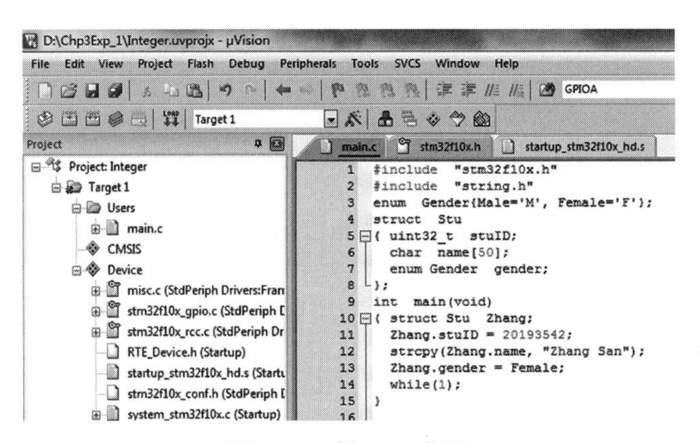

图3.21 例3.10截图

CMSIS固件库提供的头文件中定义了很多枚举数据类型，例如，标志位只有置位或复位两种状态，而片上外设可以使能或禁止，为此stm32f10x.h头文件中分别定义了FlagStatus和FunctionalState枚举类型，CMSIS库函数中使用这些枚举类型作为参数，而不是直接用整型，相关代码片段如图3.22所示。

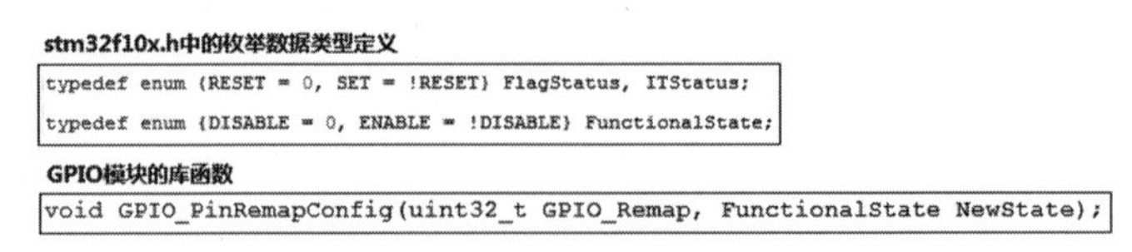

图3.22 stm32f10x.h头文件中定义的枚举数据类型

调用库函数时需要注意参数的类型，枚举类型的参数应该用规定的选项作为实参，而不应该直接用整数数值，以避免编译时产生大量的警告信息。此外，由于枚举类型定义中选项的名称非常直观，作为参数传递时，可以增加程序的可读性。

3.5 static 关键字

static 语义为“静态”。定义变量时添加 static 关键字，就定义了“静态”变量；定义函数时添加它，就定义了“静态”函数。static 关键字的作用各有不同，是非常有用的一个关键字。

3.5.1 静态全局变量

1. 全局变量

全局变量的作用域是整个项目。在一个 C 语言源文件中定义了全局变量，定义之后就可以访问这个变量了。其他 C 语言源文件只需要用 extern 关键字声明一下，就可以访问这个全局变量了。

全局变量为静态分配，编译时就为全局变量分配了存储空间，全局变量的生命周期是整个程序运行期间。只要程序还在运行，全局变量就一直占据着存储空间，直到程序结束运行，才释放存储空间。

由于全局变量的作用域为整个项目，因此不能在多个 C 语言源文件中定义同名的全局变量，否则编译时会提示“重复定义”的错误。

2. 静态全局变量

定义全局变量时前面添加 static 关键字，就定义了静态全局变量。这里 static 关键字限制了全局变量的作用域，将其作用范围局限在当前的 C 语言源文件中。也就是说，静态全局变量只能在定义它的 C 语言源文件中访问，其他 C 语言源文件不能访问它。静态全局变量的生命周期与全局变量一样，都是在整个程序运行期间有效。

由于静态全局变量作用域局限在定义它的文件中，所以其他 C 语言源文件中可以定义同名的静态全局变量或全局变量，但是这是不同的变量。

虽然语法上允许在不同 C 语言源文件中定义同名的静态全局变量，但是这很容易引起逻辑错误，编程过程中很容易弄不清楚当前访问的是哪个静态全局变量。编程中应该避免定义同名的变量，不管是局部变量、全局变量，还是静态全局变量。

例 3.11：全局变量的定义与访问。

如图 3.23 所示，例题项目中有两个源文件：main. c 和 myMath. c。

全局变量 gfPI，在 myMath. c 中定义，在 main. c 中作了 extern 声明，并且在 main() 函数中又定义了同名的局部变量。那么 main() 函数的 while(1) 循环中计算面积 area 时访问的 gfPI 变量是全局变量，还是局部变量呢？

当同名的局部变量和全局变量都有效时，使用局部变量。所以 while(1) 循环中计算

(a) Project窗口　　(b) main.c源文件　　(c) myMath. c源文件

图 3.23　例 3.11 程序截图

area 时访问的是局部变量 gfPI,这导致计算结果不够精确,然而无论怎么修改全局变量 gfPI 都无法解决问题。

在 main. c 和 myMath. c 中都定义了静态全局变量 gcVal,初始化数值分别为 20 和 100。那么 main()函数的 while(1)循环中调用 Inc_gcVal()函数时访问的是哪个 gcVal 变量呢?

由于 Inc_gcVal()函数是在 myMath. c 中定义的,当调用该函数时,程序会跳转到 myMath. c 中的函数体执行,因此这里访问的是在 myMath. c 中定义的静态局部变量 gcVal,而不是在 main. c 中定义的 gcVal。

虽然由于作用域不同,使得语法上允许定义同名的静态全局变量,或与全局变量同名的局部变量,但是这只会造成编程人员的混乱,程序中如果隐藏着这样的问题(bug),是非常难以调试和定位的,因此不要在程序中定义同名的静态全局变量。

3.5.2　静态局部变量

在函数内部或程序块内定义的变量为局部变量,其作用域局限在函数或程序块内。在程序运行期间,调用函数或执行到程序块时才会为局部变量分配存储空间,创建变量,而函数结束或离开程序块时就会释放存储空间,销毁局部变量。局部变量的生命周期以及作用域都是有限的。

定义局部变量时添加 static 关键字,就定义了静态局部变量。这里 static 关键字改变了局部变量的生命周期,静态局部变量创建后,不再被销毁,直到整个程序结束运行,退出时才会释放存储空间。

静态局部变量的作用域依然有限,但是它的生命周期延长了——从创建开始,持续到程序运行结束。

例 3.12:记录函数被调用的次数。

修改例 3.11 的 Inc_gcVal()函数,定义静态局部变量记录下函数被调用的次数。程序如图 3.24 所示。

只在第一次调用函数时创建并初始化静态局部变量,此后静态局部变量就一直有效,因此 main()函数每调用一次 Inc_gcVal()函数,u16Times 变量的数值就加 1,从而记

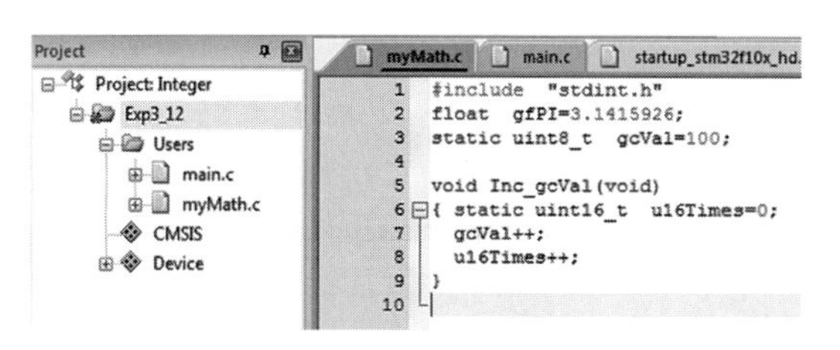

图 3.24　例 3.12 程序截图

录了函数被调用的次数。

3.5.3　静态函数

函数的作用域为整个项目，在一个 C 语言源文件中定义了函数，其他 C 语言源文件中只需要完成函数声明，就可以调用这个函数了。因此，整个项目中不允许定义同名的函数，否则连接时就会产生“重复定义”的错误。

定义函数时添加 static 关键字，就定义了静态函数，此时函数的作用域局限在当前文件中，其他 C 语言源文件不能调用。

由于静态函数的作用域局限在当前文件中，因此其他 C 语言源文件中可以定义同名的函数，但是通常在程序设计中应该尽量避免定义同名的函数，一不小心就容易在程序中埋下隐患。

当程序员定义了一个静态函数时，其实就等同于在宣布“该函数仅供本文件中其他函数调用，其他文件别调用它！”。这样可以为代码提供一定的“保护”，若其他文件试图调用它，编译时就会报错。还增强了代码的可读性，后续其他人员接手这个程序，继续开发时，看到了静态函数，就明白不应该在其他文件中调用它。

STM32F10x 系列单片机的库函数文件 system_stm32f10x.c 中定义了静态函数 SetSysClock()，该函数完成了系统总线时钟初始化，只在 SystemInit()函数中调用它。其他 C 源文件应该调用 SystemInit()函数，而不是 SetSysClock()，因此程序中将 SetSysClock()函数定义为静态函数。

总的来说，只有当确定该函数只在当前文件中被调用，不期望其他源文件调用它时，才将函数定义为静态函数。

3.6　宏定义

#define 宏定义指令实质上是为常数或表达式取了一个别名。宏定义没有数据类型，也不会分配存储单元，编译时直接将代码中的宏用宏定义中的常数或表达式进行替换。

例 3.13：计算圆面积的宏。

如图 3.25 所示，main.c 源文件中首先定义了两个宏，圆周率 PI 为一个常数，而计算圆面积的带参宏 area(x)是一个表达式。在 main()函数中,两次调用了 area 宏。调试程序时,在 Watch 窗口中观察变量 x 和 y 的数值,可以发现第二次调用时,也就是 area(4+3)处,结果出错。

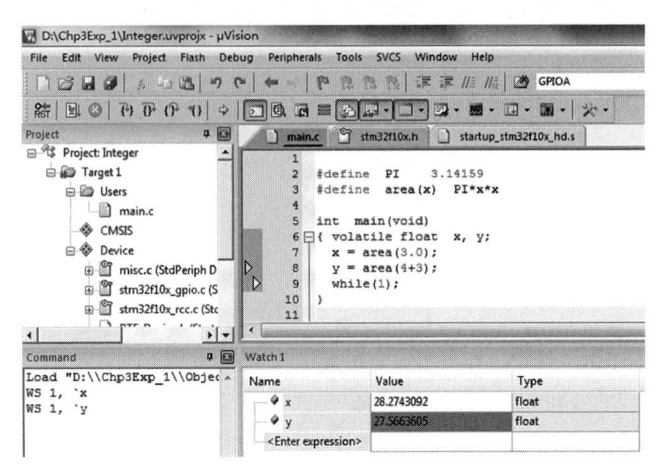

图 3.25 例 3.13 截图

main()函数中调用宏 area(x),编译时直接进行替换。程序中的 area(4+3),4+3 作为 x 进行替换,替换后的表达式是 3.14159×4+3×4+3。这是一个常数运算式,编译时会直接计算出结果,也就是 27.56636,所以编译后,这条赋值语句实际上就是"y=27.56636;"。

由于宏定义的这种特性,定义宏时一定要注意加上括号,设定表达式中各个运算的优先级。上面的代码只需要在定义 area(x)宏时注意加上括号,就能正常计算圆面积了。

```
#define  area(x)  (PI * (x) * (x))
```

如果留意一下 CMSIS 固件库提供的头文件中的宏定义,就会发现头文件中定义宏时都添加了括号,以避免调用宏时产生错误。

结构体指针 GPIOA 宏定义的相关代码如下。

```
#define PERIPH_BASE          ((uint32_t)0x40000000)
#define APB2PERIPH_BASE      (PERIPH_BASE + 0x10000)
#define GPIOA_BASE           (APB2PERIPH_BASE + 0x0800)
#define GPIOA                ((GPIO_TypeDef * ) GPIOA_BASE)
```

片上外设 GPIOA 的起始地址为 0x40010800,GPIOA 外设在 APB2 总线上,而 APB2 总线上有多个片上外设。在 stm32f10x.h 头文件中,首先从外设基地址 PERIPH_BASE 开始定义宏,每个宏定义中都添加了括号,确保多个宏互相调用时不会由于运算优先级而导致出错。

用#define 定义的宏,用#undef 可以撤销,撤销后,就不能再调用这个宏了。

宏定义只在当前的 C 语言源文件中有效,一个项目中若包含多个 C 语言源文件,那么每个 C 源文件中都需要用＃define 语句实现宏定义。但是这样编写代码，一旦宏定义的表达式写错了，解决问题时会非常麻烦，需要逐一修改所有 C 源文件中相关的宏定义。因此，在项目开发中，通常在头文件中实现宏定义，C 源文件中只需要包含头文件，就能够调用头文件中定义的宏了。

3.7 条件编译与头文件

3.7.1 条件编译指令

Keil 5 提供了很多头文件，对于开发人员来说，只需要包含头文件，就能调用系统提供的各种接口函数，非常方便。

随意打开几个系统提供的头文件，对比一下就会发现，前几行代码很相似，都是下面这样的格式，其中“XXX”直接用文件名来替换即可。

```
#ifndef  __XXX_H
#define  __XXX_H
...
#endif
```

代码中的＃ifndef 和＃endif 就是条件编译指令。条件编译指令属于预处理指令，这些指令不可执行，没有对应的机器码，而是在编译时起作用。编译器根据条件满足与否，决定是否编译相关的代码段。ANSI C 中的条件编译指令见表 3.3。

表 3.3 条件编译指令

指令	功能
＃if 表达式 ＃else ＃endif	＃if 后面有一个常量表达式。编译时若表达式的值为 true，则编译＃if 分支的代码，跳过＃else 分支的代码。如果表达式的值为 false，则编译时跳过＃if 分支的代码，改为编译＃else 与＃endif 之间的代码 ＃if 命令的功能有些类似于 C 语言中的 if-else-end if 指令，可以根据实际情况决定，是否要包含＃else 分支
＃if 表达式 1 ＃elif 表达式 2 ＃else ＃endif	编译时若表达式 1 的值为 true，则编译＃if 分支的代码，否则需要判断表达式 2，若表达式 2 的值为 true，则编译＃elif 分支的代码；若表达式 1 和表达式 2 的值都为 false，则编译＃else 分支的代码 与 if 指令相似，＃elif 可以多重嵌套，形成多种不同的编译情况
＃ifdef 符号 ＃endif	编译时，如果定义了符号，则编译＃ifdef 与＃endif 之间的代码，否则就跳过这段代码，不编译
＃ifndef 符号 ＃endif	如果没有定义符号，才编译＃ifndef 与＃endif 之间的代码；如果符号已经定义了，则跳过这段代码，不编译

stm32f10x.h 头文件中的条件编译指令如下。

```
#ifndef __STM32F10x_H
#define __STM32F10x_H
...
#endif
```

代码首先判断是否定义了符号“__STM32F10X_H”,如果没有定义才编译后面的代码段。如果已经定义了这个符号,编译时就跳过后续的代码段,也就是整个 stm32f10x.h 头文件的所有代码。

如果 C 语言源程序中用#include 指令包含了两次 stm32f10x.h 头文件,那么编译时,第一次包含头文件时,#ifndef 指令条件满足,此时符号“__STM32F10X_H”未定义,编译后续的代码,立刻就用#define 语句定义了这个符号;而第二次包含头文件时,#ifndef 指令的条件不满足,后面的代码不会再次被编译。

头文件一定会用条件编译语句将文件中真正的内容包括起来,只有这样才能避免重复包含头文件时产生重复定义或重复声明错误。

程序设计中,在头文件中包含头文件是非常常见的现象,这就可能导致多次包含某个头文件的情况。例如,调用片上外设库函数完成项目开发时,需要用到 RCC 模块和 GPIO 模块,而对应库函数的头文件 stm32f10x_rcc.h 和 stm32f10x_gpio.h 中都包含了 stm32f10x.h 头文件,而 main.c 源文件中需要包含 RCC 模块和 GPIO 模块的头文件,导致 stm32f10x.h 头文件被包含了多次。

用#include 指令包含头文件,实质就是将头文件的所有内容直接插入#include 指令所在位置。多次包含意味着某个头文件的内容会被插入多次,这就是编写头文件时,必须用条件编译指令将头文件真正的内容囊括在内的原因。

#ifndef 和#endif 是一对条件编译指令,#ifndef __xxx_H 判断是否定义了符号 __xxx_H,如果没有定义,那么会编译其中的内容;如果已经定义了这个符号,那么编译器会忽略#ifndef 和#endif 之间的代码。

教学视频

3.7.2 头文件

对于在 xxx.c 源文件中编写的函数来说,其他源文件要调用这个函数,就必须先完成函数声明。为了方便其他源文件调用,通常会为 xxx.c 源文件编写一个对应的头文件 xxx.h,将函数声明、全局变量的 extern 声明、宏定义、结构体定义和枚举类型定义等都放在头文件中。这样其他源文件只需要包含这个头文件,就可以调用其中声明的函数、宏等。通常习惯上会将 C 源文件与对应头文件命名为相同的文件名,当然这不是硬性规定。

一般情况下,头文件中只会做函数声明,而不会定义函数,这是因为项目中可能会有多个源文件包含这个头文件,这就意味着在多个源文件中定义了函数,编译单个源文件时不会有问题,但是编译连接整个项目时就会出现函数重复定义的错误。

由于函数和全局变量的作用范围是全局的，在整个项目中都有效，因此通常情况下，头文件中不会有函数定义和全局变量定义。

如果要在头文件中定义函数或全局变量，那么只能在一个源文件中包含这个头文件，或者定义函数或全局变量时用 static 关键字，将函数和全局变量的作用范围限制在当前文件中，但这时在多个源文件中包含这个头文件，就会多次定义这些函数和全局变量，每个源文件中访问的是在自己文件中定义的全局变量。项目开发中后者容易导致错误，并且很难调试定位这样的错误。

例 3.14：系统头文件 core_cm3.h 中的函数定义。

在 CMSIS 固件库中，绝大多数头文件都只进行了函数声明，但是内核相关头文件 core_cm3.h 以及 core_cmFunc.h 有所不同，定义了操作单片机内核的接口函数。函数定义的前面全部添加了"__STATIC_INLINE"，这是在 core_cm3.h 中定义的宏，相关宏定义见图 3.26。

```
core_cmFunc.h | stm32f10x_gpio.h | main.c | stm32f10x.h | startup_stm32f10x_hd.s | core_cm3.h
 78
 79 #if   defined ( __CC_ARM )
 80   #define __ASM            __asm                  /*!< asm keyword for ARM Compiler          */
 81   #define __INLINE         __inline               /*!< inline keyword for ARM Compiler       */
 82   #define __STATIC_INLINE  static __inline
 83
 84 #elif defined ( __GNUC__ )
 85   #define __ASM            __asm                  /*!< asm keyword for GNU Compiler          */
 86   #define __INLINE         inline                 /*!< inline keyword for GNU Compiler       */
 87   #define __STATIC_INLINE  static inline
 88
 89 #elif defined ( __ICCARM__ )
 90   #define __ASM            __asm                  /*!< asm keyword for IAR Compiler          */
 91   #define __INLINE         inline                 /*!< inline keyword for IAR Compiler. Only available in High optimization mode! */
 92   #define __STATIC_INLINE  static inline
 93
 94 #elif defined ( __TMS470__ )
 95   #define __ASM            __asm                  /*!< asm keyword for TI CCS Compiler       */
 96   #define __STATIC_INLINE  static inline
 97
 98 #elif defined ( __TASKING__ )
 99   #define __ASM            __asm                  /*!< asm keyword for TASKING Compiler      */
100   #define __INLINE         inline                 /*!< inline keyword for TASKING Compiler   */
101   #define __STATIC_INLINE  static inline
102
103 #elif defined ( __CSMC__ )
104   #define __packed
105   #define __ASM            _asm                  /*!< asm keyword for COSMIC Compiler      */
106   #define __INLINE         inline                /*use -pc99 on compile line !< inline keyword for COSMIC Compiler   */
107   #define __STATIC_INLINE  static inline
108
109 #endif
```

图 3.26　core_cm3.h 中的宏定义

core_cm3.h 中通过条件编译指令，针对 Keil 5 所用的 C 编译器，完成了相应的宏定义。默认情况下，Keil 5 使用 ARM 的 C 编译器，也就是图 3.26 中矩形框部分。

core_cm3.h 和 core_cmFunc.h 中都定义了接口函数，所有函数定义都添加了"__STATIC_INLINE"，也就是说，在头文件中定义的所有函数都是静态函数，如图 3.27 所示。

编写头文件时，一定要用条件编译指令，以避免多次包含头文件导致重复定义错误。

总的来说，如果没有特殊要求，不要在头文件中定义函数或全局变量。

通常头文件中只包含有 typedef 定义、宏定义等这些作用范围只局限在当前文件的定义，以及函数声明和全局变量的 extern 说明。

```
core_cmFunc.h   stm32f10x_gpio.h   main.c   stm32f10x.h   startup_stm32f10x_hd.s   core_cm3.h

1299  /** \brief  Set Priority Grouping
1300
1301    The function sets the priority grouping field using the required unlock sequence.
1302    The parameter PriorityGroup is assigned to the field SCB->AIRCR [10:8] PRIGROUP field.
1303    Only values from 0..7 are used.
1304    In case of a conflict between priority grouping and available
1305    priority bits (__NVIC_PRIO_BITS), the smallest possible priority group is set.
1306
1307      \param [in]      PriorityGroup  Priority grouping field.
1308   */
1309  __STATIC_INLINE void NVIC_SetPriorityGrouping(uint32_t PriorityGroup)
1310  {
1311    uint32_t reg_value;
1312    uint32_t PriorityGroupTmp = (PriorityGroup & (uint32_t)0x07);     /* only values 0..7 are used          */
1313
1314    reg_value  =  SCB->AIRCR;                                         /* read old register configuration    */
1315    reg_value &= ~(SCB_AIRCR_VECTKEY_Msk | SCB_AIRCR_PRIGROUP_Msk);   /* clear bits to change               */
1316    reg_value  =  (reg_value                                   |
1317                  ((uint32_t)0x5FA << SCB_AIRCR_VECTKEY_Pos) |
1318                  (PriorityGroupTmp << 8));                           /* Insert write key and priorty group */
1319    SCB->AIRCR =  reg_value;
1320  }
1321
```

图 3.27　core_cm3.h 中的函数定义

教学视频

3.8　变量在哪里

3.8.1　堆、栈和静态区

C 语言中将内存分为 3 部分：堆（heap）、栈（stack）和静态区（static area），栈也常被称为“堆栈”。

堆栈区为按照“先进后出”原则进行操作的连续存储空间。将数据存入堆栈称为“压栈”操作，而将数据弹出堆栈称为“弹栈”操作。对于堆栈的操作，始终都在堆栈栈顶进行，堆栈栈顶位置随着压弹栈操作而上下浮动。可以将堆栈区想象为一个弹夹，从一个口将子弹压进或弹出，所以最后压入弹夹的子弹，最先被弹出。

堆栈区用于保存局部变量，进入函数时在堆栈区为函数内的局部变量分配存储空间，函数执行结束时弹栈恢复堆栈空间。堆栈的执行效率高，但是堆栈区的大小是有限的。

堆区用于动态分配内存，即调用 malloc()或 new()函数分配的内存。对于动态分配的内存，必须调用 free()函数或 delete()函数来释放，在主动释放之前内存始终被占用。动态分配内存比较灵活，但如果忘记释放内存，则会造成内存“泄漏”。

静态区用于保存全局变量和静态变量，包括静态局部变量和静态全局变量。在静态区分配存储空间的变量，其生命周期为整个程序运行期间。

静态区的存储空间分配由编译器在编译时分配，而堆区和栈区的存储空间分配是在程序运行过程中进行的。栈区空间是有限的，如果分配的存储空间超过栈区剩余空间大小，则会导致堆栈“溢出”，程序崩溃。

3.8.2　单片机中变量的存储空间分配

单片机芯片内集成有 Flash 存储器和 SRAM 存储器，两者的容量都有限。STM32F10x

系列单片机采用哈佛架构，存储器以及片上外设都在一个 4GB 的地址空间中。其中 Flash 地址从 0x0800000 开始，SRAM 地址从 0x20000000 开始，片上外设地址从 0x40000000 开始。

堆区、栈区以及静态区都在 SRAM 存储器中。在系统提供的启动文件中可以设定堆区、栈区的大小。

例 3.15：大容量设备启动文件 startup_stm32f10x_hd.s 中定义堆区和栈区。

启动文件为汇编语言源程序。根据单片机芯片中集成的存储器容量大小，芯片分为小容量、中容量和大容量，启动文件也有所不同。stm32f103vet6 芯片内部集成有 512KB 的 Flash 和 64KB 的 SRAM，属于大容量芯片，启动文件为 startup_stm32f10x_hd.s。

从图 3.28 可以看出，启动文件中规定了栈区大小为 0x00000400，而堆区大小为 0x00000200，两者都在 SRAM 中。根据项目需求，可以自行调整栈区大小。

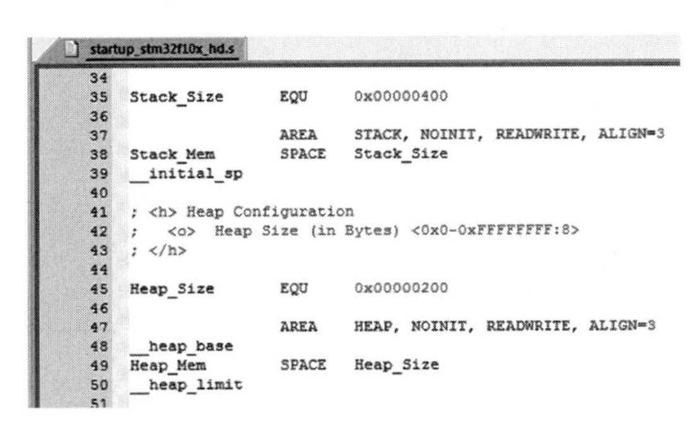

```
startup_stm32f10x_hd.s
34
35 Stack_Size      EQU     0x00000400
36
37                 AREA    STACK, NOINIT, READWRITE, ALIGN=3
38 Stack_Mem       SPACE   Stack_Size
39 __initial_sp
40
41 ; <h> Heap Configuration
42 ;   <o>  Heap Size (in Bytes) <0x0-0xFFFFFFFF:8>
43 ; </h>
44
45 Heap_Size       EQU     0x00000200
46
47                 AREA    HEAP, NOINIT, READWRITE, ALIGN=3
48 __heap_base
49 Heap_Mem        SPACE   Heap_Size
50 __heap_limit
51
```

图 3.28　例 3.15 截图

例 3.16：调试环境下确定栈区在 SRAM 存储器中的位置。

STM32F10x 系列单片机 SRAM 存储区地址从 0x20000000 开始，根据芯片具体型号可以确定片上集成的 SRAM 存储器大小。

启动文件中定义了栈区和堆区的大小，若不修改启动文件，则默认情况下栈区大小为 0x00000400，而堆区大小为 0x00000200。启动后，CPU 内的 SP 寄存器指向堆栈栈顶，压栈时 SP 指针减小，而弹栈时 SP 指针增大，随着压栈弹栈操作，SP 始终指向堆栈栈顶。只要观察 SP 寄存器，就能了解当前堆栈的使用情况，如图 3.29 所示。

主程序中没有定义任何全局变量或局部变量，单步调试程序，进入 main() 函数时，观察 CPU 内部寄存器的情况，可以看到 R13(SP) 寄存器的值为 0x20000660，目前堆栈区中没有压入任何数据，SP 指向堆栈区的尾部，而堆栈区大小为 0x00000400，也就是说，地址 0x20000260～0x2000065F 这 0x00000400 个字节单元为堆栈区。

当修改启动文件，将堆栈区大小改为 0x00001000 时，编译连接后，再次单步调试，可以观察到 SP 寄存器的情况如图 3.30 所示。

将堆栈区大小改为 0x00001000 后，从图 3.30 可以看出，堆栈尾部地址变为 0x20001260，此时堆栈区地址为 0x20000260～0x200125F。

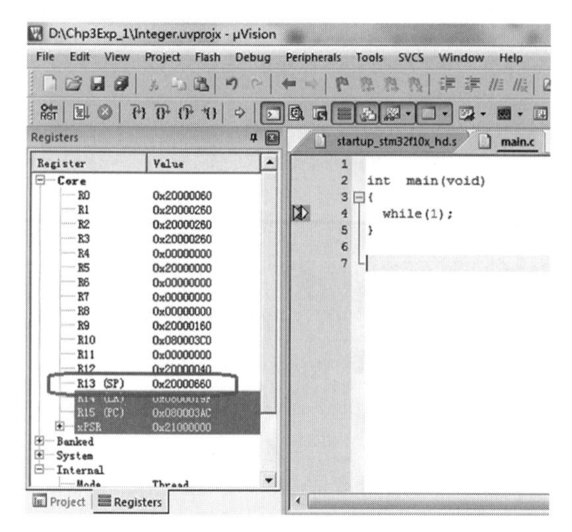

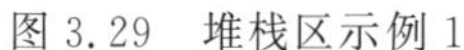
图 3.29　堆栈区示例 1

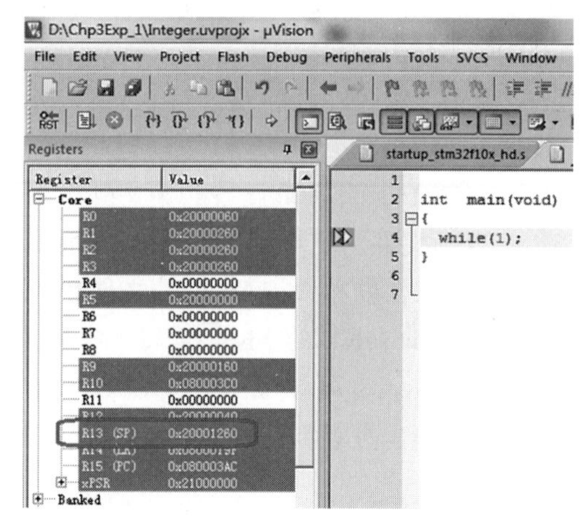

图 3.30　堆栈区示例 2

（1）局部变量的存储空间分配。

函数内部定义的局部变量，其生存周期和作用域都局限在函数内。调用函数时，在堆栈中为函数内的局部变量分配存储空间。当函数执行完毕时才会弹栈释放堆栈空间。

函数中可以调用其他函数或者调用自身。函数调用自身，也就是所谓的“递归”函数。理论上函数调用嵌套的层数是没有限制的，但实际上每一次调用函数，都会消耗堆栈空间。然而堆栈空间是有限的，如果堆栈溢出，那么整个程序就崩溃了。这是非常严重的错误，所以规划堆栈区大小时一定要考虑函数调用嵌套的情况，而设计递归函数时更要注意最大的嵌套次数，避免发生堆栈溢出的错误。

（2）静态局部变量的存储空间分配。

静态局部变量指在函数内部定义局部变量时用 static 关键字加以说明的变量。静态局部变量的作用域依然局限在函数体内，但是其生命周期会发生改变，函数结束时不会销毁静态局部变量，它在整个程序运行期间都有效。对于单片机程序来说，只要上电程序始终处于运行状态，就不会退出运行。

静态局部变量的存储空间是在编译时就在 SRAM 的空闲区域为其分配了存储空间，不会释放。但是作为局部变量，对它的访问依然局限在函数内部。

（3）全局变量的存储空间分配。

全局变量作用域是整个项目，生命周期则是整个程序运行期间。静态全局变量仅仅是改变了作用域，其生命周期是不变的。

整个程序运行期间都有效的变量，都是在编译时分配存储空间，并且在程序运行期间存储空间都不释放，不能另做它用。

上述类型的变量都是在 SRAM 存储器中分配，而不同型号单片机内集成的 SRAM 存储容量差异极大，例如，STM32F103T4 内部只有 6KB 的 SRAM，而 STM32F103VE 内部有 64KB 的 SRAM。所以在嵌入式软件开发中，需要关注程序对存储空间的使用。

(4) 只读变量的存储空间分配。

定义变量时可以添加 const 关键字加以修饰,将变量定义为只读变量。只读变量与宏定义不同,只读变量有数据类型,并且会分配存储空间。

定义为只读变量,只是限定了对变量的写操作,只能在定义时初始化变量,在代码中只能读变量,而不能改写变量的数值。const 关键字仅仅限定了对变量的写操作,并没有改变变量的生命周期和作用域。

定义局部变量时,若添加了 const 关键字,则该只读的局部变量依然在栈区分配存储空间。但是当定义全局变量时,若添加了 const 关键字,则由于全局变量的存储空间为静态分配,又限定为只读,从其特性来看,完全可以在只读的 Flash 存储器中为其分配存储空间。

单片机芯片中集成的 SRAM 存储容量较小,而 Flash 存储容量较大,所以编译时会在 Flash 存储器中为只读的全局变量分配存储空间。

STM32F10x 系列单片机芯片片上集成的 Flash 存储器地址从 0x08000000 开始,而 SRAM 存储器地址从 0x20000000 开始。除了 const 全局变量在 Flash 存储器中分配存储空间以外,堆区、栈区以及静态分配的变量都在 SRAM 中分配存储空间。

例 3.17:调试程序,观察变量的地址。

(1) 堆栈区在哪里?

如图 3.31 所示,编译连接成功后,Keil 5 会给出提示,其中 RW-data 指在 SRAM 中静态分配并且初始化了的变量字节数,ZI-data 指 SRAM 中分配的,没有指定初始化数值,初始化为零的字节数,这里包括堆区和栈区。RW-data 字节数加上 ZI-data 字节数,就是 SRAM 存储区中已经使用了的字节数。

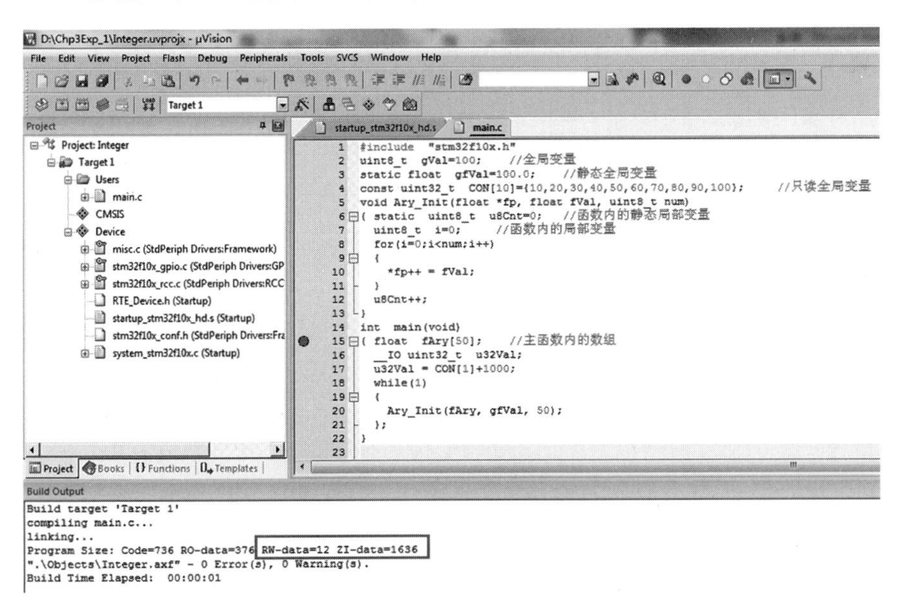

图 3.31 例 3.17 程序截图

栈区位于 SRAM 已使用区域的末端，所以当堆栈没有压入任何数据时，SP 指针的值为堆栈区最后一个字节地址+1，即 SRAM 首地址 0x20000000+RW-data+ZI-data。调试环境下可以看到，进入 main()函数时 SP 寄存器的值为 0x20000670。

例程中没有修改启动文件，栈区大小为 0x00000400，因此堆栈区域地址为 0x20000270～0x2000066F。

(2) main()函数中定义的局部变量在哪里？

局部变量无论是否初始化，都是在程序执行过程中调用函数时从栈区分配存储空间。进入函数时，在栈区中为函数内的局部变量分配存储空间，离开函数时释放堆栈空间。

在 main()函数开始位置设置断点调试程序。进入 main()函数后，打开 Register 和 Watch 窗口，观察 CPU 寄存器和变量的值。在 Watch 窗口中输入变量名时前方添加了 C 语言中的取地址符号 &，Value 栏显示的是变量的地址，如图 3.32 所示。

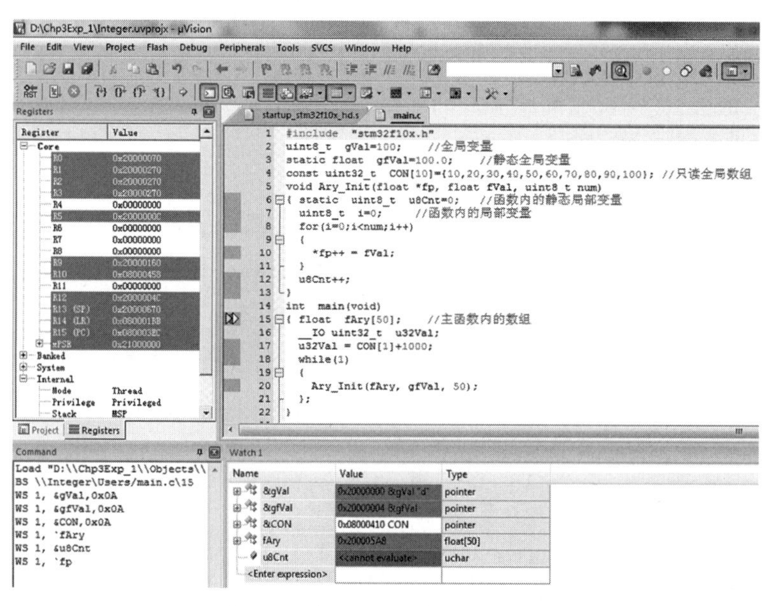

图 3.32 例 3.17 程序调试截图 1

此时，程序执行暂停在 float fAry[50]这行代码上。main()函数中定义了 fAry 数组和 u32Val 变量，两者一共占 204 字节。先从栈区中为 fAry 分配存储空间，即压栈 fAry[50]数组，执行后 SP 指针数值减 200，变为 0x200005A8。然后压栈 u32Val 变量，SP 指针数值减 4，变为 0x200005A4。所以两条定义变量的指令执行后，SP 指针数值为 0x200005A4，栈顶元素即为变量 u32Val，数组 fAry 的首地址为 0x200005A8，如图 3.33 所示。

(3) Ary_Init()函数中定义的静态局部变量在哪里？

main()函数中在 while(1)循环体中调用了函数 Ary_Init()，而在 Ary_Init()函数中定义了静态局部变量 u8Cnt，在图 3.33 的 Watch 窗口里显示为"< cannot evaluate >"，这是因为当前程序还在 main()函数中执行，没有调用过 Ary_Init()函数，还无法访问 u8Cnt 变量。当程序执行到 Ary_Init()函数时，情况如图 3.34 所示。

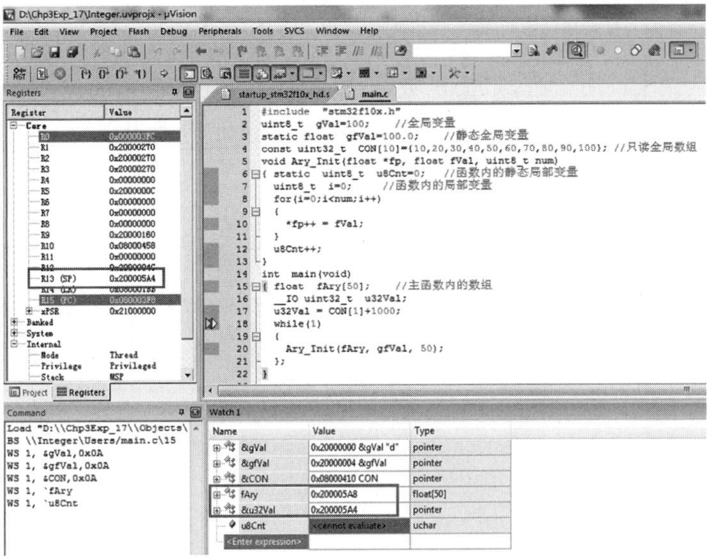

图 3.33　例 3.17 程序调试截图 2

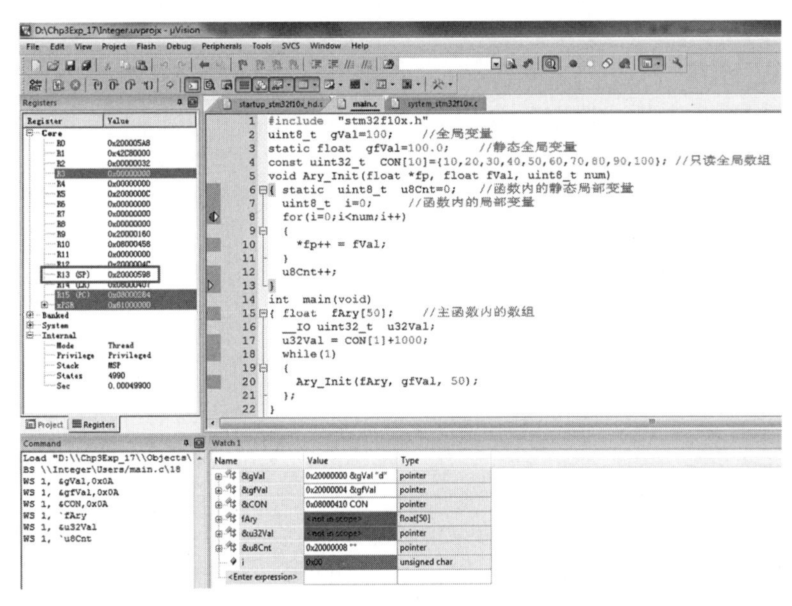

图 3.34　例 3.17 程序调试截图 3

u8Cnt 变量的地址为 0x20000008，从地址可以看出，该变量不在堆区或栈区范围，而是在静态分配的区域。

当程序执行离开 Ary_Init()函数时，u8Cnt 变量依然存在，也就是说，分配给它的存储空间没有释放。在整个程序运行期间，存储空间都不会释放。

（4）函数嵌套调用对栈区的消耗。

由于需要在栈区压栈函数调用的返回地址、压栈局部变量等，所以进入 Ary_Init()

函数后，堆栈指针 SP 寄存器的值变为 0x20000598。

函数的每一次嵌套调用都需要消耗堆栈空间，一定要在启动文件中定义足够大的堆栈区！

递归函数会嵌套调用自身，根据函数调用时传递的参数数值决定嵌套调用的层数。嵌入式系统开发中需要小心谨慎地使用递归函数，调试递归函数程序时，应注意观察 SP 寄存器的数值，注意堆栈“溢出”错误。

（5）全局变量在哪里？

调试程序进入 main()函数时，在 Watch 窗口注意观察全局变量的情况，如图 3.35 所示。

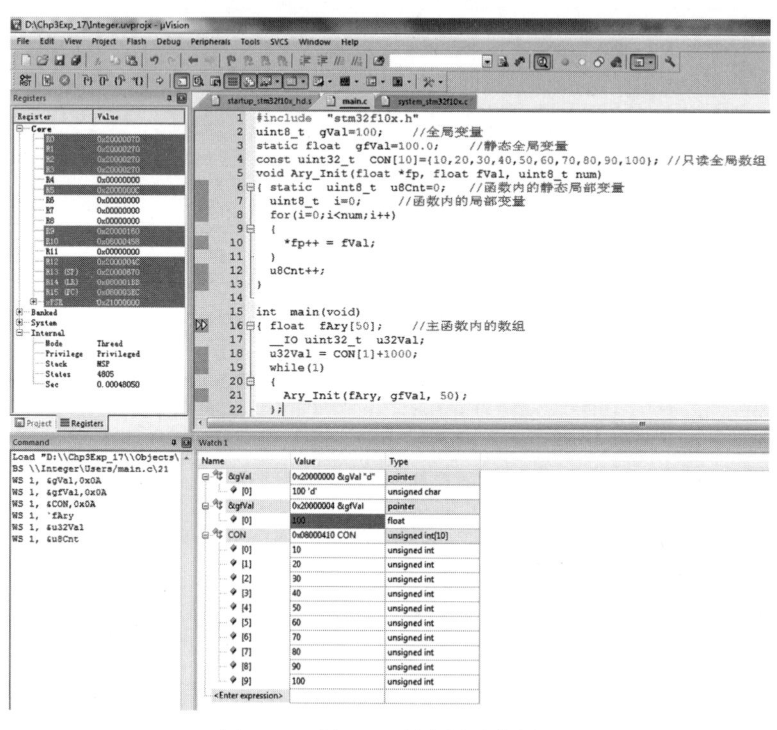

图 3.35　例 3.17 程序调试截图 4

全局变量是静态分配的，也就是说，编译时已经为变量分配了存储空间。只要程序加载，开始执行，任何时候都能访问全局变量。

程序中定义了全局变量 gVal、静态全局变量 gfVal 和 const 全局变量 CON，从图 3.35 可以看到，gVal 的地址为 0x20000000，gfVal 地址为 0x20000004，也就是说，编译器首先在 SRAM 中完成静态分配，然后才是堆区，最后是栈区。

片上 Flash 存储器地址从 0x08000000 开始，主要用于存放程序代码，const 类型的全局变量也在 Flash 存储器中分配存储空间。const 全局数组 CON 首地址为 0x08000410，从地址可以看出 CON 数组是在片上 Flash 中分配的存储空间。

在嵌入式系统开发中，由于片上集成的存储器大小有限，所以开发人员需要注意对存储空间的使用，根据项目实际情况定义栈区大小，注意避免在函数内定义较大的数组，以免造成堆栈“溢出”。

第4章 第一个STM32项目

教学视频

4.1 开发环境与所需硬件

4.1.1 搭建开发环境

ARM Keil 是为 ARM 微控制器提供的功能强大的应用软件，从 www2. keil. com/mdk5 可以下载 MDK 软件的安装包。免费版本的 Keil 开发软件对编译后项目文件的大小做了一定限制，编译后的可下载文件最大不超过 32KB，但对于学习者来说已经足够了。

2020 年 8 月，MDK 版本已经更新到 5.31，其中 ARM C 编译器版本升级为 6.14，支持 ARM Cortex-M55 内核。本书所用的开发软件版本为 MDK 5.14。在 Windows 操作系统下，安装 Keil 5 后，Windows 桌面上有软件的快捷图标，如图 4.1(a)所示。

安装 Keil 5 软件后，还需要安装单片机家族的 Pack 软件包，才能支持相应系列的单片机。可以在线安装，也可以从网上下载 DFP(Device Family Pack)软件包后，离线安装。DFP 软件包的下载网址为 www. keil. com/dd2/pack。根据生产商以及单片机芯片系列，选择要安装的 Pack 软件包。

运行 Keil 5 软件后，默认设置下，窗口中会显示 Build 工具条(Build Toolbar)，其中有 Pack Installer 快捷按钮，即图 4.1(b)中方框中的按钮。

(a) 快捷图标

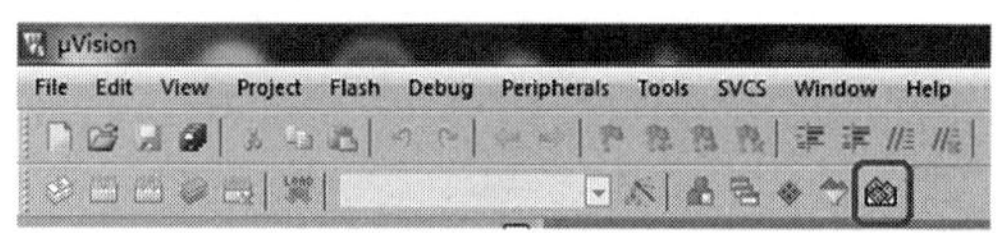

(b) Pack Installer快捷按钮

图 4.1　Keil 5 软件

将鼠标指针悬停在菜单条的快捷按钮上，会弹出相应的提示信息，方便初学者熟悉快捷按钮的功能。单击 Pack Installer 按钮，会弹出 Pack 包的安装窗口，如图 4.2 所示。本书所用单片机为 STMicroelectronics 公司生产的 STM32F103VET6 单片机，因此需要安装 STM32F1xx_DFP 软件包。

Pack Installer 窗口分为左右两个区域，右侧窗口列出了生产商，单击生产商左边的"＋"号，就会显示出该生产商生产的单片机系列，选中要安装的系列后，左侧窗口中就会列出相应的 Pack 包，如图 4.3 所示。单击 Install 或 Update 按钮，就能在线安装或更新 Pack 包，在此期间不能断开网络连接，而且有时下载速度较慢，需要较长时间才能完成安装或更新，请耐心等待。

更方便的方式是直接从官网下载所需的 DFP 软件包，下载后，在 Pack Installer 窗口中选择 File 菜单下的 Import 菜单项，直接导入 DFP 软件包，完成安装。如果要在多台计算机上安装开发软件，建议下载 MDK 和 DFP 软件包，这样可以节省安装时间。

另外，Keil 软件对中文的支持有限，Windows 操作系统的用户名最好为英文，否则有可能安装后不能正常编译程序。如果 Windows 操作系统的用户名为中文，那么最好新

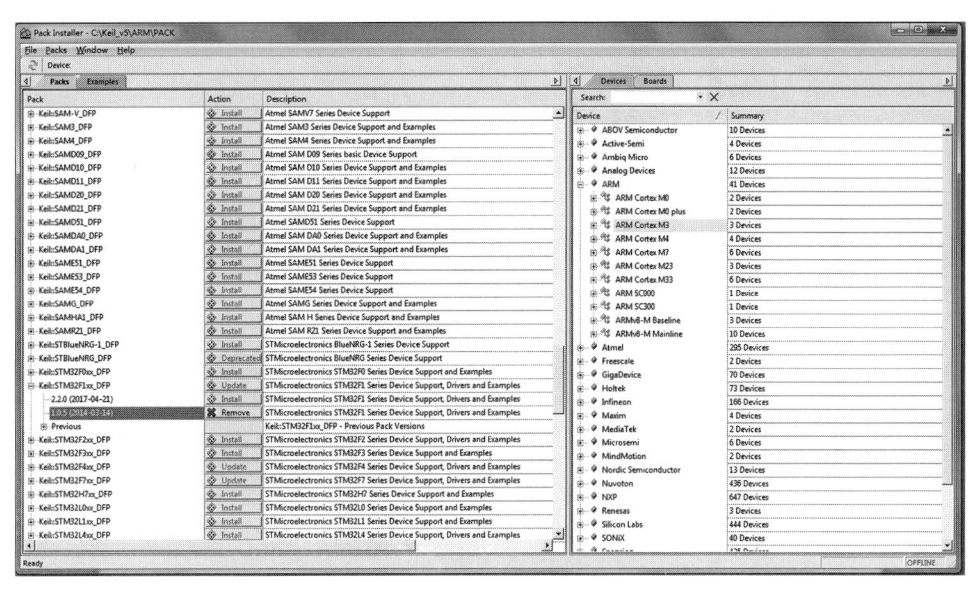

图 4.2　Keil 5 开发软件中的 Pack Installer 窗口

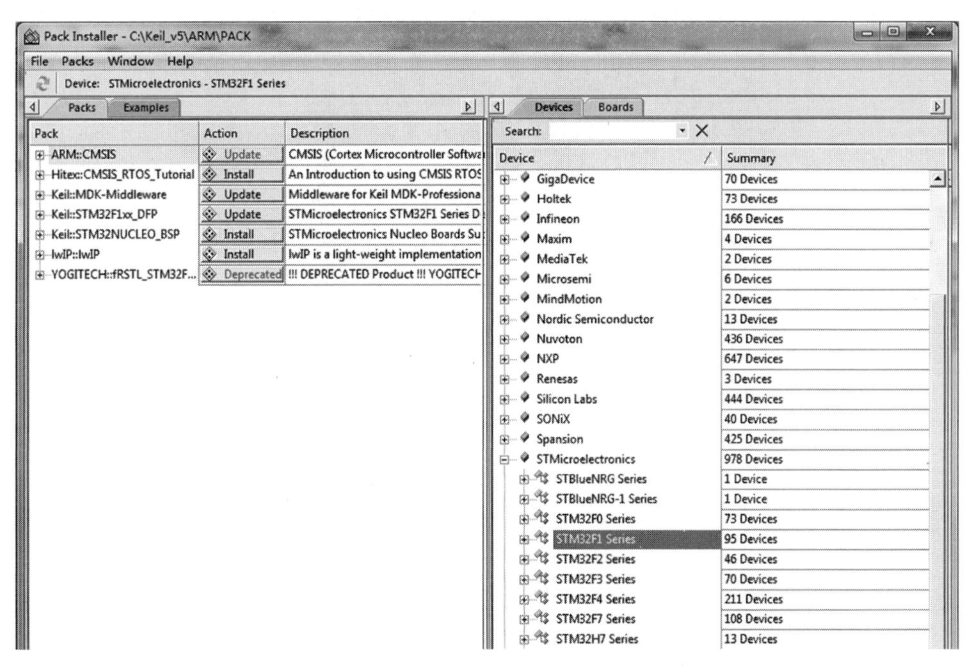

图 4.3　在线安装 Pack 包

建一个英文名用户，用英文名用户登录，再运行 Keil 开发软件。

运行 Keil 软件后，默认情况下窗口中显示了状态栏(Status bar)、文件菜单栏(File Toolbar)和编译菜单栏(Build Toolbar)，窗口左侧显示了项目窗口(Project Window)。如果不小心关闭了这些显示，那么可以在 View 菜单下找到相应的设置，重新打开，如

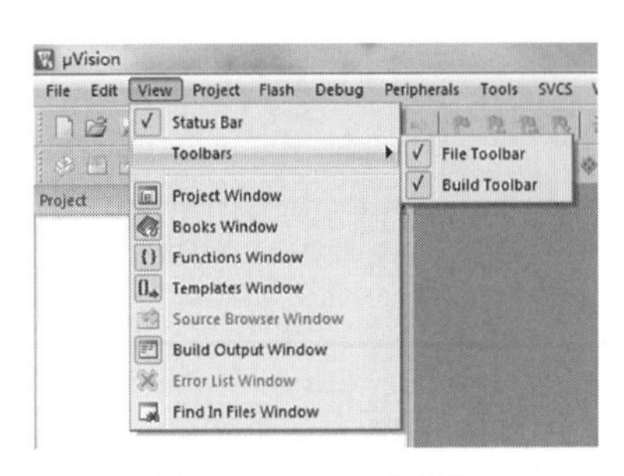

图 4.4 View 菜单栏

图 4.4 所示。

4.1.2 所需硬件

本书讲解如何以 STM32F103VET6 单片机最小系统板为控制核心，搭配各种外扩硬件小模块，设计并实现自己的智能小车。

在学习单片机开发技术时，除了需要一块单片机开发板或最小系统板以外，还需要一个仿真器，用于下载和调试程序。ARM 内核支持多种类型的仿真器，常见的有 JLink、ST Link、ULink 等，本书使用的是 ST Link 仿真器。图 4.5 为本书所用的单片机最小板系统和仿真器，最小系统板上的单片机芯片型号为 STM32F103VET6，选购最小系统板时可以选择其他款型的最小系统板，只要单片机型号为 STM32F103VET6 就可以。

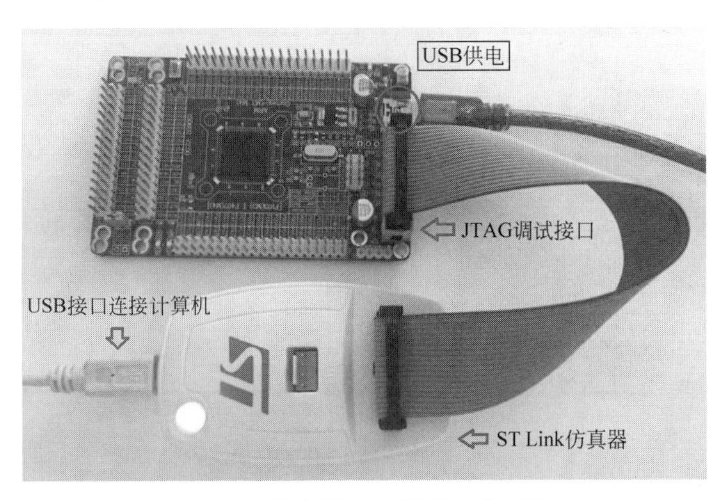

图 4.5 单片机最小系统板和仿真器

为了方便实现智能小车设计，不要选购价格昂贵，集成了很多外部扩展硬件的单片机开发板，而应该选择没有外扩硬件的最小系统板，这样后面才能根据需要，自行扩展硬件模块。

单片机最小系统板和仿真器是学习 STM32 单片机开发必备的硬件模块。除此之外，设计一个智能小车，还需要一些配套的硬件模块，详细说明见表 4.1。通常网上购买硬件模块时，卖家都会提供硬件模块的相关资料、参考例程以及驱动程序，一定要下载这些资料。

表 4.1 智能小车所需硬件模块

硬件模块名称	功 能 描 述	备注
智能小车底盘	小车的车体、轮子及直流减速电动机 2 个	
L298N 电动机模块	直流减速电动机的驱动模块，可驱动 2 个电动机	

续表

硬件模块名称	功 能 描 述	备注
光电测速模块	安装在小车上,检测小车轮子的转速,进而得到小车的运动速度	可选
超声波测距模块	安装在小车上,检测小车与前方障碍物之间的距离	
蓝牙透传模块	接收蓝牙主机发来的遥控命令,实现遥控小车	可选
面包板(400 孔)	可以在面包板上搭建简单外设电路,如小灯、按键或蜂鸣器等	
LED 小灯及按键	简单输入、输出外设	
杜邦线	公对公、公对母、母对母连接线,连接开发板、外设以及面包板	
4 位 8 段 LED 器	可以显示简单的提示信息	
电阻 500Ω	若干个	
18650 电池盒(2 节)	一个,安装在智能小车底盘上,为小车供电	可选
18650 锂电池 1700mAH 2 节+充电器	为智能小车供电	可选
冰糕棒	若干根,用于支撑硬件模块	可选
M3 平头螺钉、螺母	一包,用于在小车底板上固定硬件模块	
M35mm、10mm 铜柱	若干个,用于在小车上固定或支撑硬件模块	
双面胶魔术贴	一对,用于在小车上固定电池盒	可选

小车底盘不能太小,需要有一定空间,才能安装单片机最小板以及其他硬件模块,综合考虑价格及性能,本书选择了 150mm×200mm 大小的小车底盘,如图 4.6 所示。

如图 4.7 所示,L298N、蓝牙透传模块等都是非常常用的硬件模块,其中只有蓝牙模块价格略高,其他硬件模块的价格都非常低廉。这些常用硬件模块在网上很容易购买到,基本上可以在一家店铺购齐所需的所有硬件模块。

图 4.6 小车底盘

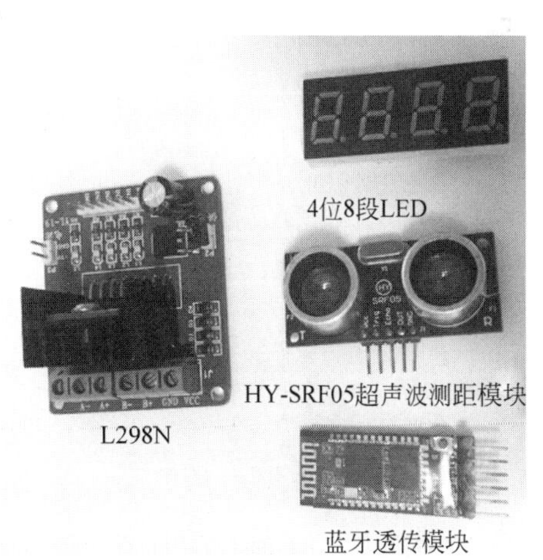

图 4.7 部分硬件模块

可充电的 18650 锂电池(见图 4.8)用于为智能小车供电,电量无须太大,1700mA·h 就已经足够用了。由于单节电池电压可达到 3.7V,因此只需要 2 节电池串联就足以为智能小车供电了。智能小车底盘带有 4 节 5 号电池的电池盒,但是由于小车耗电量比较大，经常需要更换电池，运行成本较高，因此建议改为用可充电的锂电池进行供电，长期来看，这样更经济。

图 4.8　18650 锂电池及充电器

4.1.3　所需工具

万用表是调试硬件时必不可少的基本工具，用于检测导线的通断、电阻的阻值、单片机引脚的电压等，硬件设计中的第一个必备工具就是万用表。不同厂家不同型号的万用表功能不同，价格相差也很大，智能小车设计相关的硬件比较简单，只需要具备基本功能的万用表就足够了。图 4.9 为胜利仪器 VC921 型号的万用表，能够测量直流电压、交流电压，检测通断以及二极管，测量电阻阻值，足以满足日常需求。

另外，手工制作中常用的工具就是热熔胶枪，用于在车体上固定各个硬件模块。用热熔胶固定硬件模块，较为牢靠，也很容易拆除。如图 4.10 所示的得力热熔胶枪。

图 4.9　万用表 VC921

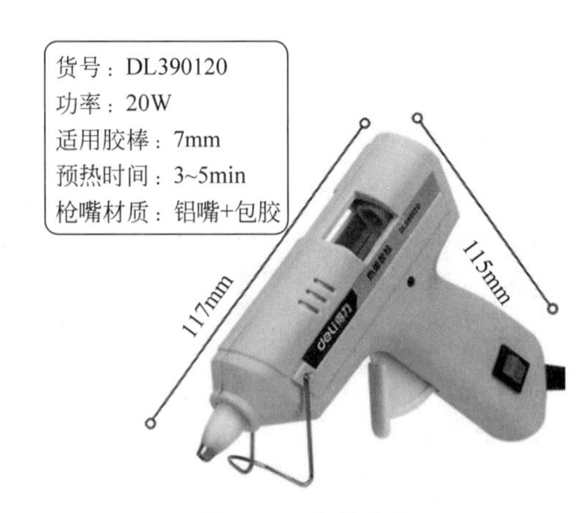

图 4.10　热熔胶枪

硬件设计难免需要拆卸或安装，需要配备刀头直径 3mm 的一字型和十字型螺钉旋具，十字型螺钉旋具规格为 PH0。可以选购单独的螺钉旋具或一字型十字型两用的螺钉旋具套装，如图 4.11 所示。

上述所有硬件模块和工具都可以在网上购买，学习者可以根据兴趣，先购买部分硬

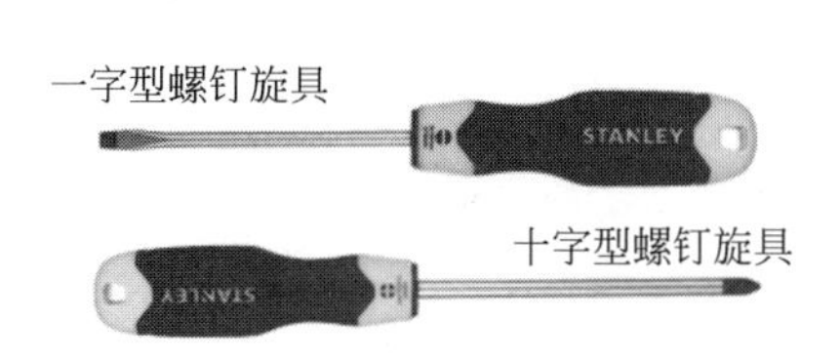

(a) 一字型和十字型螺钉旋具

(b) 一字型十字型两用螺钉旋具

图 4.11 螺钉旋具

件模块和万用表。随着学习的进展,对自己的智能小车功能会有一些设想,这时再购买小车以及小车功能的相关硬件,无须一开始就购买所有硬件。

4.2 创建第一个项目

教学视频

Keil 5 开始推行 Run-Time Environment(即运行时环境),通过配置运行环境,项目中会自动添加选中的 CMSIS 组件的相关文件。

新建工程的详细步骤如下,新建一个项目,并添加代码,控制 LED 小灯的亮灭闪烁。

步骤 1:选择菜单项 Project→New uVision Project。

新建项目之前,先为项目建立一个文件夹,并且文件夹的路径中最好不要包含中文。在 D 盘根目录下新建文件夹 BlinkyLED,作为项目文件夹。

运行 Keil 5 软件,在主菜单栏单击 Project 菜单下的 New uVision Project 菜单项。在弹出的对话框中选择刚才新建的 BlinkyLED 文件夹作为项目文件夹,输入项目名称 Blink(见图 4.12)。

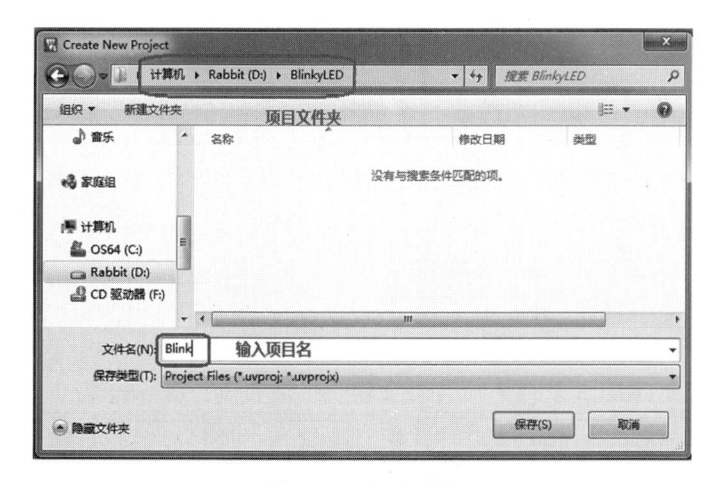

图 4.12 新建项目

项目文件夹的名字与项目名可以不一致,名称中不要有空格,不要有中文。输入项目名后，单击“保存”按钮，进入下一步。

步骤 2：选择单片机芯片型号。

在弹出的 Select Device for Target…对话框中选择 STMicroelectronics 下的 STM32F1 Series，如图 4.13 所示，再选择 STM32F103 中的 STM32F103VE 单片机。

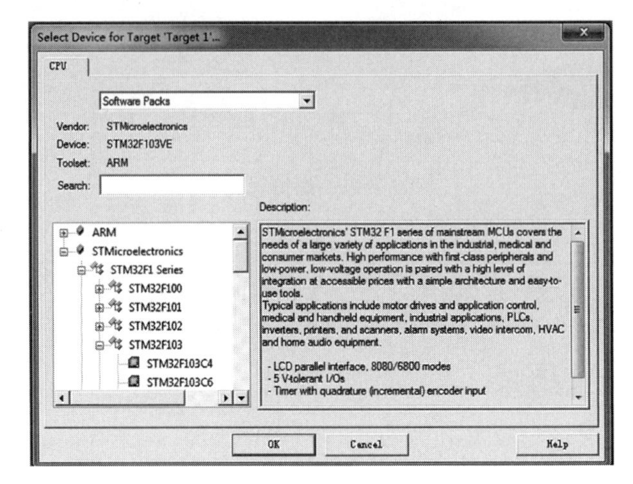

图 4.13　选择芯片

如果 Select Device for Target…对话框中没有 STM32F1 Series 选项，则说明没有安装相应的 DFP 软件包。此时应单击 Cancel 按钮，取消新建项目，运行 Pack Installer，安装 DFP 软件包后，再重新开始新建项目。

选择对应的单片机芯片后，单击 OK 按钮，进入下一步。

步骤 3：配置运行环境。

接着会弹出 Manage Run-Time Environment 对话框，可在其中配置项目需要使用的 CMSIS 组件。组件之间会有相互的依存关系，当依存关系不满足时，窗口下方的 Validation Output 栏目中会给出警告信息，提示需要选择其他组件。例如，选择了 StdPeriph Drivers 下的 GPIO 后，会给出警告信息，提醒需要选择该驱动程序中的 RCC，如图 4.14 所示。

配置 CMSIS 组件时，首先必须选中 CMSIS 下的 CORE，Device 下的 Startup，以及 StdPeriph Drivers 下的 Framework 和 RCC 组件。然后再根据系统开发中使用了哪些片上外设，在 StdPeriph Drivers 下选中相应外设的组件。例如，若使用了 GPIO，则需要选中 GPIO 组件。

选择所有需要的组件，满足相互依存关系后，Validation Output 中的警告信息才会消失。单击 OK 按钮，完成新建项目。

根据配置情况，Keil 5 软件为项目添加相关的文件，在 Project 窗口中可以查看项目文件的组织情况，而在 Windows 下打开项目文件夹，可以查看项目文件的保存情况，如图 4.15 所示。

配置 Run-Time Environment 后，相关的文件保存在 RTE 文件夹下，而编译连接产生的相关文件会保存在 Objects 文件夹下。目前项目中还没有 main.c 文件，后续会逐步

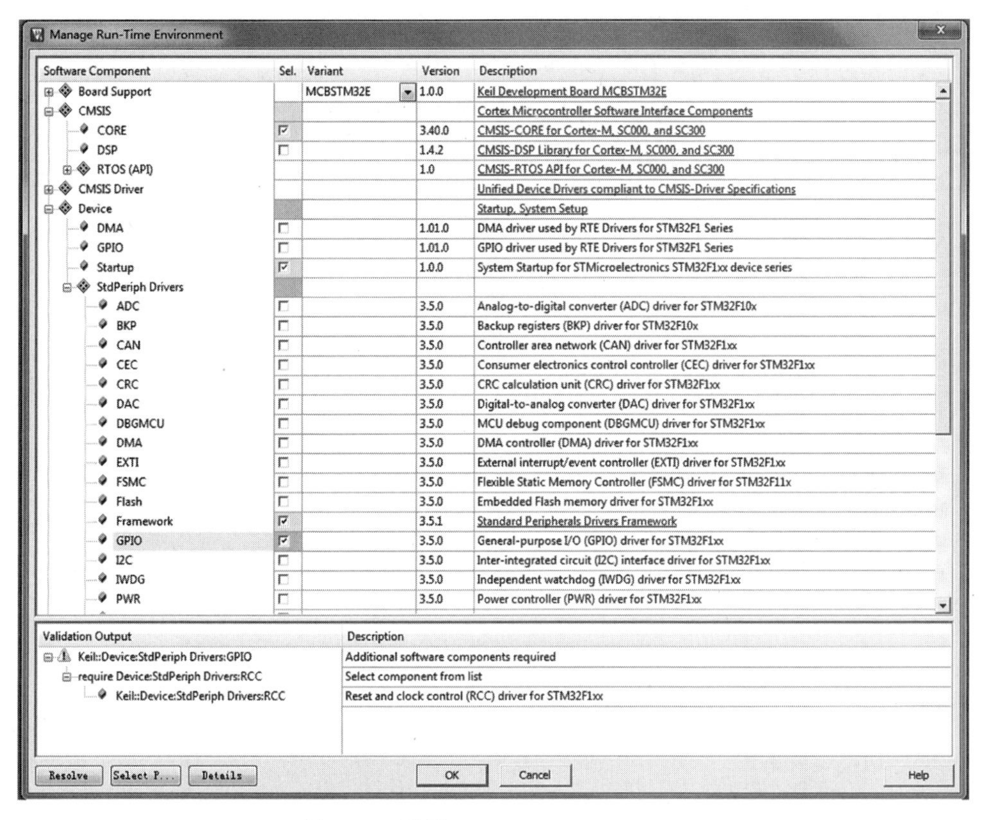

图 4.14　配置 Run-Time Environment

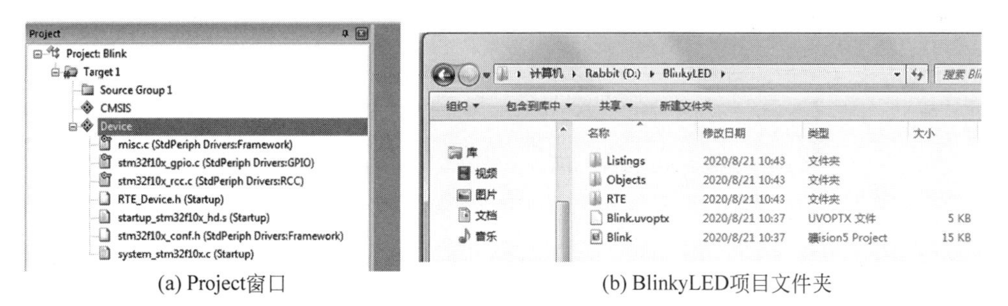

(a) Project窗口　　(b) BlinkyLED项目文件夹

图 4.15　查看项目文件

向项目添加新的文件。

项目中所有的文件都应该保存在项目文件夹下，可以在项目文件夹下新建子文件夹，分别存放文件，使文件的组织管理更加清晰明了。

步骤 4：向项目中添加 main.c 文件。

首先，在 Project 窗口中将 Target1 重命名为 Blink，将 Source Group 1 重命名为 Users。

然后，在 Users 上右击，从弹出的快捷菜单中选择“Add New Item to Group 'Users'... ”菜单项，向 Users 组中添加新文件，如图 4.16 所示。

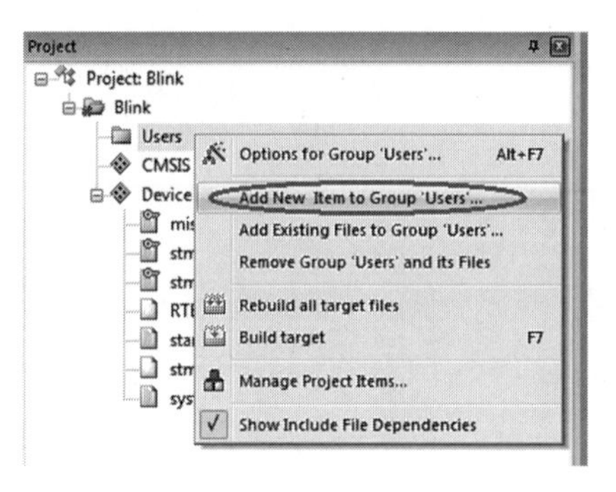

图 4.16　添加新文件

此时会弹出新建文件对话框，在此新建 C 源文件，命名为 main，并将文件保存到 BlinkyLED\Users 文件夹中，如图 4.17 所示。如果 Users 文件夹原本不存在，则会弹出提示信息，确定新建文件夹就可以了。

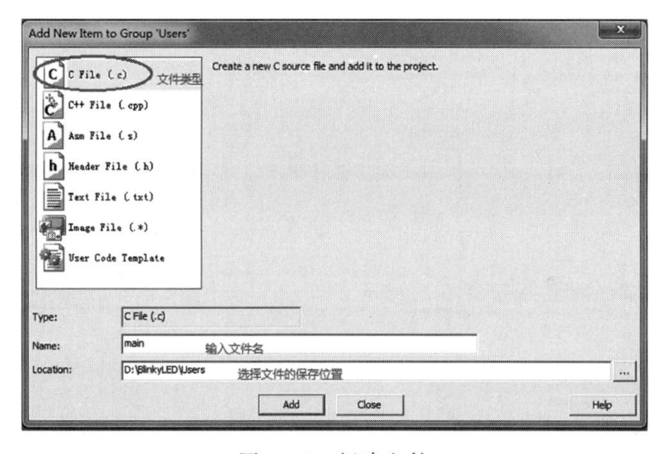

图 4.17　新建文件

新建文件成功后，在 D:\BlinkyLED\Users 文件夹下保存 main.c 文件，并且 Keil 5 软件中将 main.c 文件添加到项目的 Users 组下。双击打开 main.c 文件，就可以修改文件内容了。

向 main.c 文件中添加以下代码，由于没有使用嵌入式实时操作系统，所以 main()函数是个“死循环”。

```
#include  "stm32f10x.h"
int main(void)
{
    while(1);        //程序会一直在这里执行
}
```

步骤5：修改项目的配置信息。

单击 Project 菜单下的 Options for Target 'Blink' 菜单项，在弹出的对话框中选择 C/C++标签，在这里设置项目中与C语言相关的配置项。

首先，在 Preprocessor Symbols 里，预定义符号 STM32F10X_HD 和 USE_STDPERIPH_DRIVER。然后，将 Users 文件夹添加到窗口下方的 Include Paths 中，如图4.18所示。

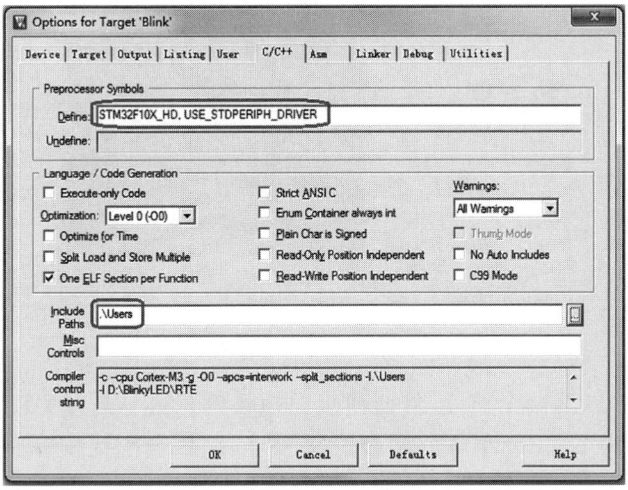

图4.18 配置C/C++标签页

头文件 stm32f10x.h 的条件编译语句会判断是否定义了相关符号。符号 STM32F10X_HD 说明单片机的类别。只有定义了符号 USE_STDPERIPH_DRIVER，说明需要使用标准外设驱动库，stm32f10x.h 头文件才会包含驱动库相关组件的头文件，编写代码时才能调用相应组件的库函数。

在项目文件夹下新建了子文件夹 Users，因此需要在 Include Paths 中添加 Users 子文件夹的路径，“.\Users”说明 Users 文件夹的相对路径，其中“.\”表示项目文件夹。这样将项目文件夹整个复制到另一个盘下，或复制到另一台计算机中时，相对路径不变，这些配置信息都是有效的。

现在一个空的项目模板就建好了，可以向项目中添加代码，完成具体的功能了。

步骤6：小灯闪烁。

(1) 硬件分析

在网上购买最小系统板时，在购买网页上都会有相关资料的链接，一定要下载这些资料。最小系统板的相关资料中必定有原理图。通过原理图，可以了解最小系统板上的资源，以及这些资源的硬件连接。

最小系统板上提供两个贴片 LED 小灯，从原理图中截取 LED 小灯相关部分电路，见图4.19(a)。原理图中 LED 小灯 D2 和 D3 通过 1kΩ 的电阻分别接到了 PC07 和 PC06，这里 PC07、PC06 指片上外设 GPIOC 模块中的 PC7 和 PC6 引脚。小灯 D2、D3 的另一端连接在一起，接到了 J5 元件的 1 号引脚上，2 号引脚接地。J5 是元件的标识符，而 CON2 说明了元件类型。

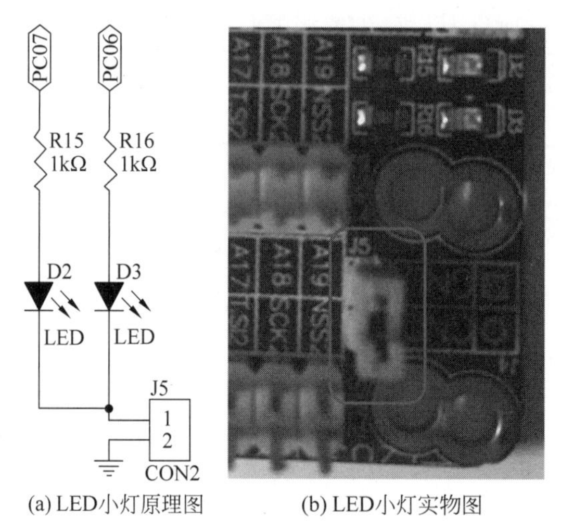

(a) LED小灯原理图　　(b) LED小灯实物图

图 4.19　最小系统板上的 LED 小灯

图 4.19(b)中 J5 为两个插针，目前用跳帽短接着。右上方为 D2、D3 两个贴片式的 LED 小灯。由于两个 LED 小灯的阴极直接接地，阳极分别受 PC7 和 PC6 控制，因此 PC6、PC7 引脚输出高电平则小灯亮，输出低电平则小灯熄灭。

如果最小系统板上没有提供 LED 小灯，也可以直接在面包板上实现这个简单的小灯电路。

(2) 软件设计

编程控制 PC6 输出高、低电平，控制小灯亮灭闪烁。项目模板中已经包含了 GPIO 组件，以及与其相关联的其他组件。现在只需要编写程序，调用 GPIO 库函数，控制 PC6 输出高、低电平，就可以控制 LED 小灯的亮、灭闪烁了。

main.c 文件代码如下。

```
#include "stm32f10x.h"
void delay(__IO uint32_t time)
{
  for(;time > 0;time -- );
}
int main(void)
{   GPIO_InitTypeDef GPIOinit;
    //RCC - enable GPIOC
    RCC_APB2PeriphClockCmd(RCC_APB2Periph_GPIOC, ENABLE);
    // initialize PC6 - OUT PP
    GPIOinit.GPIO_Pin = GPIO_Pin_6;
    GPIOinit.GPIO_Mode = GPIO_Mode_Out_PP;
```

```
    GPIOinit.GPIO_Speed = GPIO_Speed_2MHz;
    GPIO_Init(GPIOC, &GPIOinit);

    while(1)
    {   // SET PC6, Led On
        GPIO_WriteBit(GPIOC, GPIO_Pin_6, Bit_SET);
        delay(0x100000);
        // RESET PC6, Led Off
        GPIO_WriteBit(GPIOC, GPIO_Pin_6, Bit_RESET);
        delay(0x100000);
    }
}
```

(3) 下载运行程序

单击 Project 菜单下的 Build Target 菜单项，编译连接项目，成功后会产生可下载文件，文件保存在“.\Objects”文件夹下，如图 4.20 所示。

```
Build Output
Build target 'Blink'
compiling main.c...
linking...
Program Size: Code=1056 RO-data=320 RW-data=0 ZI-data=1632
".\Objects\Blink.axf" - 0 Error(s), 0 Warning(s).
Build Time Elapsed:  00:00:01
```

图 4.20 编译连接成功的提示信息

现在就可以将程序下载到最小系统板上运行程序了。需要准备好单片机最小系统板和仿真器，并完成相应的配置，4.3 节将详细讲述如何下载运行程序。

4.3 下载与调试程序

4.3.1 安装仿真器驱动

目前常用的仿真器有 ST Link、JLink、ULink 等，本书使用 ST Link 仿真器。仿真器通过 USB 接口与计算机相连，通过 JTAG 或 SWD 接口与单片机相连。对于计算机来说，仿真器是一个 USB 外设，必须安装驱动程序，计算机才能正确识别仿真器，在 Windows 的设备管理器中可以查看仿真器的情况，如图 4.21 所示。

正确识别仿真器后，ST Link 仿真器的指示灯应该是长亮状态。若没有正确安装驱动程序，则仿真器的指示灯会闪烁，并且设备管理器中对仿真器的状态显示也会提示驱动不正确。

图 4.21　设备管理器中的仿真器信息

教学视频

4.3.2　在 Keil 软件中配置仿真器

计算机能够正确识别仿真器后，Keil 软件中需要修改项目的配置信息，正确设置仿真器相关配置。

按下 Alt+F7 快捷键，弹出 Options for Target 'Blink'窗口，选择 Debug 标签，设置仿真器的相关信息，如图 4.22 所示。

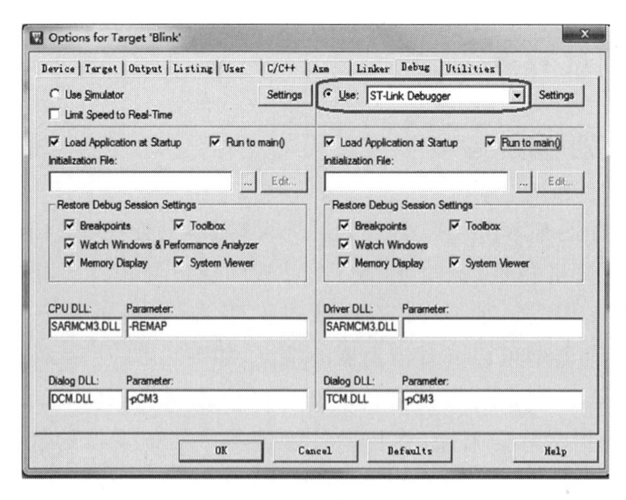

图 4.22　Debug 标签页

首先选择使用的仿真器，打开下拉列表框可以看到 Keil 软件支持的不同类别的仿真器，这里选择 ST-Link Debugger。下面有两个复选框，如果选中了“Run to main()”复选框，那么 Debug 调试程序时，会直接运行 main()函数。

单击右边的 Settings 按钮，弹出窗口，显示仿真器的详细信息，如图 4.23 所示。

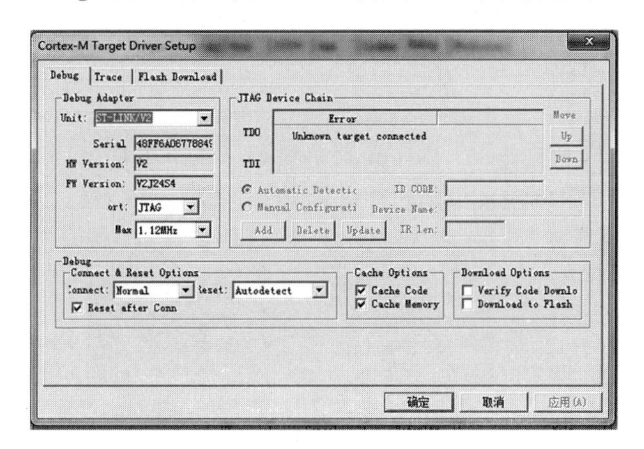

图 4.23 配置仿真器

窗口左侧显示仿真器相关信息，其中 port 端口显示当前所使用的调试接口。STM32F103 系列单片机支持两种调试接口：JTAG 和 SWD，图 4.23 中显示目前使用的是 JTAG 接口，单击下拉列表框，可以修改。

窗口右侧显示“Unknown target connected”，说明仿真器没有能够连接到最小系统板，多半是由于最小系统板没有上电，或者已经损坏。

上电后，正常情况下，窗口右侧会显示所连接的单片机信息，如图 4.24 所示。

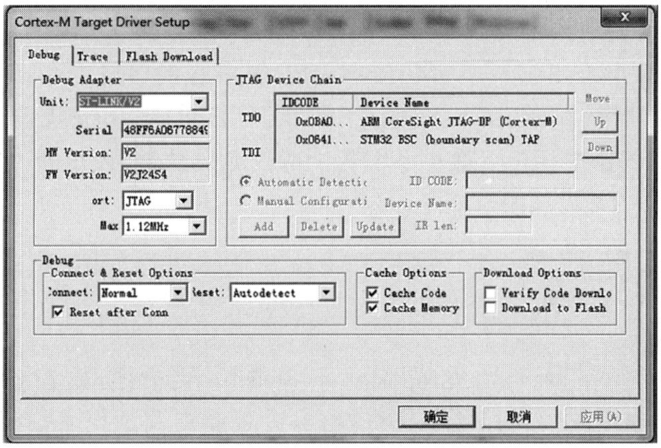

图 4.24 仿真器配置信息

窗口左上部分 Debug Adapter 栏中显示了仿真器的相关信息，右上部分 JTAG Device Chain 栏中显示了仿真器所连接的单片机芯片信息。这些信息都是自动识别出来的。在整个页面中，只需要根据硬件连接情况，修改端口，设置为 JTAG 端口或 SWD 端口。

使用SWD端口时，显示的单片机信息与图4.24略有不同，只要能够自动识别所连接的单片机信息就可以了。

现在仿真器已配置好，可以下载调试程序了。

教学视频

4.3.3 编译下载程序

单击Project菜单下的Build Target菜单项编译整个项目，也可以用Build Toolbar中的快捷键。图4.25中标注出菜单栏中7个使用较多的快捷键。对快捷键不熟悉时，将鼠标指针悬停在快捷键上，就会弹出提示信息，说明快捷键功能。

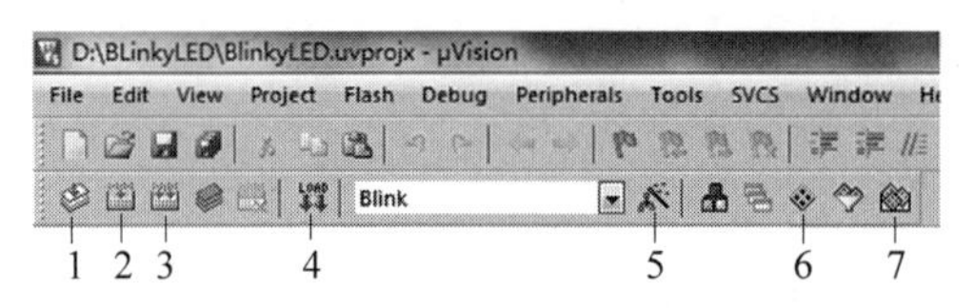

图4.25 常用快捷键

快捷键1(Translate)——编译当前源文件，只编译当前主窗口中显示的源文件。

快捷键2(Build)——编译项目中所有修改过的源文件，并且连接生成输出文件。

快捷键3(Rebuild)——编译项目中所有源文件，然后连接生成输出文件。若项目中源文件较多，则编译花费的时间较长。

快捷键4(Load)——将输出文件下载到目标单片机的Flash存储器中。

快捷键5(Options for Target)—— 弹出项目配置对话框。

快捷键6(Manage Run-Time Environment)——弹出配置运行环境的对话框，选择项目所用的CMSIS组件。

快捷键7(Pack Installer)——弹出安装DFP软件包的窗口。

单击Build快捷键，编译连接，生成可下载文件后，单击Load快捷键，将程序下载到单片机的Flash存储器中。按下最小系统板上的红色复位键，或重新上电后，程序加载运行，就能看到小灯亮、灭闪烁的情况了。

教学视频

4.3.4 Debug调试程序

单击Debug菜单下的Start/Stop Debug Session菜单项，或者工具条上的快捷键 ，就可以进入调试状态。可以单步执行指令，设置断点调试程序，查看或修改CPU内部寄存器，查看或修改变量的值，指定地址直接查看存储器，等等。

熟悉Debug调试环境，掌握基本的调试技巧，是嵌入式系统软件开发的基础。Debug调试环境下的快捷菜单如图4.26所示。

快捷键1(Run,F5)——连续运行程序。如果代码中设置有断点，遇到断点停下，否则连续运行。

快捷键2(Step,F11)——单步执行，遇到函数调用这样的代码，就进入函数内部，继

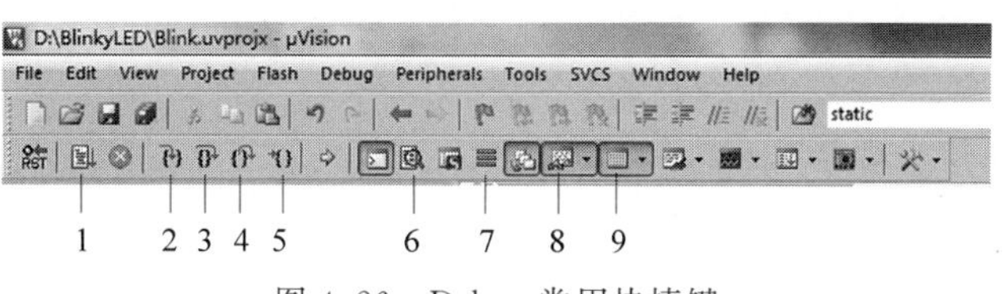

图 4.26 Debug 常用快捷键

续单步执行。

快捷键 3(Step Over,F10)——单步执行,执行当前一行代码。即使遇到函数调用的代码,也是一步执行完毕。

快捷键 4(Step Out,Ctrl+F11)——单步执行,跳出当前函数。即直接将当前函数执行完毕。

快捷键 5(Run to the cursor line,Ctrl+F10)——执行到光标所在行。

快捷键 6(Disassembly Window)——打开或关闭反汇编窗口。C 编译器的优化功能可能导致某些 C 语言代码不被执行,此时可打开反汇编窗口,查看 CPU 真正执行的指令,确定代码的执行情况。

快捷键 7(Registers Window)——显示或关闭内核的寄存器窗口。

快捷键 8(Watch Windows)——显示或关闭 Watch 窗口。调试程序时通常会打开 Watch 窗口观察和修改变量的值。

快捷键 9(Memory Windows)——显示或关闭存储器窗口。设置起始地址后,显示连续的存储单元数值。

(1) 设置或取消断点。

进入 Debug 环境后,直接在代码左侧灰色栏上单击就能设置或取消断点。设置断点成功后,会显示实心圆点。若设置断点不成功,则显示空心圆点,如图 4.27 所示。

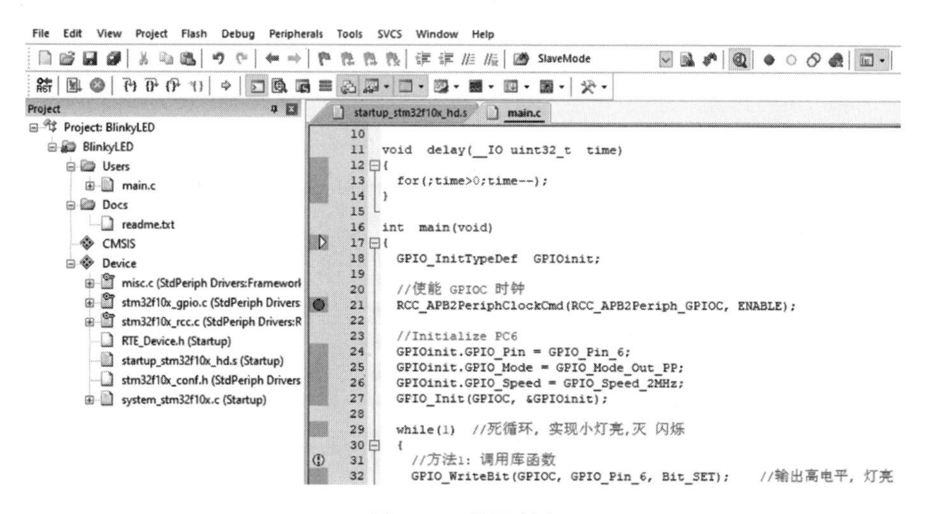

图 4.27 设置断点

图 4.27 中的三角形指示当前待执行指令的位置。此时，按下 F5 快捷键，连续运行程序，遇到下方的断点，暂停程序执行。

(2) Watch 窗口中观察变量。

打开 Watch 窗口后，双击 Enter expression，输入变量名即可。如果只想观察结构体变量的某个成员，则可以输入简单的表达式。

在 Watch 窗口中添加 3 个变量，如图 4.28 所示。Type 栏显示变量的类型，Value 栏显示变量数值。

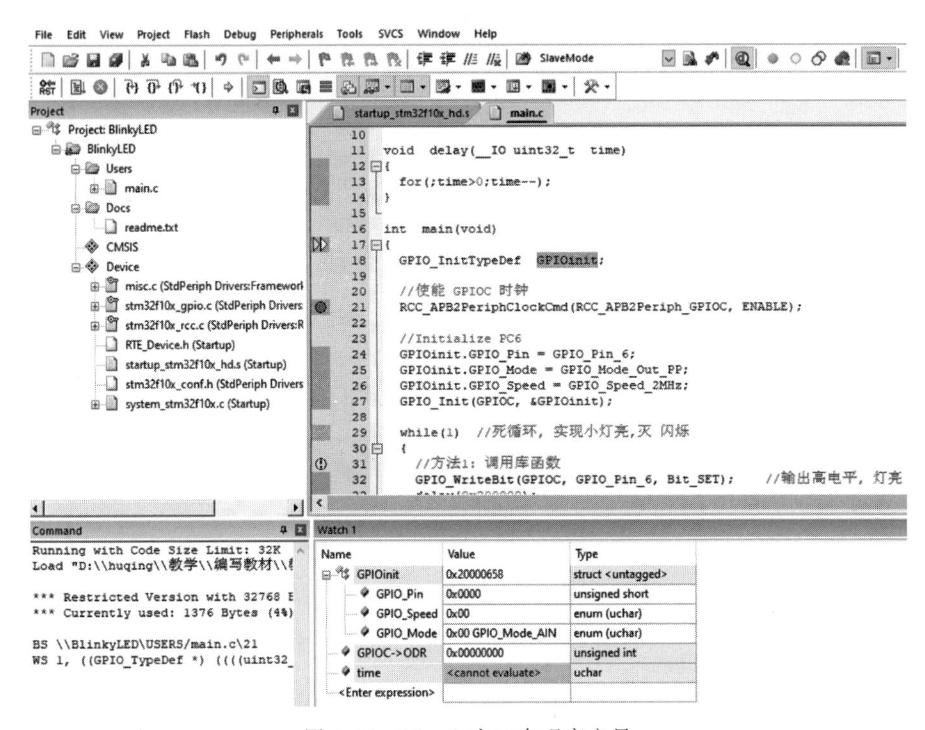

图 4.28 Watch 窗口中观察变量

GPIOinit 为结构体变量，Value 栏显示的值 0x20000658 为结构体变量的地址，单击左边的"+"号，显示结构体成员，其中 GPIO_Speed 和 GPIO_Mode 都为枚举类型，用 uchar，也就是 unsigned char 类型实现。

GPIOC 是在 stm32f10x.h 头文件中定义的结构体指针，Watch 窗口中输入的是 GPIOC-> ODR，只显示 ODR 数据成员。

变量 time 为函数 delay()的参数，由于当前在 main()函数中执行，还没有执行到 delay()函数调用的代码，目前 time 变量尚且未定义，因此图 4.28 中显示为"< cannot evaluate >"。程序执行进入 delay()函数时，就能观察到 time 局部变量的值，注意，此时由于程序执行进入 delay()函数内部，所以 main()函数中定义的 GPIOinit 局部变量，在 Watch 窗口中的显示变为"< not in scope >"，如图 4.29 所示。

在 Watch 窗口中观察局部变量时，需要注意当前程序执行的位置，确定局部变量是

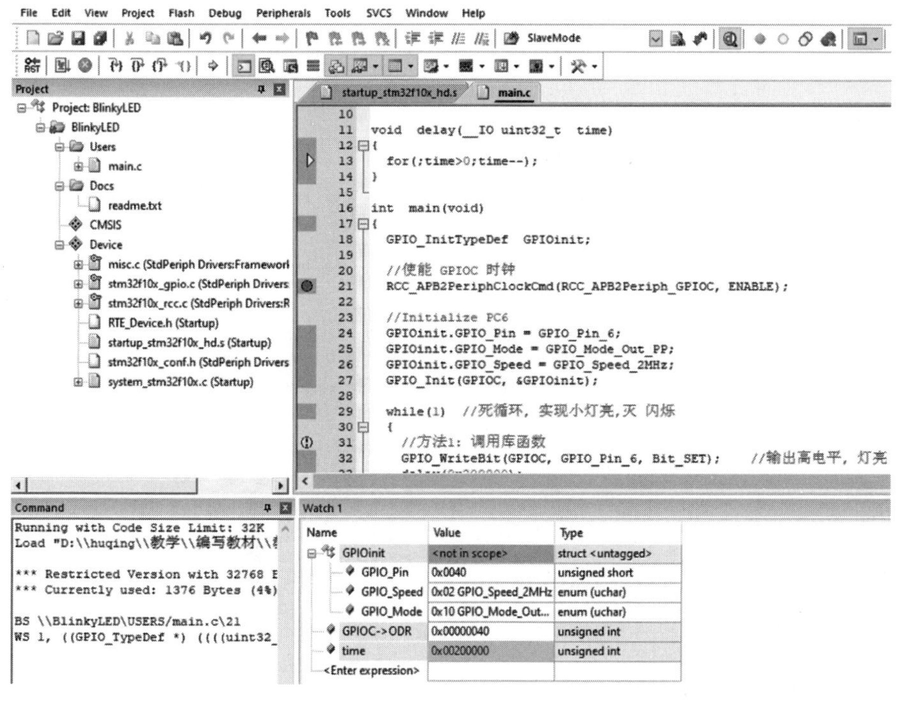

图 4.29 观察变量 time

否可以访问,或者是否存在。

通常,运行程序的过程中 Keil 软件不会刷新 Watch 窗口,只有在暂停程序执行后,才会更新 Watch 窗口中变量的数值。如果选中 View 菜单下的 Periodic Window Update 菜单项,那么 Keil 软件会定时刷新窗口显示,在连续运行程序的过程中,也能观察到变量的变化情况。

单步执行程序,设置断点后连续执行程序,观察修改变量的值,这些都是调试程序的基本手段。学习嵌入式开发技术,必须掌握这些基本的调试手段,熟练应用它们,分析解决程序中隐藏的问题。

第5章 深入了解项目模板

5.1 启动文件的作用

在项目中配置 Run-Time Environment 时，必须选中 CMSIS 下的 CORE 组件，以及 Device 下的 Startup 组件。Startup 组件与 CORE 组件之间存在依存关系，两者必须同时选中。选中了 Startup 组件后，Keil 软件会根据项目所选择单片机芯片的类型，添加相应的启动文件。

本书所用的 STM32F103VET6 单片机为高密度单片机，项目中添加的启动文件为 startup_stm32f10x_hd.s。文件名中的 hd 是 high density 的首字母缩写，高密度指片上 Flash 存储器容量为 256～512KB 的大容量单片机，根据存储器容量，单片机分为小容量、中容量和大容量 3 个系列。

启动文件用汇编语言编写，文件扩展名为.s。启动文件实现了以下 3 个基本功能：

(1) 定义了栈区(stack)和堆区(heap)；

(2) 定义了中断向量表；

(3) 定义了中断处理函数。

5.1.1 定义栈和堆

启动文件中定义了栈和堆的大小。栈区也常常被称作“堆栈”，不要将堆栈与堆混淆。

堆栈(stack)按“先进后出”原则进行操作。将数据存入堆栈称为“压栈”。从堆栈中将数据弹出称为“弹栈”。CPU 中有一个专门的寄存器，堆栈指针寄存器 SP，指示堆栈栈顶位置，压栈、弹栈操作始终在 SP 所指的堆栈栈顶位置进行。对堆栈的操作犹如一个单端口的“弹夹”，我们将数据“子弹”连续压入堆栈“弹夹”中，最先压入的数据“子弹”在最下方。射击时最上方的数据“子弹”最先弹出“弹夹”。

堆栈是软件运行的基础，函数的调用与返回、中断的响应与返回都需要利用堆栈。调用函数时将返回地址压入堆栈，然后跳转到函数体去执行。函数结束返回时从堆栈中弹出返回地址，回到函数调用的位置继续向下执行。此外，函数内部的局部变量也在堆栈中分配存储空间，所以函数嵌套调用或中断嵌套时，嵌套层数越多，对堆栈的消耗越大。如果堆栈“溢出”(overflow)，那么程序也就“飞死”了。

堆(heap)用于动态内存分配。在程序运行过程中调用 malloc()函数动态分配内存时，就是从堆中分配存储空间。动态分配的内存的生存周期由开发人员决定，使用完毕时必须调用 free()函数主动释放，否则就会出现内存泄漏现象。

在单片机程序中，栈和堆都是在片上 SRAM 存储器中分配存储空间，编译时按启动文件中定义的大小划分堆和栈的存储空间。STM32F103VET6 单片机内部集成有 64KB 的 SRAM，栈和堆都是从这 64KB 的 SRAM 中分配的。启动文件中定义栈和堆的相关代码截图见图 5.1。

```
startup_stm32f10x_hd.s   readme.txt   main.c
34
35 Stack_Size      EQU     0x00000400
36
37                 AREA    STACK, NOINIT, READWRITE, ALIGN=3
38 Stack_Mem       SPACE   Stack_Size
39 __initial_sp
40
41 ; <h> Heap Configuration
42 ;   <o>  Heap Size (in Bytes) <0x0-0xFFFFFFFF:8>
43 ; </h>
44
45 Heap_Size       EQU     0x00000200
46
47                 AREA    HEAP, NOINIT, READWRITE, ALIGN=3
48 __heap_base
49 Heap_Mem        SPACE   Heap_Size
50 __heap_limit
```

图 5.1　启动文件中关于栈和堆的定义

汇编语言中用分号"；"添加注释信息。Keil 软件用不同的颜色标识各类信息，汇编语言的关键字用蓝色，立即数为红色，而自己定义的符号为黑色，注释信息为灰色。虽然启动文件中所有关键字都是全大写，但是汇编语言是不区分字母大小写的编程语言。

启动文件中首先用伪指令 EQU 定义了 Stack_Size，指定堆栈大小。然后用汇编语言伪指令 AREA 定义了 STACK 段。伪指令 SPACE 用于保留指定字节数的存储空间，堆栈大小设定为 Stack_Size，即 0x00000400。关键字 NOINIT 说明不初始化这个段的存储单元。汇编语句 ALIGN=3 说明地址按 2^3，即 8 字节对齐。定义了堆栈之后，接着用类似的方式定义了堆。

用 SPACE 伪指令定义了堆栈区大小后，立即定义了符号__initial_sp，这个符号代表了堆栈区尾部的地址。上电复位时用__initial_sp 初始化堆栈指针寄存器 SP，复位后寄存器 SP 指向堆栈区的末尾。压栈时堆栈指针 SP 减小，数据存入堆栈，而弹栈时取出数据，SP 增加。随着压栈弹栈操作，SP 寄存器始终指向堆栈栈顶。

通过仿真器调试程序时，进入 Debug 环境后，打开 Registers 窗口，可以查看内核寄存器，观察 SP 寄存器的变化情况，了解对堆栈存储空间的使用情况，如图 5.2 所示。

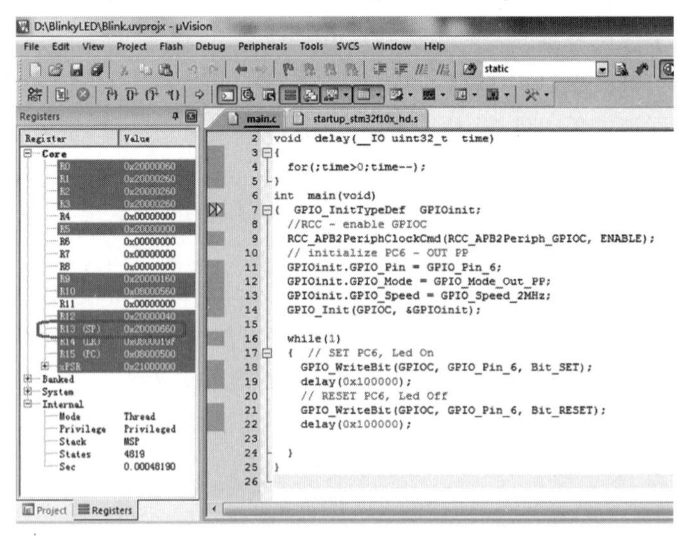

图 5.2　堆栈指针寄存器 SP

5.1.2 定义中断向量表

中断向量指中断处理函数的入口地址。系统中每个中断源有一个对应的中断处理函数,这个中断处理函数的入口地址就是对应的中断向量,所有的中断向量合在一起形成了中断向量表。对于单片机来说,整个中断系统是预先定义好的。

启动文件中用伪指令 DCD 定义了中断向量表,其中包含内核异常(Exception)处理函数以及片上硬件中断(Interrupt)处理函数的名称,如图 5.3 所示。DCD 说明定义的数据项占 4 字节,后面的函数名就代表了函数入口地址。由于整个地址空间为 4GB,地址位宽为 32 位,所以需要 4 字节存放函数入口地址。

```
main.c    startup_stm32f10x_hd.s
51
52                  PRESERVE8
53                  THUMB
54
55
56  ; Vector Table Mapped to Address 0 at Reset
57                  AREA    RESET, DATA, READONLY
58                  EXPORT  __Vectors
59                  EXPORT  __Vectors_End
60                  EXPORT  __Vectors_Size
61
62  __Vectors       DCD     __initial_sp               ; Top of Stack
63                  DCD     Reset_Handler              ; Reset Handler
64                  DCD     NMI_Handler                ; NMI Handler
65                  DCD     HardFault_Handler          ; Hard Fault Handler
66                  DCD     MemManage_Handler          ; MPU Fault Handler
67                  DCD     BusFault_Handler           ; Bus Fault Handler
68                  DCD     UsageFault_Handler         ; Usage Fault Handler
69                  DCD     0                          ; Reserved
70                  DCD     0                          ; Reserved
71                  DCD     0                          ; Reserved
72                  DCD     0                          ; Reserved
73                  DCD     SVC_Handler                ; SVCall Handler
74                  DCD     DebugMon_Handler           ; Debug Monitor Handler
75                  DCD     0                          ; Reserved
76                  DCD     PendSV_Handler             ; PendSV Handler
77                  DCD     SysTick_Handler            ; SysTick Handler
```

图 5.3　中断向量表

定义了中断向量表后,接着定义所有的异常以及中断处理函数。汇编语言中将函数称为"子程序"。伪指令 PROC 和 ENDP 分别定义子程序的开始和结束。除了复位处理子程序 Reset_Handler 以外,其他所有的中断处理子程序都没有实现任何具体功能,只是一个"死循环",发生异常时就会陷入对应的异常处理子程序中。相关代码截图见图 5.4。

从图 5.4 中可以看到,NMI_Handler 子程序只有一条可执行的指令,汇编指令"B　."的功能是跳转到自身。一旦发生 NMI 中断请求,系统自动响应中断,调用 NMI 处理函数时就会一直执行这条"B　."指令,陷入死循环(infinite loop)。

所有异常和中断处理函数的函数名都用伪指令 EXPORT 输出,并声明为[WEAK]。用[WEAK]说明的符号可以在其他源文件中重新定义,而不会产生错误。如果没有在其他源文件中实现,则以启动文件中的定义作为默认的函数实现。

总的来说,启动文件中定义了中断向量表,规定了每个中断处理函数的函数名,并给出了一个不完成任何功能,仅仅是死循环的函数定义。这个默认的函数定义是可以被改变的,开发人员可以自行在其他源文件中重新实现中断处理函数,但是应注意函数名称必须与中断向量表中的函数名称一致。

```
143
144                 AREA    |.text|, CODE, READONLY
145
146 ; Reset handler
147 Reset_Handler    PROC
148                 EXPORT  Reset_Handler             [WEAK]
149                 IMPORT  __main
150                 IMPORT  SystemInit
151                 LDR     R0, =SystemInit
152                 BLX     R0
153                 LDR     R0, =__main
154                 BX      R0
155                 ENDP
156
157 ; Dummy Exception Handlers (infinite loops which can be modified)
158
159 NMI_Handler      PROC
160                 EXPORT  NMI_Handler               [WEAK]
161                 B       .
162                 ENDP
163 HardFault_Handler\
164                 PROC
165                 EXPORT  HardFault_Handler         [WEAK]
166                 B       .
167                 ENDP
```

图 5.4　异常处理子程序

5.1.3　定义复位中断子程序

复位时会触发复位中断，内核响应复位中断请求，查中断向量表，跳转到复位中断处理子程序，即 Reset_Handler 去执行。启动文件中复位中断子程序 Reset_Handler 的相关定义见图 5.5。

```
; Reset handler
Reset_Handler    PROC
                 EXPORT  Reset_Handler      [WEAK]
                 IMPORT  __main
                 IMPORT  SystemInit
                 LDR     R0, =SystemInit
                 BLX     R0
                 LDR     R0, =__main
                 BX      R0
                 ENDP
```

图 5.5　复位处理子程序

Reset_Handler 子程序中首先用伪指令 EXPORT 和 IMPORT 完成了符号的输出和输入。输入的符号__main 和 SystemInit 实际上都是函数名，__main 是系统定义的 C 语言的主函数，而 SystemInit 是在 Startup 组件的库函数文件 system_stm32f10x.c 中定义的系统初始化函数，该函数完成系统时钟 SYSCLK，以及 AHB、APB1、APB2 总线时钟的初始化。

复位子程序的可执行代码只有 4 条，前两条指令调用了 SystemInit()函数，完成系统时钟初始化。后两条指令跳转到__main()函数去执行。系统提供的__main()函数完成库函数的初始化，并且初始化应用程序的执行环境，最后跳转到 main()函数，就进入了用户所编写的程序。初始化步骤如图 5.6 所示，https://www.keil.com/support/man/docs/armclang_intro/armclang_intro_asa1505906246660.htm 讲解了进入用户编写的 main()函数之前系统完成的初始化工作。

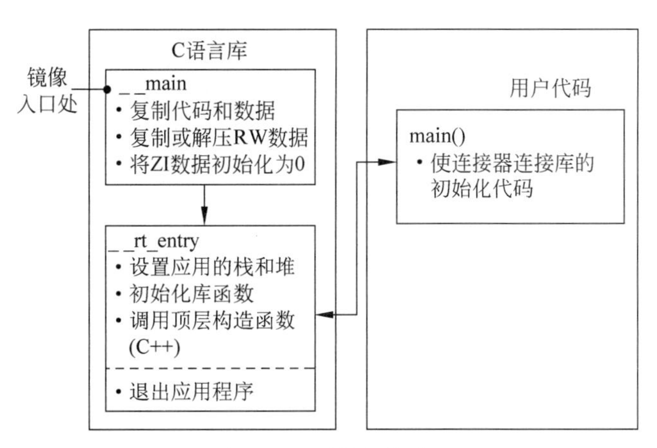

图 5.6 系统初始化

设置仿真配置时，如果在 Options for Target 'BlinkyLED'窗口的 Debug 标签页中，取消选中 Run to main()复选框，那么进入 Debug 环境时，会停留在 Reset_Handler 子程序中。如果选中了 Run to main()复选框，那么进入 Debug 环境时，会直接运行到 main()函数才停止，此时系统初始化工作已经完成，进入到用户编写的代码了，如图 5.7 所示。

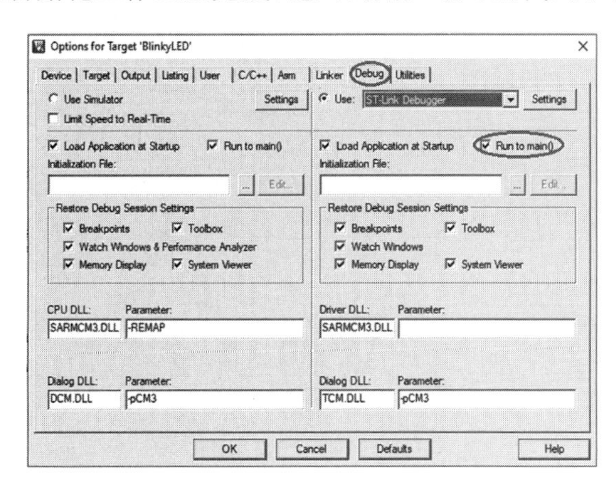

图 5.7 项目中的仿真器配置

5.2 单片机的时钟初始化

单片机内核的工作速度受系统时钟频率控制。Cortex-M3 内核时钟频率最高可达 72MHz，STMicroelectronics 公司生产的 STM32F10x 系列单片机都采用了 Cortex-M3 内核，但是 STM32F101 系列单片机的主频限定为 36MHz，STM32F102 系列单片机的主频最高只有 48MHz，只有 STM32F103 系列单片机的工作速度才真正达到最高频率 72MHz。

STM32F10x 系列单片机的系统时钟 SYSCLK 有 3 个来源：内部高速晶振（High-Speed Internal Oscillator，HSI）、外部高速晶振（High-Speed External Oscillator，HSE）和锁相环时钟 PLLCLK。

内部高速晶振的频率为 8MHz，但内部晶振的精度较低，无法满足对时间精度要求高的硬件模块的需求，实际应用中很少使用它。单片机开发板上大多配置有高精度的外部晶振，但是 STM32F10x 单片机限定外部晶振频率只能为 4～16MHz，远远低于 72MHz，不适宜直接将外部高速晶振作为系统时钟。

单片机内部集成有锁相环 PLL 模块。锁相环 PLL 模块能够将输入的时钟信号倍频，输出更高频率的高品质时钟信号，因此可以将高速外部晶振作为锁相环 PLL 的输入时钟信号，经过倍频后，使锁相环的输出时钟信号 PLLCLK 频率达到 72MHz。将 72MHz 频率的锁相环时钟 PLLCLK 设置为系统时钟 SYSCLK。

目前比较常见的一种时钟配置方案是采用 8MHz 的外部晶振，通过单片机内部的锁相环 PLL，实现 9 倍倍频，产生 72MHz 的锁相环时钟 PLLCLK，选择 PLLCLK 作为系统时钟 SYSCLK。单片机参考手册中的“复位与时钟控制 RCC”相关章节详细说明了如何配置时钟，给出了时钟树示意图，如图 5.8 所示。

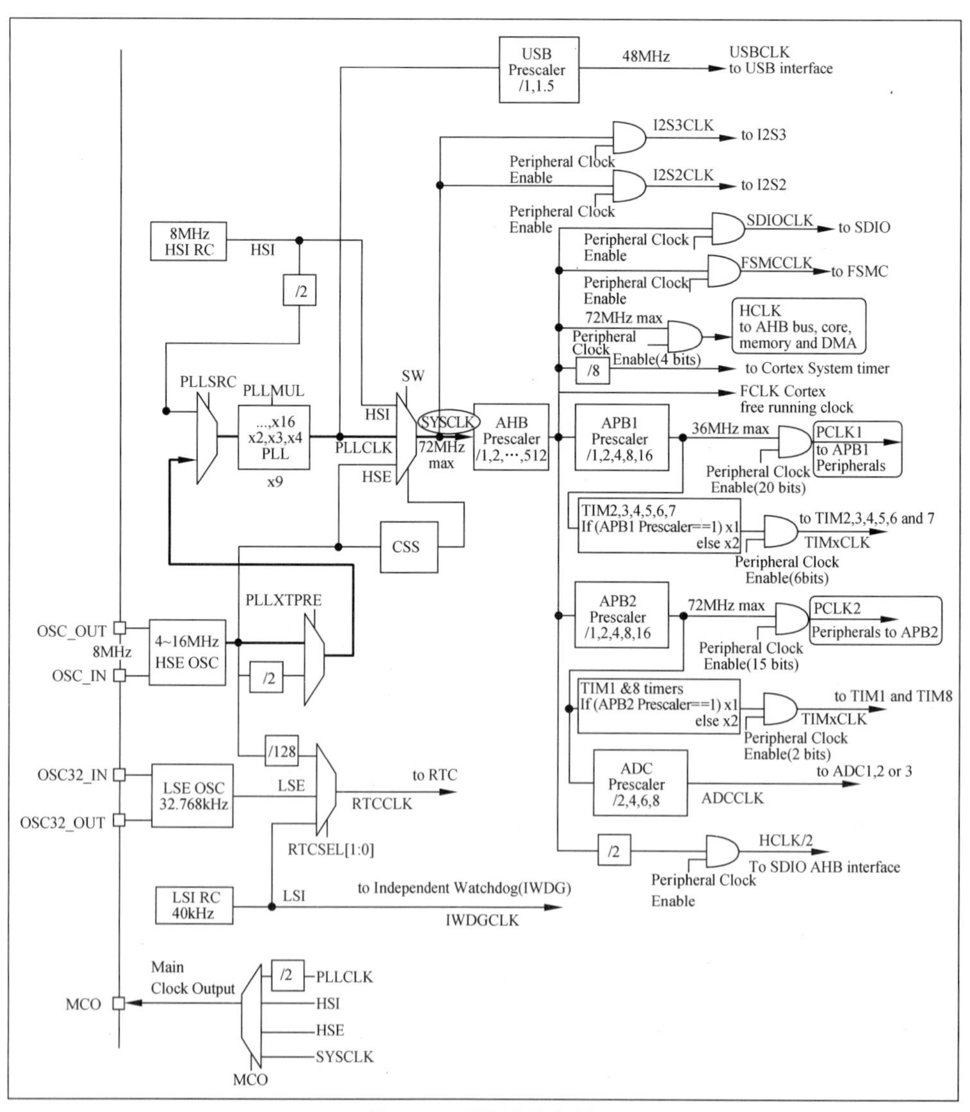

图 5.8　时钟树示意图

图 5.8 中的 OSC_IN 和 OSC_OUT 为单片机芯片的两个引脚，用于连接外部高速晶振。外部晶振为 8MHz，通过配置 PLLXTPRE 和 PLLSRC 多路开关，可以选择直接将外部时钟 HSE 作为锁相环的输入时钟；然后将锁相环的倍频系数 PLLMUL 设置为 9，使锁相环 PLL 实现 9 倍倍频，产生 72MHz 的 PLLCLK；最后通过配置 SW 多路开关，选择 PLLCLK 作为系统时钟 SYSCLK。图 5.8 中的多路开关 PLLXTPRE、PLLSRC、SW，以及倍频系数 PLLMUL 都是 RCC 模块中时钟控制寄存器 CR 和时钟配置寄存器 CFGR 中的控制位。初始化系统时钟时需要正确配置这些寄存器，才能完成系统时钟的初始化。

系统时钟 SYSCLK 经过 AHB 预分频后产生 HCLK 时钟信号。HCLK 频率最高为 72MHz，HCLK 时钟提供给 AHB 总线、内核、存储器以及 DMA。AHB 预分频后的时钟信号再分别经过 APB1 预分频和 APB2 预分频，得到 PCLK1 和 PCLK2 时钟信号。PCLK1 时钟信号即为 APB1 总线时钟，APB1 为低速总线，它的时钟频率最大只能为 36MHz。PCLK2 时钟信号即为 APB2 总线时钟，APB2 总线时钟频率最高可以与 AHB 总线一致。

若系统时钟 SYSCLK 设置为 72MHz，将 AHB 预分频系数设置为 1，那么分频后 HCLK 时钟频率与 SYSCLK 一致，都为 72MHz。将 APB1 预分频系数设置为 2，而 APB2 预分频系数设置为 1，PCLK1 频率为 36MHz，而 PCLK2 频率为 72MHz，使 APB1 和 APB2 总线都达到各自的最高频率。

复位时 Cortex-M3 内核默认直接将 8MHz 的内部高速时钟 HSI 作为系统时钟，时钟频率远远低于系统的最大工作频率，因此复位后的首要工作就是完成时钟初始化，使单片机工作在最高频率下。

系统提供的启动文件中实现了复位中断处理函数 Reset_Handler。复位时硬件触发复位中断请求，内核响应中断请求，自动转去执行 Reset_Handler 中断处理函数，完成时钟初始化以及系统初始化工作后，跳转到用户编写的 main()函数。

复位中断处理函数中首先调用 SystemInit()函数完成时钟初始化工作，该函数改写 RCC 模块的相关寄存器，完成锁相环配置，使锁相环时钟频率达到 72MHz，并选择锁相环时钟 PLLCLK 作为系统时钟 SYSCLK，然后设置 AHB、APB1 和 APB2 的分频系数，完成 3 个总线的时钟初始化。

运行 Keil 开发软件，打开本书配套资料中的项目 BlinkyLED。在 Options for Target 窗口的 C/C++标签页中预定义了 STM32F10X_HD 符号，说明单片机类型为大容量。根据项目所用单片机的类型，stm32f10x. h 头文件中在条件编译语句里定义了宏 HSE_VALUE，声明外部晶振频率为 8MHz。然后在 system_stm32f10x. c 文件中在条件编译语句里定义了宏 SYSCLK_FREQ_72MHz，说明系统时钟频率为 72MHz，相关代码见图 5.9。SystemInit()函数调用 SetSysClock()函数，根据这些宏定义，完成时钟初始化。

SystemInit()函数定义如下。为适应不同单片机类型，函数中用条件编译语句针对单片机类型，编译不同的代码段。本书所用单片机为 STM32F10X_HD 类型，为节省篇幅，将函数中针对其他类型单片机的代码用省略号代替。

stm32f10x.h

```
#if !defined  HSE_VALUE
 #ifdef STM32F10X_CL
  #define HSE_VALUE    ((uint32_t)25000000)
 #else
  #define HSE_VALUE    ((uint32_t)8000000)
 #endif /* STM32F10X_CL */
#endif /* HSE_VALUE */
```

system_stm32f10x.c

```
#if defined (STM32F10X_LD_VL) || (defined STM32F10X_MD_VL) || (defined STM32F10X_HD_VL)
/* #define SYSCLK_FREQ_HSE    HSE_VALUE */
 #define SYSCLK_FREQ_24MHz  24000000
#else
/* #define SYSCLK_FREQ_HSE    HSE_VALUE */
/* #define SYSCLK_FREQ_24MHz  24000000 */
/* #define SYSCLK_FREQ_36MHz  36000000 */
/* #define SYSCLK_FREQ_48MHz  48000000 */
/* #define SYSCLK_FREQ_56MHz  56000000 */
#define SYSCLK_FREQ_72MHz  72000000
#endif
```

图 5.9　时钟初始化的相关宏定义

```
void SystemInit (void)
{
  RCC->CR |= (uint32_t)0x00000001;      //按位相或,将 CR 寄存器 d0 位置 1,使能内部高速
                                        //时钟 HSI
#ifndef STM32F10X_CL
  RCC->CFGR &= (uint32_t)0xF8FF0000;  //按位相与,将指定位清 0,设置 CFGR 寄存器
#else
  …
#endif /* STM32F10X_CL */
  RCC->CR &= (uint32_t)0xFEF6FFFF;      //将 CR 寄存器中的 HSEON, CSSON 和 PLLON 位清 0
  RCC->CR &= (uint32_t)0xFFFBFFFF;      //将 CR 寄存器中的 HSEBYP 位清 0
  //将 CFGR 寄存器中的 PLLSRC, PLLXTPRE, PLLMUL 和 USBPRE 位清 0
  RCC->CFGR &= (uint32_t)0xFF80FFFF;
#ifdef STM32F10X_CL
  …
#elif defined (STM32F10X_LD_VL)||defined (STM32F10X_MD_VL)||(defined STM32F10X_HD_VL)
  …
#else
  RCC->CIR = 0x009F0000;                //清除悬挂的中断标志位,即将中断标志位清 0
#endif /* STM32F10X_CL */
#if defined (STM32F10X_HD) || (defined STM32F10X_XL) || (defined STM32F10X_HD_VL)
  #ifdef DATA_IN_ExtSRAM
    SystemInit_ExtMemCtl();         //如果扩展了外部 SRAM,才调用该函数进行初始化
  #endif /* DATA_IN_ExtSRAM */
#endif
SetSysClock();    //设置系统时钟频率、HCLK、PCLK2 和 PCLK1 预分频系数,配置 Flash 接口参数
#ifdef VECT_TAB_SRAM
  SCB->VTOR = SRAM_BASE | VECT_TAB_OFFSET; /* 将向量表重定位到内部 SRAM 中 */
#else
  SCB->VTOR = FLASH_BASE | VECT_TAB_OFFSET; /* 将向量表重定位到内部 FLASH 中 */
#endif
}
```

SystemInit()函数配置 RCC 中的相关寄存器，初始化 Flash 接口和锁相环 PLL，设置内核时钟、系统时钟 SYSCLK，以及 HCLK、PCLK1 和 PCLK2 时钟。这个函数只在复位中断处理函数 Reset_Handler 中调用一次，完成时钟初始化，此后单片机内部总线时钟就已经设定好了。

单片机内部总线时钟初始化完毕后，挂接在总线上的片上外设才能正常工作。出于降低功耗的目的，复位后在默认情况下，只有 Flash 接口和 SRAM 的时钟处于使能状态，其他片上外设时钟均为禁止状态。若不使能片上外设的时钟，则片上外设不工作，也就不产生功耗。

RCC 模块为 AHB、APB1 和 APB2 总线各提供了一个时钟使能寄存器，即 AHBENR、APB1ENR 和 APB2ENR 寄存器。寄存器中的每个二进制位控制总线上一个片上外设的时钟，将对应位置 1 使能时钟，清 0 则禁止时钟。

开发具体的嵌入式系统时，只会用到单片机内部的部分硬件资源。这时应根据项目需求，使能所用到的片上外设的时钟。需要使用某个片上外设时，首先应该调用 RCC 模块的库函数，使能该外设的时钟；然后才能调用硬件模块的库函数，完成片上外设的初始化。

例 5.1：参考例程 BlinkyLED 的分析与调试。

硬件连接：PC6 引脚通过 1kΩ 电阻接 LED 小灯的阳极，小灯阴极接 GND。

单片机最小板上将 PC6 和 PC7 引脚分别通过 1kΩ 电阻接到 2 个贴片发光二极管的阳极，只要将 J5 插针的跳帽接上，发光二极管 D1、D2 的阴极就连接了 GND，如图 5.10 所示。

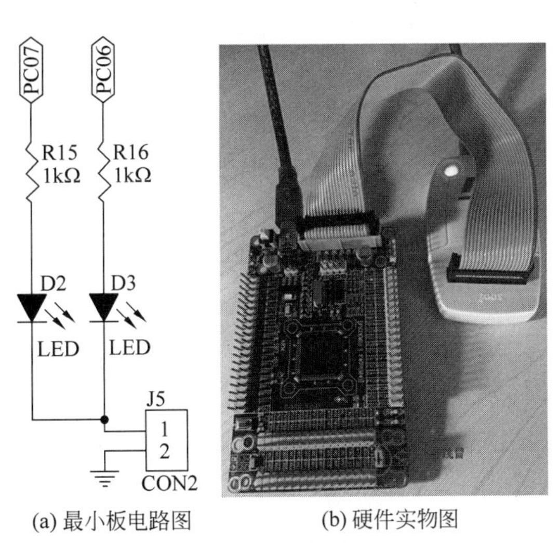

(a) 最小板电路图　(b) 硬件实物图

图 5.10　硬件连接示意图

软件分析：通过 GPIOC 模块的 PC6 引脚控制一个 LED 小灯，实现亮灭闪烁的效果。

项目中除了 Keil 软件添加的 CMSIS 库文件外，只编写了 main.c 源文件，main()函数中首先完成了GPIOC模块中的IO引脚PC6的初始化，然后在while(1)循环体中控制PC6引脚输出高、低电平，控制LED小灯亮灭，实现小灯闪烁效果，相关代码如下。

BlinkyLED项目main.c源文件。

```
#include "stm32f10x.h"
void delay(__IO uint32_t time)
{    for(;time>0;time--);   }
int main(void)
{    GPIO_InitTypeDef GPIOinit;
     RCC_APB2PeriphClockCmd(RCC_APB2Periph_GPIOC, ENABLE);    //RCC函数, 使能GPIOC时钟
     //调用GPIO_Init()函数, 初始化PC6引脚, 模式为Out_PP
     GPIOinit.GPIO_Pin = GPIO_Pin_6;
     GPIOinit.GPIO_Mode = GPIO_Mode_Out_PP;
     GPIOinit.GPIO_Speed = GPIO_Speed_2MHz;
     GPIO_Init(GPIOC, &GPIOinit);
     while(1)
     {   GPIO_WriteBit(GPIOC, GPIO_Pin_6, Bit_SET);           //输出高电平, 灯亮
         delay(0x200000);
         GPIO_WriteBit(GPIOC, GPIO_Pin_6, Bit_RESET);         //输出低电平, 灯灭
         delay(0x200000);
     }
}
```

复位时触发复位中断，CPU响应复位中断，自动执行Reset_Handler中断处理子程序，完成系统时钟初始化后，进入用户编写的main()函数。

main()函数中首先应该完成各个硬件模块的初始化工作，然后进入while(1)死循环，在循环体中编写代码实现具体功能。初始化硬件模块时必须先使能片上外设的时钟，然后才能初始化片上外设的工作模式。片上外设初始化完毕之后，才能调用硬件模块的接口函数，控制片上外设的工作。

调试程序时，可以在合适的指令旁设置断点。设置好断点后，按F5键连续运行程序，遇到断点暂停执行程序，这时就可以在Watch窗口中观察变量或片上外设寄存器的值。

BlinkyLED项目只用到一个片上外设，即GPIOC模块，GPIO模块都在APB2总线上，所以main()函数中首先调用RCC模块的库函数RCC_APB2PeriphClockCmd()使能GPIOC模块的时钟；然后再调用GPIO模块的库函数GPIO_Init()初始化GPIOC模块PC6引脚的工作模式，完成引脚初始化。

在Debug调试环境下可以看到，调用GPIO_Init()函数初始化PC6引脚后，GPIOC模块的CRL寄存器从复位后默认值0x44444444改变成0x42444444，说明PC6引脚的工作模式已经修改成功，如图5.11所示。如果没有先开启GPIOC模块时钟，那么由于模块不工作，GPIO_Init()函数调用不起作用，所以初始化后CRL寄存器依然为0x44444444。

初始化PC6引脚的工作模式和速度后，在while(1)循环体中，调用GPIO模块的库

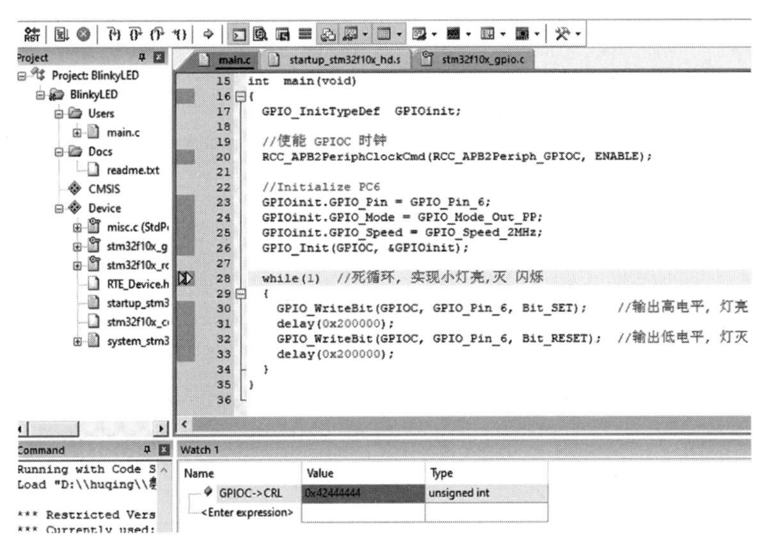

图 5.11　GPIOC 模块 CRL 寄存器情况

函数 GPIO_WriteBit()，先将 PC6 引脚置位，控制 LED 小灯亮，延时一段时间后，再次调用 GPIO_WriteBit()函数将 PC6 引脚复位，控制 LED 小灯灭。

由于单片机执行指令速度非常快，将 PC6 引脚置位或复位后，必须调用延时函数，使小灯亮、灭状态维持一段时间，才能看到小灯亮、灭闪烁的效果。如果不调用延时函数或者延时时间过短，那么单步调试程序时能够观察到小灯亮、灭状态的变换，但是连续运行时就会看到小灯一直点亮，而看不到小灯熄灭的状态了。

5.3　stm32f10x.h 头文件的作用

教学视频

CMSIS 为片上硬件模块提供了相应的库函数，开发者只需要调用这些库函数，就能完成硬件模块的初始化，控制硬件模块的工作。在 CMSIS 基础上进行开发，能够大大降低开发难度，缩短项目开发的周期。嵌入式系统的开发人员有必要了解 CMSIS 固件库的基本架构，熟悉 CMSIS 库函数。

打开任意一个库函数的 C 语言源文件，会发现它们全都包含 stm32f10x.h 头文件。简单地说，想要在 CMSIS 固件库基础上完成嵌入式应用开发，就必须包含这个头文件。作为库函数的使用者，必须熟悉 stm32f10x.h 头文件，了解该文件的作用。

stm32f10x.h 头文件中主要包含以下信息。

(1) 定义枚举数据类型 IRQn，声明了所有中断源的中断类型号。

Cortex-M3 内核中的 NVIC 模块管理单片机中所有的中断源。每个中断源有一个唯一的编号，称为“中断类型号”。NVIC 模块最多可以管理 240 个中断源，包括内核产生的异常(Exception)和片上外设产生的中断(Interrupt)。内核异常的类型号为负数，片上外设中断的类型号从 0 开始，内核异常的优先级高于片上外设中断。

基于 Cortex-M3 内核，生产商设计具体的单片机型号时，根据单片机集成的片上硬件资源，规定了片上外设中断源的个数以及对应的类型号。所以虽然 NVIC 最多可以管理 240 个中断源，但具体某个型号单片机的中断源个数可能远远低于 240。例如，STM32F10x 系列单片机最多只有 60 个片上外设中断源，中断类型号为 0～59。单片机参考手册的“中断和异常向量”节中给出了中断向量表。

stm32f10x.h 头文件中定义了 IRQn 枚举数据类型，包含了所有内核异常以及片上外设中断的类型号。由于不同类型单片机集成的片上资源不同，定义 IRQn 枚举数据类型时，使用了条件编译指令，根据项目中声明的单片机类型，编译不同的代码片段。例如，STM32F10X_HD 类型的大容量单片机片上资源丰富，IRQn 中定义的中断类型号包含了全部 60 个片上外设中断源，而 STM32F10X_LD 类型的小容量单片机片上资源较少，条件编译语句中定义的中断类型号就比较少。定义枚举数据类型 IRQn 的部分代码如图 5.12 所示。

```
typedef enum IRQn
{
/******  Cortex-M3 Processor Exceptions Numbers ****************************************/
  NonMaskableInt_IRQn         = -14,    /*!< 2 Non Maskable Interrupt                    */
  MemoryManagement_IRQn       = -12,    /*!< 4 Cortex-M3 Memory Management Interrupt     */
  BusFault_IRQn               = -11,    /*!< 5 Cortex-M3 Bus Fault Interrupt             */
  UsageFault_IRQn             = -10,    /*!< 6 Cortex-M3 Usage Fault Interrupt           */
  SVCall_IRQn                 = -5,     /*!< 11 Cortex-M3 SV Call Interrupt              */
  DebugMonitor_IRQn           = -4,     /*!< 12 Cortex-M3 Debug Monitor Interrupt        */
  PendSV_IRQn                 = -2,     /*!< 14 Cortex-M3 Pend SV Interrupt              */
  SysTick_IRQn                = -1,     /*!< 15 Cortex-M3 System Tick Interrupt          */

/******  STM32 specific Interrupt Numbers **********************************************/
  WWDG_IRQn                   = 0,      /*!< Window WatchDog Interrupt                   */
  PVD_IRQn                    = 1,      /*!< PVD through EXTI Line detection Interrupt   */
  TAMPER_IRQn                 = 2,      /*!< Tamper Interrupt                            */
  RTC_IRQn                    = 3,      /*!< RTC global Interrupt                        */
  FLASH_IRQn                  = 4,      /*!< FLASH global Interrupt                      */
  RCC_IRQn                    = 5,      /*!< RCC global Interrupt                        */
  EXTI0_IRQn                  = 6,      /*!< EXTI Line0 Interrupt                        */
  EXTI1_IRQn                  = 7,      /*!< EXTI Line1 Interrupt                        */
  EXTI2_IRQn                  = 8,      /*!< EXTI Line2 Interrupt                        */
  EXTI3_IRQn                  = 9,      /*!< EXTI Line3 Interrupt                        */
  EXTI4_IRQn                  = 10,     /*!< EXTI Line4 Interrupt                        */
```

图 5.12　stm32f10x.h 头文件中的 IRQn 枚举数据类型定义

(2) 包含系统头文件。

打开 CMSIS 的库函数文件，常常会看到一些 ANSI C 标准中没有定义的数据类型，例如 uint8_t 或 uint32_t 等。这些数据类型是重命名的 ANSI C 基本数据类型，例如，uint8_t 实际上就是 unsigned char 类型，而 uint32_t 实际就是 unsigned int 类型。

系统头文件 stdint.h 中用 typedef 关键字对无符号和有符号整型数据类型做了一系列的重命名，相关定义代码片段见图 5.13。要使用这些重命名后的数据类型，就必须包含相应的头文件。

```
    /* exact-width signed integer types */
typedef   signed           char int8_t;
typedef   signed short      int int16_t;
typedef   signed            int int32_t;
typedef   signed        __INT64 int64_t;

    /* exact-width unsigned integer types */
typedef unsigned           char uint8_t;
typedef unsigned short      int uint16_t;
typedef unsigned            int uint32_t;
typedef unsigned        __INT64 uint64_t;
```

图 5.13　stdint.h 中重定义整型的部分代码

在嵌入式系统开发中，常常需要定义整型变量来访问片上外设的寄存器，这些寄存器可能是16位的，可能是32位的，所定义的整型变量位宽必须与要访问的寄存器一致。ANSI C标准中的char、short、int等数据类型，从名称上看不出所定义整型变量的位宽，而重命名后的数据类型，名称中就明确说明了整型的位数，以及有符号或无符号的特性，例如，int8_t为有符号8位整型，而uint16_t是无符号16位整型。

除了stdint.h头文件以外，作为嵌入式系统的开发人员，有时需要访问内核的相关寄存器，这时就需要包含core_cm3.h头文件。core_cm3.h是为内核定义的头文件，其中包含内核中硬件模块的结构体数据类型定义，如NVIC模块和SCB模块等。要访问内核硬件模块，就需要包含core_cm3.h头文件。

如果开发人员要自己了解所有系统头文件的作用，并在代码中一一包含这些头文件，会是一件非常头疼的事情。stm32f10x.h头文件中包含了stdint.h、core_cm3.h以及其他的系统头文件，开发人员只需要包含stm32f10x.h这一个头文件，就可以顺利在代码中调用固件库接口函数了。

(3) 包含标准外设驱动的头文件。

在CMSIS固件库基础上完成项目开发时，新建项目后，需要在Options for Target 'BlinkyLED'窗口的C/C++标签页中预定义两个符号，STM32F10X_HD和USE_STDPERIPH_DRIVER，如图5.14所示。符号STM32F10X_HD说明单片机的类型，而符号USE_STDPERIPH_DRIVER说明项目开发使用标准外设驱动。这两个符号的定义会改变stm32f10x.h头文件中条件编译指令的编译结果。

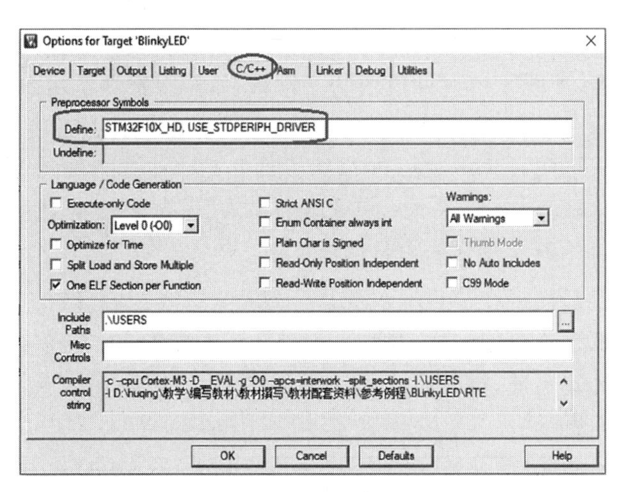

图5.14 C/C++标签页

如果定义了符号USE_STDPERIPH_DRIVER，那么stm32f10x.h头文件中的条件编译指令满足条件，编译时会包含stm32f10x_conf.h头文件。stm32f10x_conf.h头文件被称作“头文件的头文件”，其中包含了项目选中的CMSIS组件的相关头文件，这样开发人员就可以直接调用库函数控制片上外设了，如图5.15所示。

在Manage Run-Time Environment窗口中选中项目所需的所有组件后，Keil 5开发软件自动生成 RTE_Components. h 头文件，根据配置情况自动生成对应的宏定义指令。stm32f10x_conf. h 头文件中用条件编译语句包含 CMSIS 每个组件的头文件，如果定义了对应的宏，则包含了该组件的头文件。所以只要在 Manage Run-Time Environment 窗口中选中了对应的组件，那么编译后 stm32f10x_conf. h 头文件就会包含该组件的头文件。而 stm32f10x. h 头文件中包含了 stm32f10x_conf. h 头文件，因此，对于开发人员来说，只要包含 stm32f10x. h 头文件，就能调用 CMSIS 固件库的函数了。

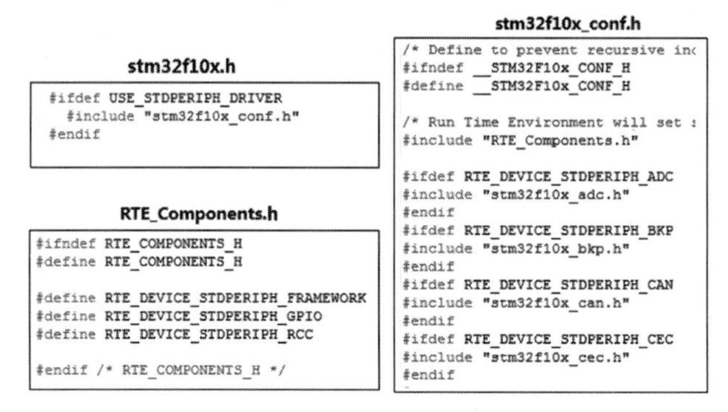

图 5.15　相关头文件

（4）为访问片上外设寄存器定义结构体数据类型和指针。

单片机内部集成有多种硬件模块，如模数转换模块 ADC、通用目的输入/输出模块 GPIO、定时器模块 TIM。某些硬件模块可能有多个，例如，STM32F103VET6 单片机中集成了 GPIOA～GPIOE 共 5 个 GPIO 模块。每个硬件模块内有多个寄存器，开发人员需要读写这些寄存器，才能了解硬件模块的工作状态，控制硬件模块的工作模式。

单片机集成的片上硬件模块个数以及所有片上外设的地址都是固定的，参考手册“存储器映像”中列出了所有片上外设寄存器组的起始地址。并且参考手册中为每一种硬件模块单独编写了一章，详细介绍硬件模块的功能，模块中每个寄存器的作用，并在最后一节中列表给出模块中寄存器的相对偏移地址。

所有的片上外设都挂接在 AHB、APB1 或 APB2 总线上，总线的基地址以及各个片上外设的起始地址都是确定的。相应地，stm32f10x. h 头文件中定义了一系列的宏，首先定义了各个存储区的基地址，接着定义了 3 总线的基地址，最后定义了总线上片上外设的基地址，如图 5.16 所示。

```
#define FLASH_BASE            ((uint32_t)0x08000000) /*!< FLASH base address in the alias region */
#define SRAM_BASE             ((uint32_t)0x20000000) /*!< SRAM base address in the alias region */
#define PERIPH_BASE           ((uint32_t)0x40000000) /*!< Peripheral base address in the alias region */

#define SRAM_BB_BASE          ((uint32_t)0x22000000) /*!< SRAM base address in the bit-band region */
#define PERIPH_BB_BASE        ((uint32_t)0x42000000) /*!< Peripheral base address in the bit-band region */

#define FSMC_R_BASE           ((uint32_t)0xA0000000) /*!< FSMC registers base address */

/*!< Peripheral memory map */
#define APB1PERIPH_BASE       PERIPH_BASE
#define APB2PERIPH_BASE       (PERIPH_BASE + 0x10000)
#define AHBPERIPH_BASE        (PERIPH_BASE + 0x20000)

#define TIM2_BASE             (APB1PERIPH_BASE + 0x0000)
#define TIM3_BASE             (APB1PERIPH_BASE + 0x0400)
#define TIM4_BASE             (APB1PERIPH_BASE + 0x0800)
```

图 5.16　片上外设基地址的相关宏定义

stm32f10x.h头文件中为每种硬件模块定义了一个结构体数据类型，结构体中的每个数据成员对应模块中的一个寄存器，而结构体数据成员定义的先后顺序就反映了模块内寄存器的相对偏移地址。

定义了结构体数据类型，通过宏定义指定了片上外设基地址之后，stm32f10x.h头文件为每个片上外设定义了一个宏，通过强制类型转换，将片上外设的基地址转换成相应的结构体指针。通过结构体指针就能够访问片上外设的寄存器了。

例如GPIO模块，参考手册"GPIO和AFIO寄存器地址映像"节给出了GPIO模块寄存器的相对地址。而单片机芯片中包含多个GPIO模块，STM32F103系列单片机中最多包含GPIOA～GPIOG共7个GPIO模块，参考手册"存储器映像"节中给出了所有片上外设的地址空间。

stm32f10x.h头文件中首先为GPIO模块定义了结构体数据类型GPIO_TypeDef，然后定义宏，将每个GPIO模块地址强制转换成GPIO_TypeDef类型的指针，如图5.17所示。

偏移	寄存器	31	30	29	28	27	26	25	24	23	22	21	20	19	18	17	16	15	14	13	12	11	10	9	8	7	6	5	4	3	2	1	0
000h	GPIOx_CRL	CNF7 [1:0]		MODE7 [1:0]		CNF6 [1:0]		MODE6 [1:0]		CNF5 [1:0]		MODE5 [1:0]		CNF4 [1:0]		MODE4 [1:0]		CNF3 [1:0]		MODE3 [1:0]		CNF2 [1:0]		MODE2 [1:0]		CNF1 [1:0]		MODE1 [1:0]		CNF0 [1:0]		MODE0 [1:0]	
	复位值	0	1	0	1	0	1	0	1	0	1	0	1	0	1	0	1	0	1	0	1	0	1	0	1	0	1	0	1	0	1	0	1
004h	GPIOx_CRH	CNF15 [1:0]		MODE15 [1:0]		CNF14 [1:0]		MODE14 [1:0]		CNF13 [1:0]		MODE13 [1:0]		CNF12 [1:0]		MODE12 [1:0]		CNF11 [1:0]		MODE11 [1:0]		CNF10 [1:0]		MODE10 [1:0]		CNF9 [1:0]		MODE9 [1:0]		CNF8 [1:0]		MODE8 [1:0]	
	复位值	0	1	0	1	0	1	0	1	0	1	0	1	0	1	0	1	0	1	0	1	0	1	0	1	0	1	0	1	0	1	0	1
008h	GPIOx_IDR	保留																IDR[15:0]															
	复位值																	0	0	0	0	0	0	0	0	0	0	0	0	0	0	0	0
00Ch	GPIOx_ODR	保留																ODR[15:0]															
	复位值																	0	0	0	0	0	0	0	0	0	0	0	0	0	0	0	0
010h	GPIOx_BSRR	BR[15:0]																BSR[15:0]															
	复位值	0	0	0	0	0	0	0	0	0	0	0	0	0	0	0	0	0	0	0	0	0	0	0	0	0	0	0	0	0	0	0	0
014h	GPIOx_BRR	保留																BR[15:0]															
	复位值																	0	0	0	0	0	0	0	0	0	0	0	0	0	0	0	0
018h	GPIOx_LCKR	保留															LCKK	LCK[15:0]															
	复位值																0	0	0	0	0	0	0	0	0	0	0	0	0	0	0	0	0

(a) GPIO模块寄存器地址映像

地址范围	外设	总线
0x4001 2000 - 0x4001 23FF	GPIO端口G	APB2
0x4001 2000 - 0x4001 23FF	GPIO端口F	
0x4001 1800 - 0x4001 1BFF	GPIO端口E	
0x4001 1400 - 0x4001 17FF	GPIO端口D	
0x4001 1000 - 0x4001 13FF	GPIO端口C	
0X4001 0C00 - 0x4001 0FFF	GPIO端口B	
0x4001 0800 - 0x4001 0BFF	GPIO端口A	

(b) 寄存器组起始地址

```
typedef struct
{
    __IO uint32_t CRL;
    __IO uint32_t CRH;
    __IO uint32_t IDR;
    __IO uint32_t ODR;
    __IO uint32_t BSRR;
    __IO uint32_t BRR;
    __IO uint32_t LCKR;
} GPIO_TypeDef;

#define GPIOA        ((GPIO_TypeDef *) GPIOA_BASE)
#define GPIOB        ((GPIO_TypeDef *) GPIOB_BASE)
#define GPIOC        ((GPIO_TypeDef *) GPIOC_BASE)
#define GPIOD        ((GPIO_TypeDef *) GPIOD_BASE)
#define GPIOE        ((GPIO_TypeDef *) GPIOE_BASE)
#define GPIOF        ((GPIO_TypeDef *) GPIOF_BASE)
#define GPIOG        ((GPIO_TypeDef *) GPIOG_BASE)
```

(c) stm32f10x.h中相关定义

图5.17 如何访问片上的GPIO模块

stm32f10x.h头文件中为所有的片上外设都定义了结构体数据类型，定义宏指明模块寄存器基地址，并且通过宏定义，将模块基地址强制转换成对应的结构体指针，因此只

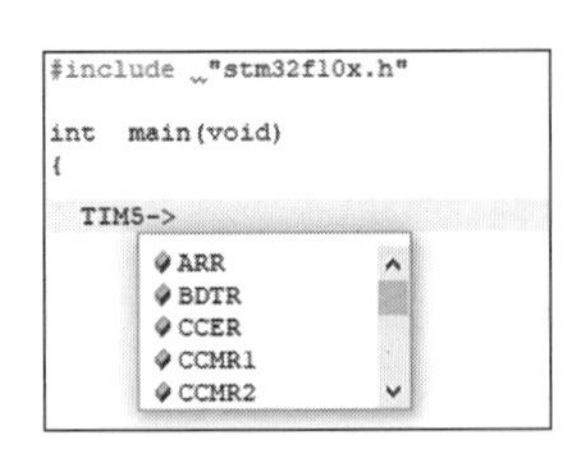

图 5.18 访问 TIM5 寄存器

需要包含 stm32f10x.h 头文件，就可以通过结构体指针访问所有片上外设寄存器了。

例 5.2：编程操作基本定时器 TIM5 的寄存器。

源程序中需要先包含 stm32f10x.h 头文件，编译后，编写代码时 Keil 5 开发软件会自动提示结构体成员，从中选择要访问的寄存器，对其进行读写操作就可以了，如图 5.18 所示。

教学视频

5.4 项目中的文件管理

5.4.1 CMSIS 固件库文件

安装 Keil 5 开发软件后，需要根据所选用的单片机型号安装相应的 Pack 包。本书选用 STMicroelectronics 公司的 STM32F103 系列单片机，所以需要安装 STM32F1xx_DFP 的 Pack 包。安装了 Pack 包后，Keil 5 开发软件中就包含了 CMSIS 固件库，无须用户自己单独下载或复制 CMSIS 固件库文件到项目中。

建议安装 Keil 5 软件时不要修改安装路径，默认的安装路径为 c:\Keil_v5。软件安装后会新建一系列文件夹，其中 c:\Keil_v5\ARM\PACK 文件夹下包含所有安装的 Pack 包文件，Pack 文件夹下包含 ARM 和 Keil 子文件夹，其中 ARM 子文件夹下是 ARM 公司提供的与内核相关的 CMSIS 固件库，如图 5.19 所示，例如，core_cm3.h 头文件就存放在这个子文件夹下。

Local Disk (C:) › Keil_v5 › ARM › Pack › ARM › CMSIS › 4.2.0 › CMSIS › Include

Name	Date modified	Type	Size
arm_common_tables.h	8/26/2014 15:06	H File	8 KB
arm_const_structs.h	8/26/2014 15:06	H File	4 KB
arm_math.h	9/24/2014 08:00	H File	246 KB
core_cm0.h	8/26/2014 15:06	H File	34 KB
core_cm0plus.h	8/26/2014 15:06	H File	41 KB
core_cm3.h	8/26/2014 15:06	H File	99 KB
core_cm4.h	8/26/2014 15:06	H File	108 KB
core_cm7.h	9/1/2014 16:06	H File	128 KB
core_cmFunc.h	8/28/2014 17:13	H File	18 KB
core_cmInstr.h	8/28/2014 17:13	H File	27 KB
core_cmSimd.h	8/26/2014 15:06	H File	23 KB
core_sc000.h	8/26/2014 15:06	H File	42 KB
core_sc300.h	8/26/2014 15:06	H File	97 KB

图 5.19 ARM 的 CMSIS 固件库所在路径

c:\Keil_v5\ARM\PACK\Keil 路径下存放各生产商提供的单片机系列的 Pack 包，c:\Keil_v5\ARM\PACK\Keil\STM32F1xx_DFP\1.0.5\Device\StdPeriph_Driver 文件夹下包含标准外设固件库文件，文件路径中的 1.0.5 是所安装 Pack 包的版本号。标准外设固件库的 C 语言源文件都存放在 src 子文件夹下，而对应的头文件都存放在 inc 子文件夹下，如图 5.20 所示。

(a) StdPeriph_Driver子文件夹

(b) StdPeriph_Driver\src子文件夹　　(c) StdPeriph_Driver\inc子文件夹

图 5.20　Keil 5 中所安装的 Pack 包文件

5.4.2　项目中的系统文件

运行 Keil 5 开发软件，选择 Project 菜单下的 New uVision Project 菜单项，按照向导的指引新建项目后，Keil 5 软件会在指定的项目文件夹下新建一些子文件夹，并将部分固件库文件复制到项目文件夹下。新建项目后，Keil 5 软件在项目文件夹下新建了 RTE、Objects、Listings 子文件夹，以及扩展名为.uvoprojx 的项目文件和扩展名为.uvoptx 的项目选项配置文件。项目文件的文件名与项目同名，因此项目名称中不要有空格、中文或特殊符号，项目名称可参照 C 语言中标识符的命名规则。图 5.21 显示了 BLinkyLED 项目文件夹的内容，其中 USERS 和 myHardware 子文件夹是开发人员新建的，其他 3 个子文件夹是 Keil 5 新建的。

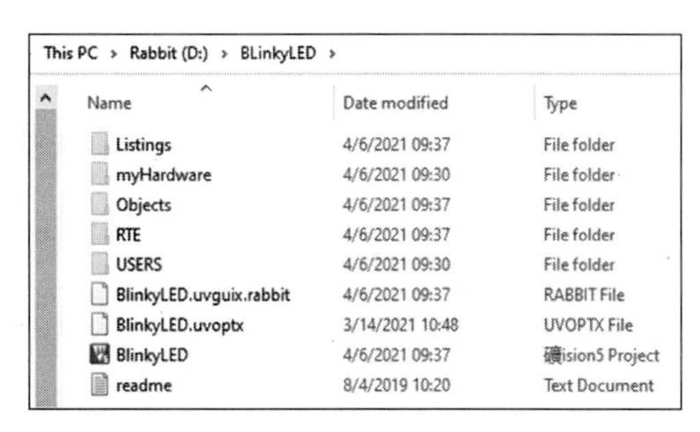

图 5.21　BLinkyLED 项目文件夹内容

(1) RTE 子文件夹

RTE 子文件夹下存放 Run-Time Environment 相关的文件。根据项目 CMSIS 组件的配置情况，Keil 5 软件自动生成的 RTE_Components. h 头文件以及其他相关文件都在 RTE 子文件夹下，启动文件也复制放在这个文件夹下。只有少量 CMSIS 固件库文件被复制到项目文件夹下，项目使用的 CMSIS 标准外设驱动固件库文件没有复制到项目文件夹下，这些固件库文件在 Keil 5 软件的安装路径下。

(2) Objects 子文件夹

一个项目中包含有多个汇编语言或 C 语言源文件，单击 Build 工具按钮后，首先逐一编译项目中的每一个源文件，编译后输出同名的. d 和. o 文件，其中. o 为目标文件。编译成功后，再连接项目中所有的. o 目标文件，输出一个扩展名为. axf 的可执行文件，编译连接时的提示信息如图 5.22 所示。

```
Build Output
Build target 'BlinkyLED'
compiling main.c...
compiling misc.c...
compiling stm32f10x_gpio.c...
compiling stm32f10x_rcc.c...
assembling startup_stm32f10x_hd.s...
compiling system_stm32f10x.c...
linking...
Program Size: Code=1056 RO-data=320 RW-data=0 ZI-data=1632
".\Objects\BlinkyLED.axf" - 0 Error(s), 0 Warning(s).
Build Time Elapsed:  00:00:08
```

图 5.22　编译项目时的提示信息

默认情况下，编译和连接时输出的文件都存放在 Objects 子文件夹，并且输出的可执行文件与项目同名。在项目配置的 Output 标签页中可以修改输出文件的存放位置，以及可执行文件名称，如图 5.23 所示。

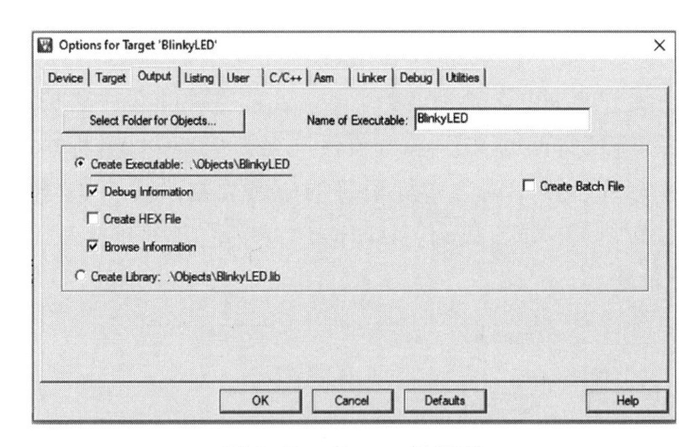

图 5.23　Output 标签页

图 5.23 中“Create Executable:.\Objects\BlinkyLED”中的“.\”说明是相对路径，指代当前目录，即项目文件夹，BlinkyLED 为文件名称。在右上方的输入框中可修改可执行文件的名字，单击上方的 Select Folder for Objects 按钮可重新选择输出文件的存放位置。如果在对话框中选中了 Create HEX File 复选框，那么输出 axf 文件后，转换工具会将 axf 文件转换成 HEX 格式的文件，此时输出文件夹下会产生两个文件名相同，扩展名分别为. axf 和. hex 的可执行文件。

除了目标文件和可执行文件外，编译源文件时还会产生扩展名为.crf的交叉引用文件，这个文件中包含了源代码中的宏定义、变量和函数的定义及声明。有了这个文件，编写程序时才能够通过Go to definitions of快捷菜单跳转到函数或变量的定义。

项目中包含多个源文件，每个源文件都需要经过编译，编译后产生对应的依赖文件.d、目标文件.o以及交叉引用文件.crf。所有源文件都编译成功后，才能连接产生可执行文件.axf。默认情况下，上述所有输出文件都存放在项目文件夹下的Objects子文件夹中，如图5.24所示。

(a) BlinkyLED项目窗口　　(b) 编译连接后的输出文件

图5.24　BlinkyLED项目的输出文件

(3) Listings子文件夹

Listings文件夹下存放由编译器和连接器输出的扩展名为.lst的列表文件以及扩展名为.map的镜像文件，这些对于研究编译过程非常有帮助。在项目配置的Listing标签页中可以修改列表文件的存放位置，以及.map文件包含的内容，如图5.25所示。

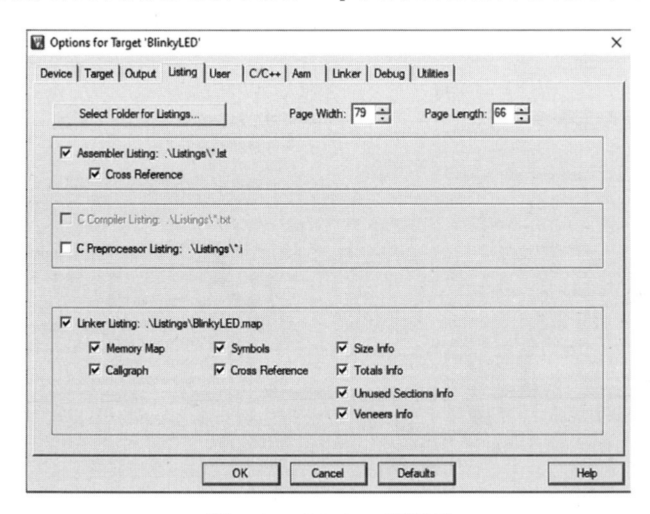

图5.25　Listing标签页

5.4.3 项目中的用户文件

新建项目后，开发人员需要向项目中添加 C 语言源文件，如主程序 main. c 源文件等，在这些源文件中编写代码，实现项目设计的功能。

(1) 用户文件的命名及保存

首先，从原则上说，项目中所有用户新建的源文件以及头文件必须存放在项目文件夹下。这样当需要备份项目，或需要将项目复制到其他 PC 上继续开发时，只需要复制项目文件夹就可以了。

其次，源程序文件的名称应该在一定程度上说明程序的功能，例如，main. c 是主程序源文件，而串口操作的源文件可以命名为 myUart. c，实现复杂算法的源文件可以命名为 myMath. c。

除了 main. c 主程序源文件以外，其他源文件中大多会编程实现一些接口函数，为了方便主程序或其他文件调用这些接口函数，通常会为每个源文件新建一个对应的头文件，头文件的文件名应该与源程序文件名相同。例如，为控制按键和小灯而编写的 C 语言源文件可以命名为 KeyLED. c，而对应的头文件就应该命名为 KeyLED. h。在头文件中做函数声明、宏定义、全局变量的外部声明等，这样其他源程序只要包含头文件，就能够调用对应的接口函数了。

最后，如果项目功能较为复杂，为操作片上外设编写了相应的接口函数，新建了多个 C 语言源文件，就可以考虑在项目文件夹下新建子文件夹，分别存放这些源文件与相应的头文件。

(2) 项目中用户文件的组织

在 Keil 5 中打开项目后，在 Project 窗口中可以看到当前项目文件的组织情况，用户新建的源文件应该添加到项目中。在 Project 窗口的项目名称上右击，或在分组上右击，从弹出的快捷菜单中选择相应的菜单项，就能够为项目新建分组，或将源文件添加到相应分组中，如图 5.26 所示。

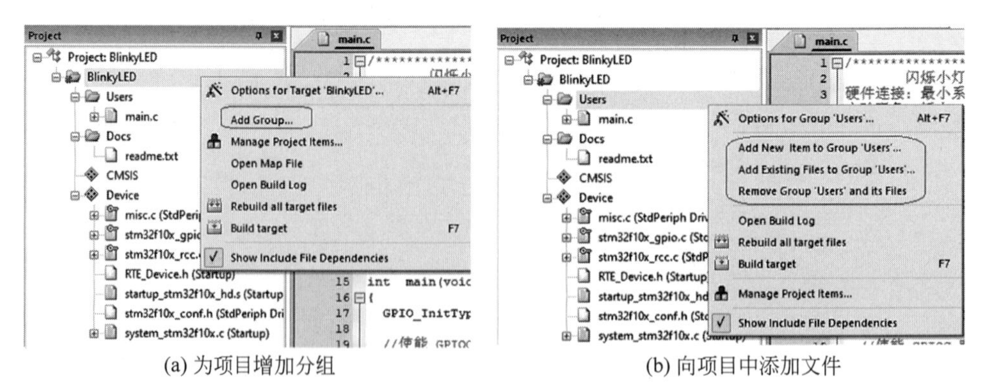

(a) 为项目增加分组　　　　(b) 向项目中添加文件

图 5.26　项目的文件管理

如果项目中有头文件存放在子文件夹下，那么需要在项目配置的 C/C++标签页中将子文件夹路径添加到 Include Paths 中。

BlinkyLED 项目在项目文件夹下新建了 USERS 子文件夹存放 main.c 源文件，新建了 myHardware 子文件夹存放 GPIOBitBand.h 头文件，main.c 中包含了 GPIOBitBand.h 头文件，必须在 C/C++标签页中添加 myHardware 子文件夹的路径，如图 5.27 所示。

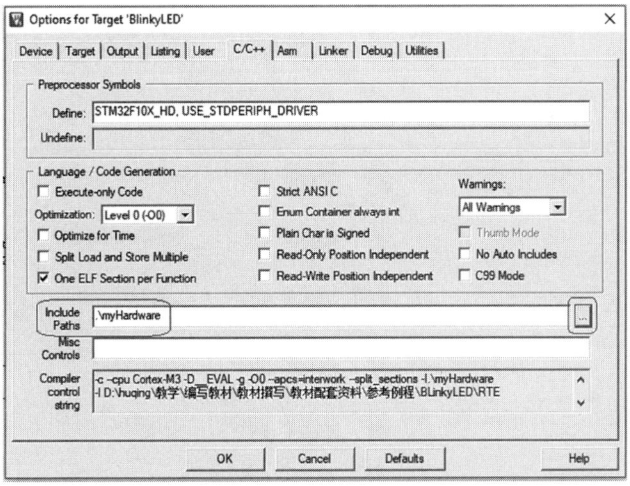

图 5.27　C/C++标签页

如果项目文件夹下新建了多个子文件夹，或者一个子文件夹下又新建了子文件夹，那么必须在项目配置的 C/C++标签页中逐一添加所有的子文件夹作为搜索路径。单击图 5.27 右方的“…”按钮，会弹出对话框，在已有搜索路径下方的空白处双击，就能够添加新的搜索路径了。

项目中的源文件需要包含某个头文件时，可以直接用指令“#include"头文件"”，指令中头文件名称用双引号括起来，双引号意味着编译器会先在项目的当前目录中查找，如果找不到，就会去系统配置的库环境变量以及用户配置的路径(即用户在 C/C++标签页中添加的路径)中搜索。如果在所有这些路径中都没有找到头文件，编译器就报错，提示找不到头文件。例如，如果删除 BlinkyLED 项目中配置的包含路径，编译 main.c 源文件时编译器找不到所包含的 GPIOBitBand.h 头文件，此时就会产生编译错误，错误提示如图 5.28 所示。

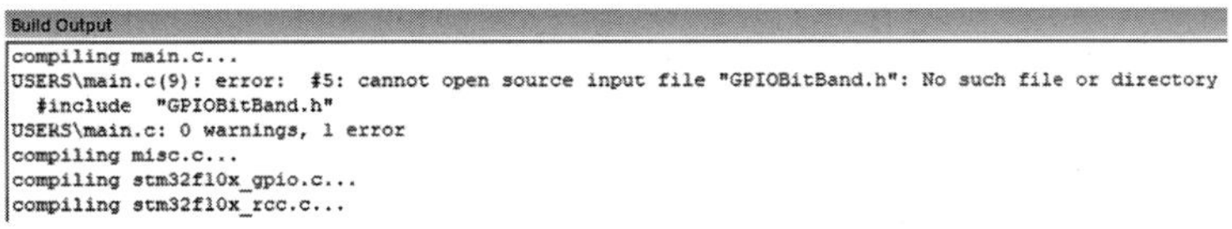

```
Build Output
compiling main.c...
USERS\main.c(9): error:  #5: cannot open source input file "GPIOBitBand.h": No such file or directory
  #include  "GPIOBitBand.h"
USERS\main.c: 0 warnings, 1 error
compiling misc.c...
compiling stm32f10x_gpio.c...
compiling stm32f10x_rcc.c...
```

图 5.28　编译错误：找不到头文件

第6章 按键与小灯的控制——GPIO模块

GPIO指通用目的输入/输出模块。STM32F103系列单片机芯片中集成了多个GPIO模块，每个模块有16个GPIO引脚。可以单独配置每个引脚的工作模式、工作速度。可以直接读入或输出16个引脚的电平状态，也可以单独输入或输出某个引脚的电平。

作为通用目的IO引脚，GPIO引脚可用于连接片外外设，最常见的简单外设有开关和小灯，它们都是通过GPIO引脚来控制的。此外，部分GPIO引脚具有复用功能(Alternate Function)，有的引脚甚至有多个复用功能。如果使能了复用功能，那么对应的GPIO引脚就不再作为通用目的输入/输出引脚，而是启用其复用功能，作为片上外设的信号线。例如，GPIOA模块的PA9引脚就可以作为串口1模块的发送引脚TX。关于引脚复用功能，可以参阅单片机的参考手册中关于AFIO的章节，以及数据手册中关于引脚定义的章节。

本章主要讲解GPIO引脚作为通用目的输入/输出引脚时的工作模式及其库函数编程。

6.1 GPIO的输入/输出模式

GPIO模块中的每个IO引脚都能单独设置引脚的工作模式，可以将引脚设定为输入引脚，或者设定为输出引脚。作为输出引脚时，可以控制引脚输出高电平或低电平；作为输入引脚时，可以读入引脚的状态，了解引脚当前是低电平，还是高电平。

IO引脚总共有8种工作模式，其中有2种工作模式是复用功能的，即复用功能开漏输出(Open-Drain Mode)和复用功能推挽输出(Push-Pull Mode)，这两种工作模式都是针对复用输出引脚的工作模式。一种工作模式是为ADC模块输入模拟电压信号。剩余的5种工作模式都是通用目的IO引脚的工作模式，其中作为输入引脚时有3种工作模式，分别是输入浮空、输入下拉和输入上拉模式；作为输出引脚时有2种工作模式，分别是开漏输出和推挽输出模式。

6.1.1 小灯与GPIO输出模式

教学视频

作为通用目的输出引脚时，GPIO的输出工作模式有2种：推挽输出和开漏输出。图6.1显示了IO引脚的内部结构。

图6.1中右边的IO引脚连接外设，引脚内部通过保护二极管连接单片机电源的正极V_{DD}和负极V_{SS}，电源的负极V_{SS}也就是数字电路的参考地。保护二极管在电路中起“钳位”作用，使得IO引脚的电位，向上不会高过$V_{DD}+V_{on}$，一旦IO引脚的电位超过$V_{DD}+V_{on}$，上方的保护二极管导通，钳制住电位。向下不会低于$V_{SS}-V_{on}$，否则下方的保护二极管导通，钳制住电位。部分IO引脚能够耐受5V，耐受5V的IO引脚与普通IO引脚不同，在保护电路中接V_{DD_FT}。

由于每个IO引脚都能配置为输入或者输出的模式，所以每个引脚的电路中都包含

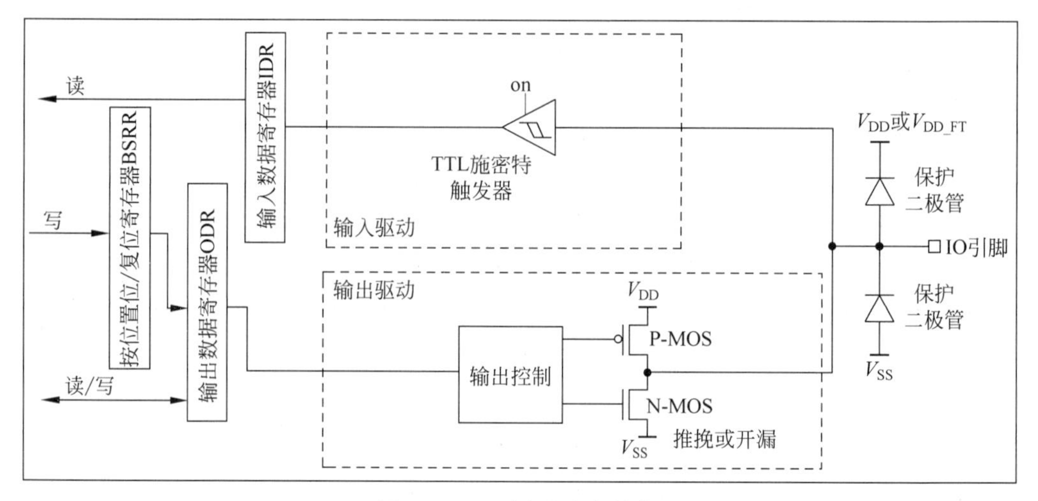

图 6.1 IO 引脚的内部结构

输入驱动和输出驱动的部分，这里先重点分析图 6.1 虚线框中的输出驱动电路。

在输出驱动电路中，IO 引脚通过 P-MOS 管上拉到 V_{DD}，通过 N-MOS 管下拉到 V_{SS}，这是典型的推挽电路结构。作为输出引脚，IO 引脚可以配置为推挽模式或开漏模式。

(1) 推挽模式。

当 IO 引脚配置为推挽模式时，输出高电平时 P-MOS 管导通，N-MOS 管截止，IO 引脚的电位上拉到 V_{DD}，即 3.3V。输出低电平时 P-MOS 管截止，N-MOS 管导通，IO 引脚下拉到 V_{SS}，即参考地电位。

(2) 开漏模式。

当 IO 引脚配置为开漏模式时，输出低电平时与推挽模式一样，P-MOS 管截止，N-MOS 导通，IO 引脚下拉到 V_{SS}，即参考地电位。但是输出高电平时 P-MOS 和 N-MOS 管都处于截止状态，此时 IO 引脚的电位不由单片机内部的电路决定，而是由外部的上拉电路决定。所以必须为开漏模式的 IO 引脚设计外部上拉电路，由外部上拉电路决定引脚输出高电平时的电压幅值。

(3) 输出引脚的驱动电流。

作为输出引脚，输出高电平时 IO 引脚向外输出电流，驱动外部电路，称作“拉电流”(Source Current)。而输出低电平时，电流通过引脚流入单片机芯片，称作“灌电流”(Sink Current)。单个引脚能够承受的驱动电流是有限的，并且整个芯片能够承受的总电流也是有限的。单片机的数据手册中说明了芯片的电流特性，STM32F103 单片机中单个 IO 引脚输出电流的最大额定值为 25mA。通常以电流通过引脚流入单片机作为电流的正方向，负电流意味电流是流出单片机。除了单个引脚的电流有限制以外，整个芯片流过 V_{DD} 或 V_{SS} 的电流也有限制，STM32F103 单片机的最大额定值为 150mA。若电流超过最大额定值，则会导致引脚或芯片烧毁，并且元件不能长期工作在最大额定值下，这会影响元件的可靠性。

单个 IO 引脚可以提供±8mA 的驱动电流，并且如果对输出低电平时的电压幅值要求不太严格，单个 IO 引脚可以承受 20mA 的灌电流。

在设计系统硬件时，一定要考虑 IO 引脚的驱动能力，如果需要大电流或电流总和超过限值，就应该由外部硬件模块提供驱动电流，单片机的 IO 引脚只作为控制信号。在开漏模式下，其输出的高电平电位以及输出电流大小，都由外部电路决定，这为系统硬件设计提供了一定的灵活性。

(4) LED 小灯接口电路设计。

不同颜色、不同封装的 LED 小灯，导通时的压降略有不同，可以通过万用表测量 LED 小灯的导通压降。一般小灯只需要几毫安的电流，亮度就足够了，并且单片机 IO 引脚的驱动电流有限，所以通过 IO 引脚控制小灯时接口电路中必须加入限流电阻，如图 6.2 所示。

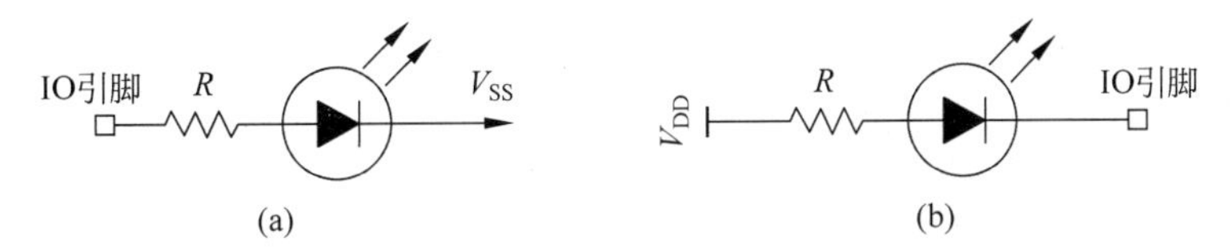

图 6.2　IO 引脚驱动的小灯接口电路

在如图 6.2(a)所示的接口电路中，IO 引脚输出低电平时小灯灭，发光二极管截止，没有电流流过。IO 引脚输出高电平时小灯亮，IO 引脚输出电流驱动小灯点亮，这时电流通过 IO 引脚流出单片机，即“拉电流”。如图 6.2(b)所示的接口电路则相反，IO 引脚输出低电平时小灯点亮，这时电流通过 IO 引脚流入单片机，即“灌电流”。

限流电阻 R 的取值从几百欧姆到 1kΩ，电阻阻值越大，驱动电流越小，小灯亮度会稍有改变。如果设计中只需要控制少量指示灯，那么可以简单地取 510Ω 或 1kΩ 的限流电阻，直接由 IO 引脚为小灯提供驱动电流。

当系统中 LED 小灯个数较多时，每个小灯几毫安的驱动电流，累积起来可能超出单片机限值，此时就不能由单片机 IO 引脚提供驱动电流，而应该改为由外部电路提供驱动电流，IO 引脚只作为控制信号。例如，设计一个“灯立方”，需要用几十个彩色小灯，实现丰富多彩的灯光显示效果时，就不能由 IO 引脚驱动小灯，而应该采用图 6.3 所示的接口电路。

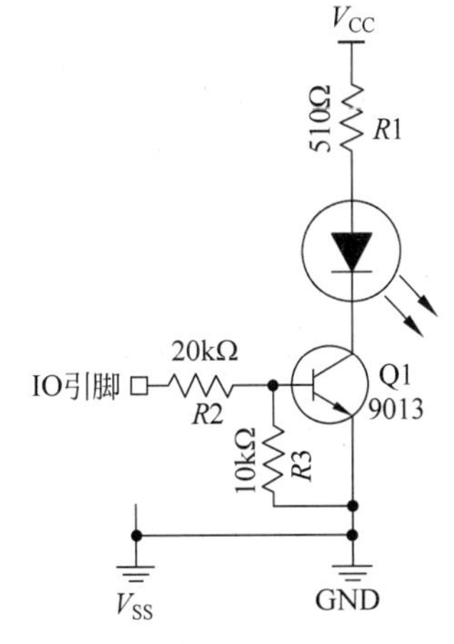

图 6.3　外部驱动的小灯接口电路

图 6.3 中 V_{CC} 和 GND 分别为电源的正极和负极，可以与单片机采用同一个电源，也可以用不同的电源分别为单片机和硬件外设供电。如果整个设计中有多个电源分为单片机以及其他硬件外设供电，那么外设与单片机之间必须“共地”，即将硬件外设电源的负极与单片机电源的负极互连。

图 6.3 的接口电路中由电源为 LED 小灯提供驱动电流，单片机的 IO 引脚控制 NPN 型三极管的通断。IO 引脚输出低电平时三极管 Q1 截止，小灯灭。IO 引脚输出高电平时三极管 Q1 导通，小灯亮，此时 IO 引脚的输出电流约为 0.13mA。即使系统中需要同时控制几十个小灯，也不会因电流过大而损坏单片机。

例 6.1：流水灯设计。

通过 IO 引脚控制 4 个 LED 小灯的亮灭，实现流水灯显示效果。

① 硬件设计

参考图 6.2(a)设计流水灯接口电路，并在面包板上实现流水灯接口电路，如图 6.4 所示。将 4 个小灯的阳极通过公对母杜邦线分别接到最小系统板的 PA0～PA3 引脚，限流电阻的公共端接到最小系统板的 GND。

图 6.4　流水灯接口电路

面包板中间的槽沟隔开，每一边同一列的 5 个插孔互相导通，方便实现元件之间的互连。面包板最外围两排插孔旁边分别用红色和蓝色的实线标注，红色实线上方标注为“＋”，而蓝色实线上方标注“－”。这两排插孔常用于连接电源的正极和负极，方便为面包板上的硬件供电。惯例上用红色杜邦线连接电源正极，而用黑色杜邦线连接电源负极。

在面包板上搭建接口电路时需注意元件的布局，元件应贴近面包板，不要竖立在空中，元件插入插孔的部分应足够长，牢牢固定住元件，确保元件之间连接稳定。

② 软件设计

调用 CMSIS 库函数，完成 IO 引脚初始化，并操作 IO 引脚，实现流水灯设计。

步骤 1：调用 RCC 库函数，使能 GPIOA 模块的时钟；

步骤 2：调用 GPIO 库函数，初始化 PA0～PA3 的工作模式；

步骤 3：调用 GPIO 库函数，控制 PA0～PA3 引脚输出高、低电平，控制小灯亮灭，实现流水灯效果。

main.c

```
#include  "stm32f10x.h"
void  delay(__IO uint32_t tim)
{    for(; tim > 0; tim -- );}
int main(void)
{    GPIO_InitTypeDef gpioinit;
     //步骤 1:使能 GPIOA 时钟
     RCC_APB2PeriphClockCmd(RCC_APB2Periph_GPIOA, ENABLE);
     //步骤 2:初始化 PA0 ～ PA3,推挽模式
     gpioinit.GPIO_Pin  =  GPIO_Pin_0|GPIO_Pin_1|GPIO_Pin_2|GPIO_Pin_3;
     gpioinit.GPIO_Mode  =  GPIO_Mode_Out_PP;            //推挽模式
     gpioinit.GPIO_Speed  =  GPIO_Speed_2MHz;            //速度
     GPIO_Init(GPIOA, &gpioinit);                        //初始化 PA0～PA3
     //循环体中,控制小灯亮、灭,实现流水灯显示效果
```

```
        while(1)
        {    //PA0 输出 1, 其他输出 0
            GPIO_ResetBits(GPIOA, GPIO_Pin_0|GPIO_Pin_1|GPIO_Pin_2|GPIO_Pin_3);
            GPIO_SetBits(GPIOA, GPIO_Pin_0);
            delay(0x100000); //延时
            // PA1 输出 1, 其他输出 0
            GPIO_ResetBits(GPIOA, GPIO_Pin_0|GPIO_Pin_1|GPIO_Pin_2|GPIO_Pin_3);
            GPIO_SetBits(GPIOA, GPIO_Pin_1);
            delay(0x100000); //延时
            // PA2 输出 1, 其他输出 0
            GPIO_ResetBits(GPIOA, GPIO_Pin_0|GPIO_Pin_1|GPIO_Pin_2|GPIO_Pin_3);
            GPIO_SetBits(GPIOA, GPIO_Pin_2);
            delay(0x100000); //延时
            // PA3 输出 1, 其他输出 0
            GPIO_ResetBits(GPIOA, GPIO_Pin_0|GPIO_Pin_1|GPIO_Pin_2|GPIO_Pin_3);
            GPIO_SetBits(GPIOA, GPIO_Pin_3);
            delay(0x100000); //延时
        };
    }
```

控制小灯亮、灭时应注意 IO 引脚输出后，需要调用延时函数，确保 IO 引脚输出的状态维持一定时间后，才控制 IO 引脚输出下一状态。没有延时或延时时间过短，都会导致程序连续运行时观察不到小灯的亮、灭状态。

6.1.2 按键与 GPIO 输入模式

教学视频

作为通用目的输入引脚，IO 引脚的工作模式有 3 种：输入上拉(Pull-Up)、输入下拉(Pull-Down)和浮空(Floating)。输入引脚的电路结构见图 6.5。

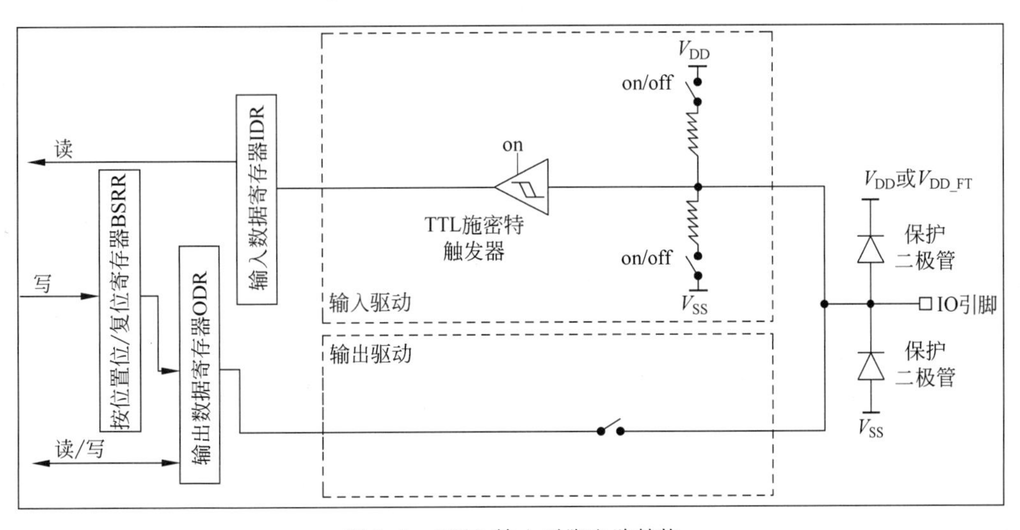

图 6.5 GPIO 输入引脚电路结构

(1) 输入上拉模式。当引脚配置为输入上拉模式时，输入驱动电路中上方开关闭合而下方开关断开，此时 IO 引脚在内部被上拉到单片机电源正极 V_{DD}。这意味着在外部电路不改变引脚状态的情况下，单片机读入的引脚状态为高电平。

(2) 输入下拉模式。当引脚配置为输入下拉模式时，输入驱动电路中上方开关断开而下方开关闭合，引脚在内部被下拉到单片机电源负极 V_{SS}。若外部电路不改变 IO 引脚状态，则单片机读入的引脚状态为低电平。

(3) 浮空模式。如果引脚配置为浮空模式，那么输入驱动电路中上方和下方的开关都断开。对于单片机内部来说，引脚处于浮空状态，此时完全由外部电路决定引脚的电平状态。

引脚配置为输入模式后，引脚的电平状态经过施密特触发器送入输入数据寄存器 IDR 中。引脚为高电平则 IDR 对应位为 1，低电平则为 0。读 IDR 寄存器就能确定输入引脚的状态。

(4) 上拉、下拉电阻。输入驱动电路中的电阻为弱上拉电阻和弱下拉电阻，即电阻阻值较大，相应的驱动电流较小。单片机数据手册中说明弱上拉和弱下拉等效电阻的典型值为 40kΩ，而输入漏电流只有几微安，完全可以忽略不计。

(5) 按键接口电路设计。按键种类繁多，如 2 脚或 4 脚的轻触按键、6 脚的自锁按键或无锁按键、扁平的薄膜按键等。图 6.6 显示了 4 脚轻触按键，按键按下时 4 个引脚之间导通，松开时上下引脚之间断开。图 6.7 为 6 脚自锁按键，每一边 3 个引脚分别为公共端、常开和常闭引脚，松开时公共端连接常开引脚，而按下时公共端与常闭引脚之间导通。不同厂商生产的按键开关引脚情况有所不同，具体情况可以查看产品说明，或者直接通过万用表检测来确定。

(a) 4脚轻触按键实例　　(b) 4脚轻触按键电路图

图 6.6　4 脚轻触按键

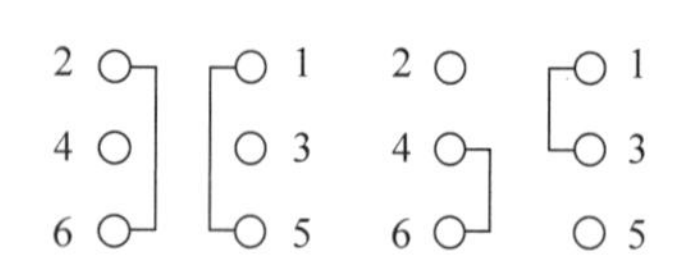

(a) 6脚自锁按键实例　　(b) 6脚自锁按键电路图

图 6.7　6 脚自锁按键

单片机 IO 引脚的工作模式中有输入上拉和输入下拉模式，在单片机内部实现了上拉或下拉电路，因此设计按键接口电路时可以简单地将按键的一端与 IO 引脚相连，而按键的另一端直接接单片机电源的正极(即 3.3V)或负极 V_{SS}，按键接口电路如图 6.8 所示。

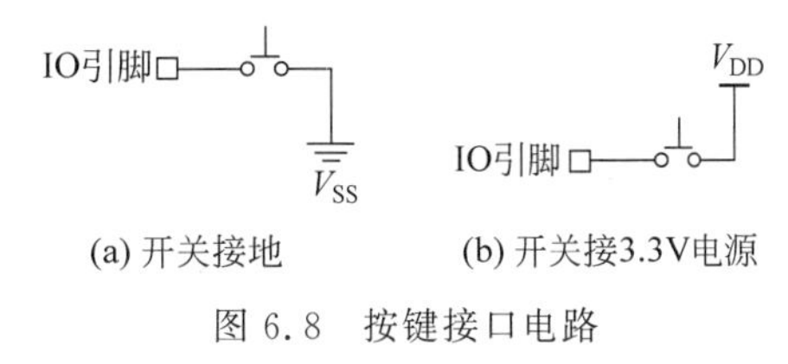

图 6.8　按键接口电路

在如图 6.8(a)所示的电路中，按键的另一端接地，对应的 IO 引脚必须初始化为输入上拉模式。当按键松开时 IO 引脚通过单片机内部的上拉电路上拉到 V_{DD}，IDR 寄存器的对应位为 1。而按键按下时按键两端导通，IO 引脚通过按键下拉到地，IO 引脚为低电平状态，IDR 寄存器的对应位为 0。

在如图 6.8(b)所示的电路中，按键另一端接 V_{DD}，也就是单片机最小系统板上的 3.3V 引脚，那么对应的 IO 引脚就应该初始化为输入下拉模式。按键松开时 IDR 寄存器的对应位为 0，而按下时 IDR 寄存器的对应位为 1。

例 6.2：按键控制流水灯速度。

在例 6.1 的基础上，加入按键，控制流水灯的“流水”速度。速度分为快速和慢速两挡，按键按下时为快速，松开时为慢速。

① 硬件设计

这里适合采用自锁按键，而自锁按键为 6 脚按键，将自锁按键插入面包板时，注意，同一边的 3 个引脚应该分别插入 3 排。由于面包板上同一排的 5 个插孔直接相互导通，因此自锁按键的 1、2 引脚，3、4 引脚，5、6 引脚直接相互导通。根据图 6.7 中按键松开和按下时的电路图分析可知，松开时 3、4 引脚悬空，按下时 6 个引脚之间相互导通。按键接口电路中直接将边沿的 1 个引脚接地，中间的引脚接 PB0 即可，完整的电路如图 6.9 所示。

图 6.9　按键接口电路

② 软件设计

初始化时，需要添加 PB0 引脚的初始化程序段，PB0 引脚工作模式应初始化为输入上拉模式。

按键按下时 PB0 引脚为 0，而松开时 PB0 引脚为 1，在 while(1)循环体中需要判断 PB0 引脚状态，设置延时函数的参数。

下面的代码着重写出按键的相关处理程序，而流水灯部分的代码参见例 6.1，这里就省略了。

main.c

```
#include "stm32f10x.h"
void delay(__IO uint32_t tim)
{    for(; tim > 0; tim -- );}
int main(void)
{    GPIO_InitTypeDef gpioinit;
```

```
        uint32_t dltime = 0x80000;
        //使能 GPIOA 时钟，初始化 PA0～PA3
                    …
        //使能 GPIOB 时钟，初始化 PB0
        RCC_APB2PeriphClockCmd(RCC_APB2Periph_GPIOB, ENABLE);
        gpioinit.GPIO_Pin  =  GPIO_Pin_0;
        gpioinit.GPIO_Mode  =  GPIO_Mode_IPU;          //输入上拉模式
        gpioinit.GPIO_Speed  =  GPIO_Speed_2MHz;       //速度
        GPIO_Init(GPIOB, &gpioinit);
        //循环体中，根据按键状态，设置 dltime
        while(1)
        {    if(GPIO_ReadInputDataBit(GPIOB,GPIO_Pin_0)  ==  0) //判断 PB0 是否为 0
                dltime  =  0x80000;                    //按键按下，快速
             else
                dltime  =  0x120000;                   //按键松开，慢速
             //PA0 输出 1，其他输出 0
             …
             delay(dltime);                            //延时
             // PA1 输出 1，其他输出 0
             …
             delay(dltime);                            //延时
             // PA2 输出 1，其他输出 0
             …
             delay(dltime);                            //延时
             // PA3 输出 1，其他输出 0
             …
             delay(dltime);                            //延时
        };
    }
```

6.2 GPIO 的编程操作

教学视频

6.2.1 GPIO 寄存器

虽然 CMSIS 固件库在一定程度上屏蔽了底层硬件的细节，应用程序开发人员可以直接调用库函数来操作片上硬件，无须过多关注片上硬件的内部细节。但是作为程序员，在调试硬件模块功能时依然需要通过观察硬件模块寄存器的值来判断模块的工作情况，并且有时直接访问寄存器比调用库函数更简便，所以学习嵌入式开发，依然需要熟悉硬件模块相关寄存器的功能。单片机参考手册的 GPIO 寄存器描述节详细介绍了 GPIO 模块内部的寄存器，此处不再赘述。本节只重点讲解如何阅读参考手册，简单介绍部分更适合直接访问的寄存器。

1. 输入数据寄存器(Input Data Register,IDR)

32 位的输入数据寄存器如图 6.10 所示。参考手册中说明寄存器地址偏移量以及复位值时采用十六进制,0x 是 C 语言中十六进制数据的前缀。每一位十六进制数值对应转换为 4 位二进制数据,例如,0x9a 转换成对应的二进制数据时,9 对应转换 4 位二进制数 1001,a 对应转换 4 位二进制数 1010,所以 0x9a 对应的 8 位二进制数为 10011010。由于十六进制与二进制之间的转换非常便捷,而二进制位数过多时不易记忆使用,故涉及底层硬件寄存器时多使用十六进制。

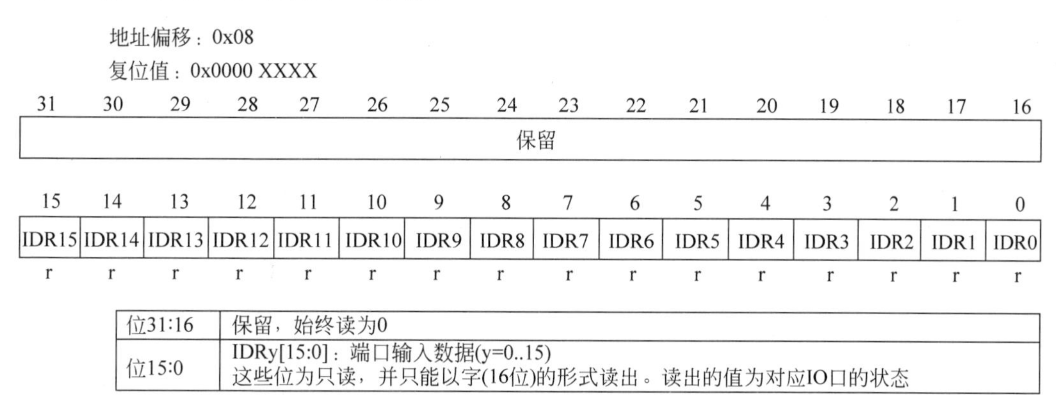

位31:16	保留，始终读为0
位15:0	IDRy[15:0]：端口输入数据(y=0..15) 这些位为只读，并只能以字(16位)的形式读出。读出的值为对应IO口的状态

图 6.10 输入数据寄存器

在图 6.10 中,地址偏移指相对于 GPIO 模块起始地址来说 IDR 寄存器的偏移地址为 0x08。参考手册的存储器映像节中给出了所有片上硬件模块的地址范围,结合寄存器的偏移地址,就能确定硬件模块寄存器的地址了。例如,GPIOA 模块地址范围为 0x4001 0800～0x4001 0BFF,结合 IDR 寄存器的偏移地址 0x08,就能确定 GPIOA 模块的 IDR 寄存器地址为 0x4001 0808。

复位值 0x0000 XXXX 说明复位后 IDR 寄存器的高 16 位全部为 0,低 16 位数值不确定。从图 6.10 中可以看出,IDR 寄存器的高 16 位为保留位,没有实际作用,低 16 位才是真正有效的位,每一位读入了对应 IO 引脚的状态。低 16 位下方的字符“r”说明 IDR 寄存器是只读寄存器。即在程序中只能读入这个寄存器的值,而不能改写它。

一个 GPIO 模块包含 16 个 IO 引脚,每个 IO 引脚可以单独设置工作模式,若将 IO 引脚 i 设置为通用目的的输入模式,即输入上拉、输入下拉或浮空模式,那么 IDR 寄存器的第 i 位就反映了输入引脚 i 的电平状态——1 为高电平,0 为低电平。对于那些设置为输出模式的 IO 引脚,就不应该通过 IDR 寄存器来判断引脚状态了。

参考手册描述寄存器功能时会说明寄存器的读写特性。“r”为只读,“w”为只写,“rw”表示可读写。有些寄存器,尤其是状态寄存器中的状态位,由硬件置位,但需要通过软件清零,这些位下方的说明可能是“rc w0”或“rc w1”。“rc w0”指可以读出此位,写入 0 会将该位清零,写 1 无效。“rc w1”则是写 1 清零,写 0 无效。参考手册的“文中的缩写”部分对手册中所用的缩写给出了详细的说明。

2. 输出数据寄存器(Output Data Register,ODR)

图 6.11 为输出数据寄存器,高 16 位同样为保留位,低 16 位可读写,控制 GPIO 端口中 16 个 IO 引脚的输出。将 IO 引脚设置为通用目的的输出模式后,就可以通过写 ODR 寄存器控制 IO 引脚输出高电平或低电平了。ODR 寄存器是可以读的,读 ODR 寄存器可以了解 IO 引脚当前的输出情况。

地址偏移：0x0C

复位值：0x00000000

31	30	29	28	27	26	25	24	23	22	21	20	19	18	17	16
保留															

15	14	13	12	11	10	9	8	7	6	5	4	3	2	1	0
ODR15	ODR14	ODR13	ODR12	ODR11	ODR10	ODR9	ODR8	ODR7	ODR6	ODR5	ODR4	ODR3	ODR2	ODR1	ODR0
rw	rw	rw	rw	rw	rw	rw	rw	rw	rw	rw	rw	rw	rw	rw	rw

位31:16	保留，始终读为0
位15:0	ODRy[15:0]：端口输出数据(y=0..15) 这些位可读可写,并只能以字(16位)的形式操作 注：对GPIOx_BSRR(x=A..E)可以分别地对各个ODR位进行独立的设置/清除

图 6.11　输出数据寄存器 ODR

一个 GPIO 模块有 16 个 IO 引脚,根据需求可以将部分引脚设置为输入模式,部分引脚设置为输出模式。编程操作时需要注意写 ODR 寄存器时只应该改变指定 IO 引脚的状态,保持其他引脚的状况不变。尤其是当引脚设置为输入上拉或输入下拉模式时,如果改写 ODR 寄存器时,改变了这些引脚在 ODR 寄存器中对应位的值,那么这些引脚的输入模式被破坏,就无法从 IDR 寄存器正确输入 IO 引脚的状态了。

3. 按位置位/复位寄存器(Bit Set-Reset Register,BSRR)

BSRR 为 32 位的只写寄存器。寄存器的低 16 位为“按位置位”BSy(y=0..15),而高 16 位为“按位复位”BRy(y=0..15)。BSRR 寄存器写入 1 的位可以将对应的 IO 引脚置位或清零,而写入 0 的位没有任何作用。若 BSy 与 BRy 都为 1,则进行置位操作。

通过写 BSRR 寄存器改变输出引脚状态,其实质依然是改写 ODR 寄存器,所以写 BSRR 寄存器后,会发现 ODR 寄存器的值随之改变。但是通过 BSRR 寄存器可以方便地将 GPIO 模块中指定 IO 引脚置位或复位,保持 GPIO 模块其他 IO 的状态不变。

4. 按位复位寄存器(Bit Reset Register,BRR)

BRR 寄存器的高 16 位保留,只有低 16 位有效。只能对 BRR 寄存器进行写操作,不能读。BRR 寄存器写入 1 的位将对应的 IO 引脚复位,即 IO 引脚输出低电平,而写入 0 的位无任何作用。

总体来说,对于设置为通用目的输出模式的 IO 引脚来说,通过改写 ODR、BSRR 和

BRR 寄存器都可以控制 IO 引脚输出高、低电平。编程改写 ODR 寄存器时需要注意只改写指定位，而保持其他位不变。而只写的 BSRR 和 BRR 寄存器只有写入 1 的位有效，写入 0 的位无任何作用，通过改写这两个寄存器，可以方便地将指定位置位或清零，而保持其他位不变。

例 6.3：设已经将 GPIOC 端口的 PC2、PC3 初始化为输出推挽模式，而 PC8、PC9 初始化为输入上拉模式，编程控制 PC2、PC3 依次输出 01、10。

方法 1：直接改写 ODR 寄存器。

改写 ODR 寄存器时应先读回 ODR，然后再通过按位与、按位或和按位异或运算，将指定位清零、置位或求反。

```
uint16_t  odrval;
…  //省略初始化部分的代码
while(1)
{    //PC3,2 = 10
     odrval  =  GPIOC->ODR;          //读回 ODR
     odrval &=  0xfff3;   //d3d2 清 0, 其他位不变, 0xfff3 二进制为 1111 1111 1111 0011
     odrval |=  0x0008;   //d3 位置 1, 其他位不变, 0x0008 二进制为 0000 0000 0000 1000
     GPIOC->ODR  =  odrval;         //写 ODR
     delay(0x10000);                //延时
     //PC3,2 = 01
     GPIOC->ODR  =  GPIOC->ODR ^ 0x000c; //读出 ODR, d3d2 位求反再写回 ODR, 0x 0c 为 0000 1100
     delay(0x10000);                //延时
}
```

方法 2：写 BSRR 寄存器。

写 BSRR 或 BRR 寄存器，实质是改写 ODR 寄存器。每写一次 BSRR 或 BRR 寄存器，ODR 寄存器值随之改变。进入 Debug 环境，单步调试程序时只会看到 ODR 寄存器的变化情况。

```
uint16_t  odrval;
…  //省略初始化部分的代码
while(1)
{    GPIOC->BSRR  =  0x00040008;        //PC3 置 1, PC2 清 0
     delay(0x10000);                    //delay
     GPIOC->BSRR  =  0x00080004;        //PC3 清 0, PC2 置 1
     delay(0x10000);                    //delay
};
```

6.2.2 GPIO 库函数

教学视频

1. 访问 GPIO 模块寄存器

在 stm32f10x.h 头文件中为 GPIO 模块寄存器定义了结构体数据类型 GPIO_

Typedef，并且给出了 GPIOA～GPIOG 宏定义，这些宏将对应模块的起始地址强制转换成 GPIO_Typedef 类型的指针，相关代码截图见图 6.12。

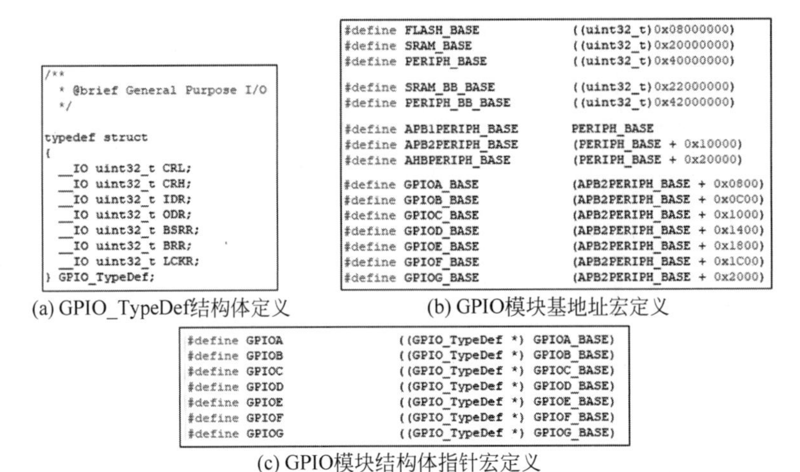

```
/**
  * @brief General Purpose I/O
  */

typedef struct
{
  __IO uint32_t CRL;
  __IO uint32_t CRH;
  __IO uint32_t IDR;
  __IO uint32_t ODR;
  __IO uint32_t BSRR;
  __IO uint32_t BRR;
  __IO uint32_t LCKR;
} GPIO_TypeDef;
```

(a) GPIO_TypeDef结构体定义

```
#define FLASH_BASE          ((uint32_t)0x08000000)
#define SRAM_BASE           ((uint32_t)0x20000000)
#define PERIPH_BASE         ((uint32_t)0x40000000)

#define SRAM_BB_BASE        ((uint32_t)0x22000000)
#define PERIPH_BB_BASE      ((uint32_t)0x42000000)

#define APB1PERIPH_BASE     PERIPH_BASE
#define APB2PERIPH_BASE     (PERIPH_BASE + 0x10000)
#define AHBPERIPH_BASE      (PERIPH_BASE + 0x20000)

#define GPIOA_BASE          (APB2PERIPH_BASE + 0x0800)
#define GPIOB_BASE          (APB2PERIPH_BASE + 0x0C00)
#define GPIOC_BASE          (APB2PERIPH_BASE + 0x1000)
#define GPIOD_BASE          (APB2PERIPH_BASE + 0x1400)
#define GPIOE_BASE          (APB2PERIPH_BASE + 0x1800)
#define GPIOF_BASE          (APB2PERIPH_BASE + 0x1C00)
#define GPIOG_BASE          (APB2PERIPH_BASE + 0x2000)
```

(b) GPIO模块基地址宏定义

```
#define GPIOA               ((GPIO_TypeDef *) GPIOA_BASE)
#define GPIOB               ((GPIO_TypeDef *) GPIOB_BASE)
#define GPIOC               ((GPIO_TypeDef *) GPIOC_BASE)
#define GPIOD               ((GPIO_TypeDef *) GPIOD_BASE)
#define GPIOE               ((GPIO_TypeDef *) GPIOE_BASE)
#define GPIOF               ((GPIO_TypeDef *) GPIOF_BASE)
#define GPIOG               ((GPIO_TypeDef *) GPIOG_BASE)
```

(c) GPIO模块结构体指针宏定义

图 6.12　GPIO 模块寄存器的相关定义

程序中只要包含了 stm32f10x.h 头文件，就可以直接通过 GPIOA、GPIOB 等结构体指针访问硬件模块中的寄存器了。头文件中定义了 GPIOA～GPIOG，但是应注意不同单片机中集成的 GPIO 模块个数不同，本书所用的 STM32F103VE 型号内部只集成了 5 个 GPIO 模块，编程时只能使用 GPIOA～GPIOE。如果错误地访问没有的硬件模块，那么代码执行时会发生硬件故障。软件设计时需要注意所选用的单片机集成了多少片上硬件模块。

2. 常用库函数

表 6.1 中列出了与通用目的 IO 引脚操作相关的 GPIO 库函数。常用的函数有初始化函数 GPIO_Init()，读入输入 IO 引脚的函数 GPIO_ReadInputDataBit()、GPIO_ReadInputData()，设置输出 IO 引脚电平的函数 GPIO_SetBits()、GPIO_ResetBits()、GPIO_Write()。

表 6.1　GPIO 库函数列表

函　数　名	功 能 描 述
GPIO_DeInit	将外设 GPIOx 寄存器重设为默认值
GPIO_Init	根据 GPIO_InitStruct 中指定的参数初始化外设 GPIOx 寄存器
GPIO_StructInit	把 GPIO_InitStruct 中的每一个参数按默认值填入
GPIO_ReadInputDataBit	读取指定端口引脚的输入
GPIO_ReadInputData	读取指定的 GPIO 端口输入
GPIO_ReadOutputDataBit	读取指定端口引脚的输出
GPIO_ReadOutputData	读取指定的 GPIO 端口输出
GPIO_SetBits	设置指定的数据端口位

续表

函　数　名	功 能 描 述
GPIO_ResetBits	清除指定的数据端口位
GPIO_WriteBit	设置或者清除指定的数据端口位
GPIO_Write	向指定 GPIO 数据端口写入数据

若需要使用 GPIO 库函数，那么必须在 Manage Run-Time Environment 中选中 GPIO 模块及其依赖模块，如图 6.13 所示。C 源文件中只需要包含 stm32f10x.h 头文件就可以调用 GPIO 库函数了，这个头文件包含所需要的其他系统头文件。

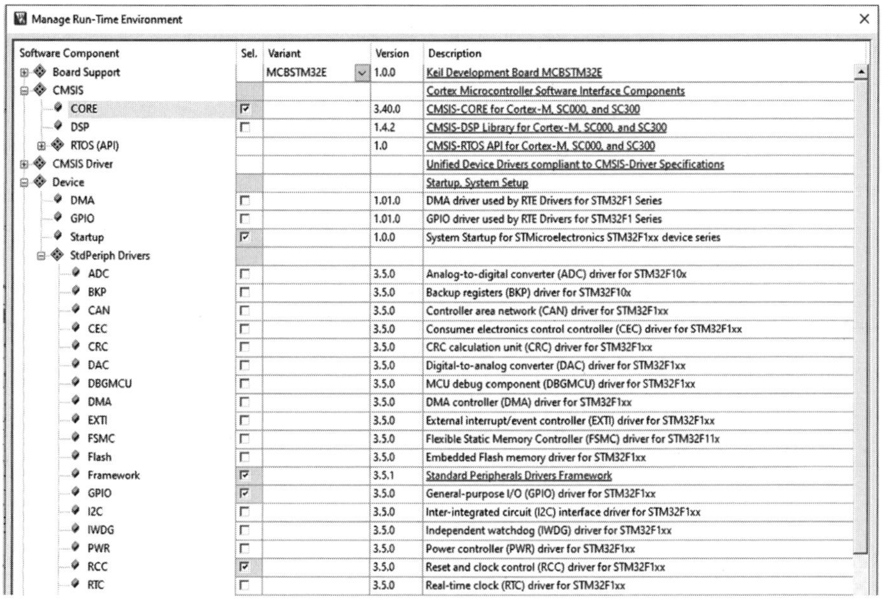

图 6.13　运行环境配置

(1) GPIO_Init()函数

函数声明及相关参数定义见图 6.14，头文件 stm32f10x_gpio.h 中包含所有 GPIO 接口函数的函数声明，以及 GPIO 模块相关的定义。

驱动库头文件中为接口函数定义了大量的结构体数据类型、枚举数据类型以及宏定义，这些对象的名字非常长，名字本身就能说明它的作用，例如 GPIO_Mode_Out_PP 或 GPIO_Speed_2MHz，从名字就能看出这个定义的作用，大大增加了程序的可读性。

长名称增加了可读性，却为编写程序带来了一定的不便。C 语言是区分字母大小写的编程语言，这意味着代码中必须准确无误地写出这些很长的名称。实际编程中最好复制粘贴这些定义的符号，以免由于大小写或一字之差导致编译错误。

Keil 5 中编译项目后，在函数名、数据类型名或其他标识符上右击，会弹出快捷菜单，选择"Go To Definition Of 'xxx'"就能跳转到符号'xxx'的定义处，如图 6.15 所示。驱动库文件中提供了非常详细的注释，一般通过阅读注释信息，就能够了解函数的功能、宏定

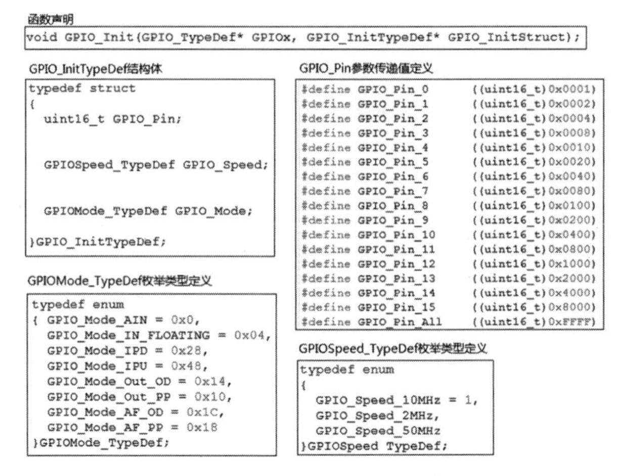

函数声明

```
void GPIO_Init(GPIO_TypeDef* GPIOx, GPIO_InitTypeDef* GPIO_InitStruct);
```

GPIO_InitTypeDef结构体

```
typedef struct
{
  uint16_t GPIO_Pin;

  GPIOSpeed_TypeDef GPIO_Speed;

  GPIOMode_TypeDef GPIO_Mode;

}GPIO_InitTypeDef;
```

GPIO_Pin参数传递值定义

```
#define GPIO_Pin_0      ((uint16_t)0x0001)
#define GPIO_Pin_1      ((uint16_t)0x0002)
#define GPIO_Pin_2      ((uint16_t)0x0004)
#define GPIO_Pin_3      ((uint16_t)0x0008)
#define GPIO_Pin_4      ((uint16_t)0x0010)
#define GPIO_Pin_5      ((uint16_t)0x0020)
#define GPIO_Pin_6      ((uint16_t)0x0040)
#define GPIO_Pin_7      ((uint16_t)0x0080)
#define GPIO_Pin_8      ((uint16_t)0x0100)
#define GPIO_Pin_9      ((uint16_t)0x0200)
#define GPIO_Pin_10     ((uint16_t)0x0400)
#define GPIO_Pin_11     ((uint16_t)0x0800)
#define GPIO_Pin_12     ((uint16_t)0x1000)
#define GPIO_Pin_13     ((uint16_t)0x2000)
#define GPIO_Pin_14     ((uint16_t)0x4000)
#define GPIO_Pin_15     ((uint16_t)0x8000)
#define GPIO_Pin_All    ((uint16_t)0xFFFF)
```

GPIOMode_TypeDef枚举类型定义

```
typedef enum
{ GPIO_Mode_AIN = 0x0,
  GPIO_Mode_IN_FLOATING = 0x04,
  GPIO_Mode_IPD = 0x28,
  GPIO_Mode_IPU = 0x48,
  GPIO_Mode_Out_OD = 0x14,
  GPIO_Mode_Out_PP = 0x10,
  GPIO_Mode_AF_OD = 0x1C,
  GPIO_Mode_AF_PP = 0x18
}GPIOMode_TypeDef;
```

GPIOSpeed_TypeDef枚举类型定义

```
typedef enum
{
  GPIO_Speed_10MHz = 1,
  GPIO_Speed_2MHz,
  GPIO_Speed_50MHz
}GPIOSpeed_TypeDef;
```

图 6.14　GPIO_Init()函数

```
void GPIO_DeInit(GPIO_TypeDef* GPIOx);
void GPIO_AFIODeInit(void);
void GPIO_Init(GPIO_TypeDef* GPIOx, GPIO_InitTyp
void GPIO_StructInit(GPIO_InitTypeDef* GPIO_Init
uint8_t GPIO_ReadInputDataBit(GPIO_TypeDef* GPIO
uint16_t GPIO_ReadInputData(GPIO_TypeDef* GPIOx)
uint8_t GPIO_ReadOutputDataBit(GPIO_TypeDef* GPI
uint16_t GPIO_ReadOutputData(GPIO_TypeDef* GPIOx)
void GPIO_SetBits(GPIO_TypeDef* GPIOx, uint16_t
void GPIO_ResetBits(GPIO_TypeDef* GPIOx, uint16_
void GPIO_WriteBit(GPIO_TypeDef* GPIOx, uint16_t
void GPIO_Write(GPIO_TypeDef* GPIOx, uint16_t Po
void GPIO_PinLockConfig(GPIO_TypeDef* GPIOx, uin
void GPIO_EventOutputConfig(uint8_t GPIO_PortSou
void GPIO_EventOutputCmd(FunctionalState NewStat
void GPIO_PinRemapConfig(uint32_t GPIO_Remap, Fu
void GPIO_EXTILineConfig(uint8_t GPIO_PortSource,
void GPIO_ETH_MediaInterfaceConfig(uint32_t GPIO
```

Split Window horizontally
Go To Definition Of 'GPIO_InitTypeDef'
Go To Reference To 'GPIO_InitTypeDef'
Insert/Remove Bookmark　Ctrl+F2
Undo　Ctrl+Z
Redo　Ctrl+Y
Cut　Ctrl+X
Copy　Ctrl+C
Paste　Ctrl+V
Select All　Ctrl+A
Outlining
Advanced

图 6.15　快速跳转到对象定义的位置

义或枚举类型数据项的含义，然后复制粘贴相关的符号即可。

（2）读入输入引脚状态的接口函数

对于初始化设定为通用目的输入模式的 IO 引脚来说，可以调用以下两个函数读入 IO 引脚的状态：GPIO_ReadInputData()函数和 GPIO_ReadInputDataBit()函数。

前者返回指定的 GPIO 模块所有 16 个 IO 引脚的状态，函数定义如下。函数体中只有两行代码，其中 assert_param()宏用于检查传递参数的有效性，所有的库函数中都调用了这个宏；第二行代码返回 IDR 寄存器，所以这个接口函数实际上就是读 GPIO 模块的 IDR 寄存器。

```
uint16_t GPIO_ReadInputData(GPIO_TypeDef * GPIOx)
{ assert_param(IS_GPIO_ALL_PERIPH(GPIOx));        /* Check the parameters */
  return ((uint16_t)GPIOx->IDR);
}
```

GPIO_ReadInputDataBit()函数返回指定的 GPIO 模块中某个 IO 引脚的状态，函数定义如下。这个函数还是读入 IDR 寄存器，然后判断指定位为 1 还是 0。

```
uint8_t GPIO_ReadInputDataBit(GPIO_TypeDef * GPIOx, uint16_t GPIO_Pin)
{    uint8_t bitstatus = 0x00;
     /* Check the parameters */
  assert_param(IS_GPIO_ALL_PERIPH(GPIOx));
  assert_param(IS_GET_GPIO_PIN(GPIO_Pin));

  if ((GPIOx -> IDR & GPIO_Pin) != (uint32_t)Bit_RESET)
  {    bitstatus = (uint8_t)Bit_SET;
  }
  else
  {    bitstatus = (uint8_t)Bit_RESET;
  }
  return bitstatus;
}
```

(GPIOx-> IDR & GPIO_Pin)逻辑运算表达式，将 IDR 寄存器的值与指定引脚的值按位相与，其他位全部清零，只保留指定引脚对应位的值，所以结果为零或非零，就代表了指定位的状态。如果指定位状态不等于 Bit_RESET，就返回 Bit_SET。

读输入 IO 引脚的两个接口函数都是读入 IDR 寄存器，编程时也可以不调用接口函数，直接读 IDR 寄存器，这样更灵活便捷。

(3) 设置输出引脚状态的接口函数

设置输出引脚状态的函数共有 4 个，其函数声明如下。

```
void GPIO_SetBits(GPIO_TypeDef * GPIOx, uint16_t GPIO_Pin);
void GPIO_ResetBits(GPIO_TypeDef * GPIOx, uint16_t GPIO_Pin);
void GPIO_WriteBit(GPIO_TypeDef * GPIOx, uint16_t GPIO_Pin, BitAction BitVal);
void GPIO_Write(GPIO_TypeDef * GPIOx, uint16_t PortVal);
```

从函数名可以看出函数功能，其中 GPIO_SetBits()和 GPIO_ResetBits()分别实现置位和复位多个 IO 引脚；GPIO_WriteBit()只能设置一个 IO 引脚状态；GPIO_Write()函数直接改写 GPIO 模块的端口状态，即改变 16 个 IO 引脚的状态。

函数定义上方有详细的说明，描述了函数功能，以及函数参数的限制，学习库函数时应该仔细阅读关于函数的描述。GPIO_SetBits()函数的函数定义及描述如下，对于参数 GPIO_Pin 的描述中说明这个参数可以是 GPIO_Pin_x 的任意组合，x 可以是(0..15)。

```
/**
  * @brief Sets the selected data port bits.
  * @param GPIOx: where x can be (A..G) to select the GPIO peripheral.
  * @param GPIO_Pin: specifies the port bits to be written.
  *   This parameter can be any combination of GPIO_Pin_x where x can be (0..15).
  * @retval None
  */
```

```
void GPIO_SetBits(GPIO_TypeDef * GPIOx, uint16_t GPIO_Pin)
{   /* Check the parameters */
  assert_param(IS_GPIO_ALL_PERIPH(GPIOx));
  assert_param(IS_GPIO_PIN(GPIO_Pin));
  GPIOx->BSRR = GPIO_Pin;
}
```

仔细分析上述接口函数的具体代码，会发现 GPIO_SetBits()函数就是写 BSRR 寄存器，GPIO_ResetBits()函数就是写 BRR 寄存器，而 GPIO_Write()函数就是写 ODR 寄存器。

程序设计中可以不调用这些接口函数，而直接编程操作这些寄存器。

6.2.3 GPIO 的按位操作——位带别名区

Cortex-M3 存储器映像包括两个位带(Bit Band)：一个在片上 SRAM 地址区间，另一个在片上外设地址区间，如图 6.16 所示。

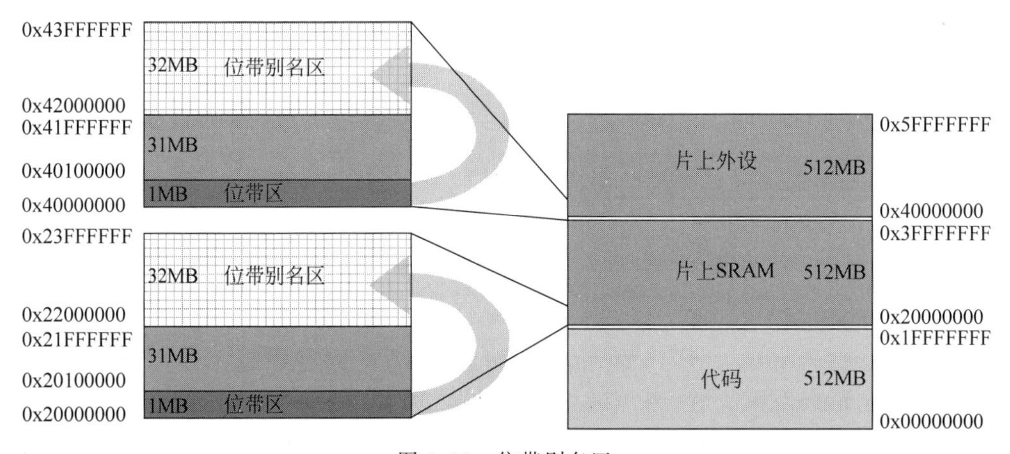

图 6.16 位带别名区

位带区中每个字节的每个二进制位映射到位带别名区中占据一个字(Word，即 4 字节)的地址。对位带别名区的一个字进行读或写操作，实质上就是读写位带区中某个字节的一个二进制位。从图 6.16 可以看出，从 0x4000 0000 开始的 1MB 地址都属于位带区，参考手册 2.3 节中给出了所有片上外设的地址范围，所有片上外设都在这 1MB 的位带区范围内，因此通过位带别名区可以对所有片上外设寄存器中的每个二进制位单独进行读写操作。

由于位带区的每个二进制位在位带别名区占一个字的地址，一个字节有 8 个二进制位，在位带别名区就需要占据 32 字节地址，所以位带区中的一个字节，偏移地址用 byte_offset 表示，该字节的第 i 位，映射到位带别名区的地址，计算公式如下：

$$位带别名区地址=位带别名区基地址+byte\_offset\times 32+i\times 4$$

例 6.4：写出 GPIOB 模块 CRL 寄存器映射到位带别名区的地址。

① 确定寄存器地址。

在参考手册中可以查到，GPIOB 模块的地址范围从 0x4001 0C00 开始，参考手册 7.2 节详细讲述了 GPIO 模块中每个寄存器，CRL 寄存器有 32 位，其偏移地址为 0x00，综合上述信息可以确定 GPIOB 模块 CRL 寄存器的地址为 0x4001 0C00。

② 计算 CRL 寄存器 d0 位在位带别名区地址。

片上外设位带别名区基地址为 0x4200 0000，位带区基地址为 0x4000 0000，计算可得寄存器在位带区的偏移地址为 0x0001 0C00。

根据公式计算，可得 CRL 寄存器 d0 位映射到位带别名区的地址为

0x4200 0000＋0x0001 0C00×0x20＋0×0x04＝0x4200 0000＋0x0021 8000＝0x4221 8000

CRL 寄存器 d0 位映射到位带别名区，占 4 字节，地址为 0x4221 8000～0x4221 8003。

③ 依序写出 CRL 寄存器所有二进制位在位带别名区地址。

CRL 寄存器 d0～d31 位映射到位带别名区，下面列出各位的起始地址。

d0 位：0x4221 8000；d1 位：0x4221 8004；d2 位：0x4221 8008；d3 位：0x4221 800C

d4 位：0x4221 8010；d5 位：0x4221 8014；d6 位：0x4221 8018；d7 位：0x4221 801C

…

d28 位：0x4221 8070；d29 位：0x4221 8074；d30 位：0x4221 8078；d31 位：0x4221 807C

GPIO 模块的输入数据寄存器(IDR)用于输入 IO 引脚状态，输出数据寄存器 ODR 控制 IO 引脚的输出，在编程控制中常常需要单独读或写某个 IO 引脚的状态，可以定义宏，实现对这两个寄存器的按位读或按位写操作。

在参考手册中可以查到 GPIO 模块内 IDR 寄存器的偏移地址为 0x08，ODR 寄存器的偏移地址为 0x0C，头文件 stm32f10x.h 中定义了大量的宏，声明了各个区间的起始地址、总线起始地址以及所有片上外设的起始地址，GPIO 模块相关定义见图 6.17。

```
#define FLASH_BASE            ((uint32_t)0x08000000)
#define SRAM_BASE             ((uint32_t)0x20000000)
#define PERIPH_BASE           ((uint32_t)0x40000000)

#define SRAM_BB_BASE          ((uint32_t)0x22000000)
#define PERIPH_BB_BASE        ((uint32_t)0x42000000)

#define FSMC_R_BASE           ((uint32_t)0xA0000000)

/*!< Peripheral memory map */
#define APB1PERIPH_BASE        PERIPH_BASE
#define APB2PERIPH_BASE        (PERIPH_BASE + 0x10000)
#define AHBPERIPH_BASE         (PERIPH_BASE + 0x20000)

                    ...

#define GPIOA_BASE            (APB2PERIPH_BASE + 0x0800)
#define GPIOB_BASE            (APB2PERIPH_BASE + 0x0C00)
#define GPIOC_BASE            (APB2PERIPH_BASE + 0x1000)
#define GPIOD_BASE            (APB2PERIPH_BASE + 0x1400)
#define GPIOE_BASE            (APB2PERIPH_BASE + 0x1800)
#define GPIOF_BASE            (APB2PERIPH_BASE + 0x1C00)
#define GPIOG_BASE            (APB2PERIPH_BASE + 0x2000)
```

图 6.17　stm32f10x.h 头文件中的宏定义

GPIO 模块起始地址加 0x08 就是 IDR 寄存器地址，加 0x0C 就是 ODR 寄存器地址，下面的代码中分别为 IDR 和 ODR 寄存器定义了带参数的宏，参数指定寄存器的二进制位，后面的表达式计算指定二进制位映射到位带别名区的地址。

```
#define PAin(bit_num)      \
*((__IO uint32_t *)(PERIPH_BB_BASE + ((GPIOA_BASE + 8 - PERIPH_BASE)<< 5) + (bit_num << 2)))
#define PAout(bit_num)      \
*((__IO uint32_t *)(PERIPH_BB_BASE + ((GPIOA_BASE + 12 - PERIPH_BASE)<< 5) + (bit_num << 2)))
```

由于表达式过长，将宏定义拆分成两行，第一行后用连接符“\”续接。PERIPH_BB_BASE 为位带别名区基地址，而表达式（GPIOA_BASE＋8-PERIPH_BASE）计算出 GPIOA 模块的 IDR 寄存器相对于外设基地址的偏移量，得到位带区偏移地址 byte_offset。

计算公式中 byte_offset 需要×32，表达式中的“<<”是按位左移操作符，左移一位等同于×2，“<< 5”就实现了×32 运算。参数 bit_num 指定具体二进制位，“bit_num << 2”实现了×4 运算。表达式计算出指定 IDR 寄存器中指定的二进制位在位带别名区地址后，用（__IO uint32_t * ）将其强制转换为无符号整型指针。有了上述宏定义后，编写程序时只需要用以下语句就可以读入 IDR 寄存器位状态，或改写 ODR 寄存器指定引脚状态。

```
x = PAin(7);          //读入 PA7 输入引脚的状态
PAout(3) = 1;         //将 PA3 输出引脚置 1
```

例 6.5：通过位带别名区，实现对 GPIO 模块的按位操作。

例 6.2 中通过 PB0 引脚读入按键状态，通过 PA0～PA3 引脚控制 4 个小灯亮、灭，实现了可调速的流水灯控制，在例 6.2 参考例程基础上，修改代码，改为通过位带别名区控制 IO 引脚。

为方便操作，编写了 GPIOBitBand.h 头文件，头文件中为所有 GPIO 模块的 IDR 和 ODR 寄存器定义了相关的带参宏，实现按位操作，这个头文件就保存在项目文件夹下的 Users 文件夹下。

main.c 源程序中只要包含了这个头文件，就可以方便地对 IO 引脚进行按位操作了。main()函数中初始化部分的代码不变，只需修改 while(1)循环体中对于输入和输出引脚操作部分的代码。

```
while(1)
    {   if(PBin(0) == 0)   //读入 PB0 引脚状态，判断是否为低电平，即判断按键是否按下
            dltime = 0x80000;          //按键按下，快速
        else
            dltime = 0x120000;         //按键松开，慢速
        //PA0 输出 1,其他输出 0
        PAout(0) = 1;
        PAout(1) = 0;
        PAout(2) = 0;
```

```
        PAout(3) = 0;
        delay(dltime);              //延时
        // PA1 输出 1, 其他输出 0
        PAout(0) = 0;
        PAout(1) = 1;
        PAout(2) = 0;
        PAout(3) = 0;
        delay(dltime);              //延时
        // PA2 输出 1, 其他输出 0
        PAout(0) = 0;
        PAout(1) = 0;
        PAout(2) = 1;
        PAout(3) = 0;
        delay(dltime);              //延时
        //PA3 输出 1, 其他输出 0
        PAout(0) = 0;
        PAout(1) = 0;
        PAout(2) = 0;
        PAout(3) = 1;
        delay(dltime);              //延时
    };
```

总体来说，对通用目的输入输出 IO 引脚的读写操作有 3 种编程操作方法：调用库函数；直接读写 IDR 或 ODR 寄存器；通过位带别名区按位操作寄存器。

通过位带别名区，可以方便地读或写单个 IO 引脚，即等效于读写 IDR 或 ODR 寄存器中的某个二进制位。当需要操作单个 IO 引脚时，采用这种方法比较方便，但需要预先定义相应的宏，项目中需要包含相关头文件，并且在 C 源程序中需要包含该头文件。

如果需要同时操作一个 GPIO 模块中的多个 IO 引脚，那么直接读写 ODR 寄存器比较方便。如果需要将指定 IO 引脚置位或复位，那么可以直接改写 BSRR 或 BRR 寄存器。

IDR 寄存器为只读寄存器，可以直接读取 16 个 IO 引脚的状态。IDR 寄存器只反映初始化为输入模式的 IO 引脚的电平状态，对于输出模式的 IO 引脚，不能通过读 IDR 寄存器来判断引脚输出电平状态。

ODR 寄存器为可读写的寄存器，读 ODR 会返回当前 ODR 寄存器的值，而改写 ODR 寄存器，会直接改变 16 个 IO 引脚的输出情况。注意，对于那些初始化为输入模式的 IO 引脚，不能改变它们在 ODR 寄存器中对应位的状态，否则输入上拉或输入下拉模式无法正常工作。所以写 ODR 寄存器时需要注意只改变当前需要操作的 IO 引脚，而保持其他无关 IO 引脚的对应位不变。

CMSIS 提供了多个操作 IO 引脚的接口函数，这些库函数实质上就是在操作 IDR、ODR、BSRR 或 BRR 寄存器，所以初学时可以先掌握通过库函数操作 IO 引脚的方法，熟悉后建议直接操作寄存器。

对于初始化为输入模式的IO引脚，应该读IDR寄存器，了解输入IO引脚的状态。

对于初始化为输出模式的IO引脚，应该访问ODR寄存器。通过BSRR或BRR寄存器对输出IO引脚进行置位或复位操作，操作结果都直接反映在ODR寄存器上。读ODR寄存器可以了解当前输出的情况，而改写ODR寄存器可以直接改变16个IO引脚的输出情况。

6.3 应用实例——8段LED显示控制

教学视频

6.3.1 一位8段LED显示控制

1. 8段LED显示模块简介

8段LED就是将8个发光二极管排列成图形“8.”，集成在一个元件上，如图6.18(a)所示。8段LED显示模块分为“共阴”和“共阳”两种类型。共阴8段LED就是元件中将8个发光二极管的阴极连接到一起，作为位选控制信号引出。共阳8段LED就是将阳极连在一起，作为位选控制信号。

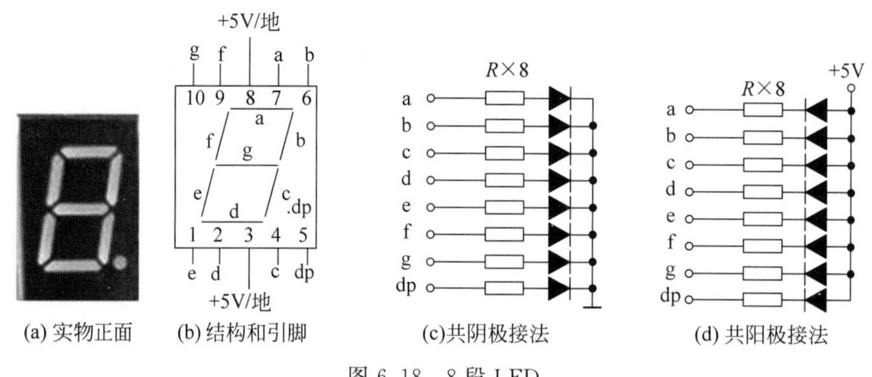

(a) 实物正面 (b) 结构和引脚 (c)共阴极接法 (d) 共阳极接法

图6.18 8段LED

对于共阴8段LED来说，应该将位选接地，而共阳8段LED的位选应该接单片机电源正极，早期单片机为5V供电，现在单片机多为3.3V供电，所以图6.18中的+5V指代单片机电源的正极，为5V或3.3V。

8段LED显示模块内没有集成限流电阻，接口电路中需要外接限流电阻，对于5V或3.3V供电的单片机接口电路来说，限流电阻阻值可以在几百欧姆到1kΩ之间。

只有当位选信号有效时，这一位8段LED才可能显示，具体显示的信息由引脚a～dp决定。每个引脚控制一个LED的亮灭，称为“段选”信号。当位选有效时，通过8个IO引脚控制8个段选信号，控制IO引脚输出高、低电平，就能控制8段LED显示指定的图形了。对于共阴8段LED来说，位选信号为低电平有效，而段选信号为高电平有效。以a段作为最低位，dp段作为最高位，形成1字节的字型码。表6.2为共阴8段LED的字型码，字型码中 dp 段为右下方的小数点，始终为 0，熄灭状态。

表 6.2 共阴 8 段 LED 的字型码

数字	0	1	2	3	4	5	6	7	8	9
字型码	0x3f	0x06	0x5b	0x4f	0x66	0x6d	0x7d	0x07	0x7f	0x6f

共阳 8 段 LED 的位选信号为高电平有效，而段选信号为低电平有效，其字型码与共阴 8 段 LED 的字型码恰恰相反，只需要将共阴 8 段 LED 的字型码按位求反，就能得到共阳 8 段 LED 的字型码了。

2. 一位 8 段 LED 显示模块的接口电路设计

一位 8 段 LED 显示模块上印刷有型号，一般 AS 为共阴，BS 为共阳。一位 8 段 LED 显示模块上、下各有 5 个引脚，中间那个引脚为位选信号，上、下中间两个引脚之间是导通的，都是位选信号，剩余的 8 个引脚分别为 8 个段选信号，引脚情况参见图 6.18(b)。

若印刷字体模糊，不能确定型号，可以用万用表测量。将红色表笔接中间的位选，黑色表笔碰触其他段选信号，若相应段点亮，则说明为共阳 8 段 LED；反过来，将黑色表笔接位选，而红色表笔碰触段选，相应段点亮，则为共阴 8 段 LED。相应段点亮时，万用表上会显示二极管的正向导通压降，一般为 1.7V 左右。

8 段 LED 显示模块内部没有集成限流电阻，在面包板上搭建接口电路时必须接入限流电阻，如图 6.19 所示。图 6.19 中所接 8 段 LED 为 0.56 英寸的共阳 8 段 LED，型号为 5161BS。限流电阻阻值为 510Ω。

限流电阻横向排列，注意需要留出后续接 IO 引脚的位置。电阻一定要贴近面包板，不要竖立在空中。电阻为金属外壳，放置元件时应注意相邻的两个电阻不要碰触到对方。

一位 8 段 LED 的接口电路中可以直接将位选信号接为有效，也可以通过 IO 引脚控制位选信号。接口电路中直接接为有效，即连接单片机最小板的 3.3V 引脚。

将单片机最小系统板上的 PC0～PC7 引脚分别与 LED 的段选信号 a～dp 相连，在面包板上实现硬件连接，接好后的电路如图 6.20 所示。

图 6.19 8 段 LED 接口电路

图 6.20 8 段 LED 的硬件连接

合理安排面包板上的空间，保留前面的按键小灯接口电路，在左侧放置了一位 8 段 LED 的接口电路，位选引脚接到面包板上标注为“+”的一行上，并将单片机最小板上的

3.3V 引脚接到这一行。这一行通常用于接电源的正极，图 6.20 中面包板左侧实线覆盖的一行插孔之间相互导通。

选择 IO 引脚控制 8 段 LED 的段选信号时，最好选择一个 GPIO 模块中的低 8 位引脚或高 8 位引脚，方便后续编程控制 LED 的显示，但是在单片机最小板上这些 IO 引脚的位置可能是分散的，接线时应注意找对引脚位置。

3. 一位 8 段 LED 的软件设计

控制 8 段 LED 显示指定的数字，也就意味着需要向 GPIO 端口输出相应数字的字型码，而字型码是固定不变的，所以程序中可以定义一个数组来存放字型码，并且这个数组最好定义为 const 类型的常数数组，这样既可以避免程序中错误地修改字型码数组，又能够不占用有限的 SRAM 存储空间。默认情况下 Keil 软件在片上 Flash 存储器中为常数分配存储空间。

控制 8 段 LED 段选信号的 IO 引脚都应该初始化为输出推挽模式，最好为一个 GPIO 端口的低 8 位或高 8 位 IO 引脚，不要分散到多个 GPIO 端口。编程控制 IO 输出指定字型码时，比较适合采用直接读写 ODR 寄存器的操作模式，此时需要注意只修改指定 IO 引脚的状态，ODR 寄存器中其他位状态应该保持不变。

例 6.6：一位共阳 8 段 LED 依次循环显示 0～9。

① 硬件连接

位选直接接高电平，PC0～PC7 分别控制 a～dp 段，限流电阻阻值可以为 500Ω～1kΩ，接口电路如图 6.19 所示。

② 软件设计

步骤 1：定义字型码数组，注意定义为 const uint8_t 类型数组。

步骤 2：开启 GPIOC 时钟，初始化 PC0～PC7 引脚，配置为输出推挽模式。

通常初始化了输出引脚后，应该设置引脚输出的初始状态。这里可以控制 IO 引脚输出高电平，关闭 8 段 LED 显示，作为显示模块的初始显示状态。

步骤 3：在 while(1)循环体中改写 GPIOC 的 ODR 寄存器，依次输出字型码。

main()函数的程序段如下。

```
//定义字型码数组，共阴字型码按位求反后，就是共阳字型码
const uint8_t GLedSeg[10] = {～0x3f, ～0x06, ～0x5b, ～0x4f, ～0x66, ～0x6d, ～0x7d,
～0x07, ～0x7f, ～0x6f};
int main(void)
{   GPIO_InitTypeDef gpioinit;
    uint16_t valueODR;
    uint8_t i = 0;
    RCC_APB2PeriphClockCmd(RCC_APB2Periph_GPIOC, ENABLE); //开启 GPIOC 时钟
    //初始化 PC0 ～ PC7,推挽模式
gpioinit.GPIO_Pin = GPIO_Pin_0|GPIO_Pin_1|GPIO_Pin_2|GPIO_Pin_3|GPIO_Pin_4|GPIO_Pin_5|
GPIO_Pin_6|GPIO_Pin_7;
```

```
        gpioinit.GPIO_Mode = GPIO_Mode_Out_PP;          //推挽模式
        gpioinit.GPIO_Speed = GPIO_Speed_2MHz;          //速度
        GPIO_Init(GPIOC, &gpioinit); //初始化 PC0 ~ PC7
        //初始全部输出高电平，关闭 LED 显示
        GPIOC->ODR = GPIOC->ODR|0x00ff;                 //ODR 寄存器低 8 位置 1
        while(1)
        {   for(i=0;i<10;i++)
            {   valueODR = GPIOC->ODR;                  //读回 ODR
                valueODR &= 0xff00;                     //低 8 位清 0，高 8 位保持不变
                valueODR |= (uint16_t)(GLedSeg[i]);     //根据字型码，将 valueODR 低 8 位置 1
                GPIOC->ODR = valueODR;                  //写入 ODR
                delay(0x300000);                        //延时
            }
        };
    }
```

由于字型码数组定义为 uint8_t 类型，也就是 8 位无符号整型，而 ODR 寄存器为 16 位，变量 valueODR 为 uint16_t 类型，因此要将 8 位的字型码写入变量 valueODR 的低 8 位，并保持变量的高 8 位不变。程序中做了两步操作：首先将变量 valueODR 低 8 位清 0，然后通过按位相或运算符“|”将字型码写入 valueODR 变量，(uint16_t)GLedSeg[i]将 GLedSeg[i]强制转换为无符号 16 位整型。

按位相与运算符“&”可以实现将指定二进制位清 0，其他二进制位保持不变。按位相或运算符“|”可以实现将指定二进制位置 1，其他二进制位保持不变。

进入 Debug 环境单步调试程序，在 Watch 窗口中添加数组 GLedSeg，根据数组地址可以确定常数数组 GLedSeg 在 Flash 存储器中，如图 6.21 所示。如果删除 const 关键字，定义可读写的全局变量，编译连接后，那么在 Debug 环境下会观察到数组地址属于 SRAM 存储区范围了。

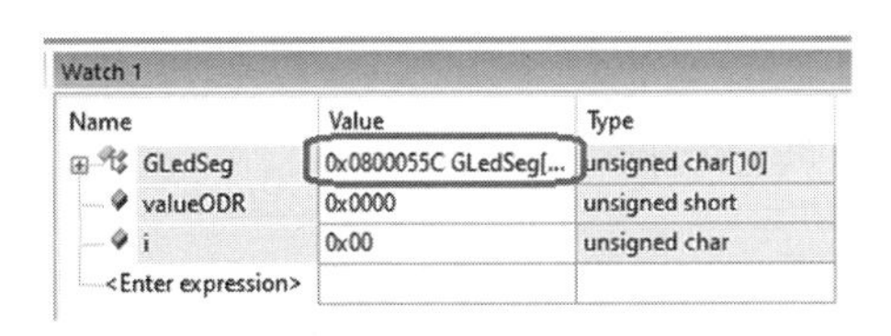

图 6.21　常数数组 GLedSeg

例 6.7：在例 6.6 的基础上加入按键控制，按键按下时 8 段 LED 依次轮流显示偶数，按键松开时依次轮流显示奇数。

① 硬件连接

PC7～PC0 连接了 8 段 LED 的段选信号 dp～a，PC8 连接自锁按键，按键的另一端直接接地，即单片机最小系统板上的 GND 引脚，按键接口电路参见图 6.9。

② 软件设计

由于按键一端接 PC8 引脚，另一端直接接地，因此 PC8 引脚的工作模式必须初始化为输入上拉模式。按键松开时读入 PC8 状态为高电平，而按键按下时按键的两个引脚之间导通，读入 PC8 状态为低电平。

在例 6.6 的基础上添加按键控制，读入单个 IO 引脚状态，这适合通过位带别名区实现。为节省篇幅，下面只列出 main()函数中 while(1)循环体部分的程序。

```
i = 10;
while(1)
{   i += 2;
    if(i > 9)
    {   if(PCin(8) == 0)                    //按键按下，显示偶数
            i = 0;
        else                                //按键松开，显示奇数
            i = 1;
    }
    valueODR = GPIOC->ODR;                  //读回 ODR
    valueODR &= 0xff00;                     //低 8 位清 0
    valueODR |= (uint16_t)(GLedSeg[i]);     //低 8 位写入字型码，高 8 位不变
    GPIOC->ODR = valueODR;
    delay(0x300000);                        //延时
};
```

PC8 作为输入引脚，初始化为输入上拉模式，而输入上拉模式会将 ODR 对应位置 1，如果改写 ODR 时改变了高 8 位，那么读 PC8 引脚就可能无法读入高电平状态了。

运行参考例程就会发现，改变按键状态后，显示不会立即切换，而是在当前轮次的数字显示完毕后，才会根据按键状态，切换为奇数或偶数显示。如果希望按下松开按键后，下一显示数字马上随之改变，就需要修改控制逻辑，这个优化工作留给读者完成。

6.3.2 多位 8 段 LED 显示控制

1. 多位 8 段 LED 显示模块简介

多位 8 段 LED 是将多个 8 段 LED 的 a 段全部连接在一起，通过一个引脚 a 引出；b 段接在一起，通过引脚 b 引出；以此类推。多位 8 段 LED 显示模块就是将多位 LED 的 8 个段接在一起，通过一个段选口控制，而将每一位 8 段 LED 的位选信号分别引出。图 6.22 为共阳 4 位 8 段 LED 模块 4041BH。

2. 多位 8 段 LED 的接口电路设计

由于多位 8 段 LED 的段选信号并接在一起，通过一个段选口控制，因此多位显示实际上是每次控制一位 8 段 LED 显示指定数值，快速刷新多位 8 段 LED 的显示内容，由于

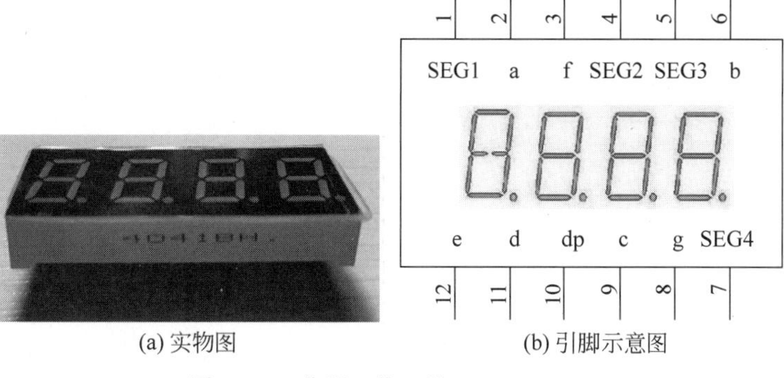

(a) 实物图 (b) 引脚示意图

图 6.22 共阳 4 位 8 段 LED4041BH

人眼有“视觉暂停”效果，看起来就好像多位 8 段 LED 同时在显示不同的数值。

刷新显示时需要依次让一位 8 段 LED 显示，而其他 8 段 LED 熄灭，不显示，所以接口设计中每一位 8 段 LED 的位选不能直接接为有效，而需要通过 IO 引脚控制。8 个段选信号由 8 个 IO 引脚分别控制，同样需要接入限流电阻。在没有进一步分析 IO 引脚的电气特性之前，直接通过单片机 IO 引脚控制 LED 的位选和段选。由于面包板一列只有 5 个插孔，所以设计接口电路时需要仔细考虑布局。可以将限流电阻布置在器件旁边，通过公对公的面包板连接线进行电路连接，接口电路布局如图 6.23 所示。限流电阻布局非常紧凑，注意不要碰触到对方，以免意外短接。

分配单片机 IO 引脚时，位选信号最好是连续的 4 位 IO 引脚，段选信号最好是一个 GPIO 端口的低 8 位或高 8 位。位选和段选可以选用不同的 GPIO 端口，也可以用一个 GPIO 端口实现控制。

STM32F103VET6 单片机集成了 5 个 GPIO 端口，在不启用其他片上外设的情况下，可以用 GPIOE 的 PE8～PE15 控制段选信号 a～dp，用 PE0～PE3 控制位选，用 GPIOE 端口实现对 4 位 8 段 LED 的控制。

图 6.23 4 位 8 段 LED 接口电路布局

3. 多位 8 段 LED 的软件设计

控制多位 8 段 LED“同时”显示不同的数字时，程序需要不停地刷新每一位 8 段 LED 的显示，这样程序连续运行时才能看到多位显示的效果，并且控制每一位 8 段 LED 显示后，必须有一定的延时时间。需要根据显示效果调整延时时间的长短，延时时间过长，看起来是多位轮流显示，而不是同时显示；延时时间过短，则会有“重影”，看起来好像两位 8 段 LED 的显示重叠在一位上。

例 6.8：控制 4 位 8 段 LED 显示 1234。

① 硬件连接

PE8～PE15 控制 4 位 8 段 LED 的段选 a～dp，PE0～PE3 控制位选 SEG1～SEG3。

② 软件设计

省略初始化部分的代码，main()函数中 while(1)循环体部分程序如下。

```
i = 0;
while(1)
{    i++;
     if(i > 4)
         i = 1;
     //控制位选，每次只有一位有效
     valueODR = GPIOE - > ODR & 0xfff0;           //读回 ODR，低 4 位清 0
     valueODR | = (0x01 <<(i - 1));               //根据 i，设置位选
     GPIOE - > ODR = valueODR;
     //控制段选
     valueODR = GPIOE - > ODR & 0x00ff;           //读回 ODR，高 8 位清 0
     valueODR | = ((uint16_t)(GLedSeg[i]))<< 8; //字型码左移 8 位，移到高 8 位，低 8 位为 0
     GPIOE - > ODR = valueODR;
     delay(0x8000);                               //延时
};
```

程序中使用了左移运算符“<<”。对于位选控制来说，当 i=1 时 4 位位选应该为 0001，i=2 时位选应该为 0010，i=3 和 i=4 时位选分别为 0100 和 1000。可以看出，随着 i 的增加，位选信号的有效位(即为 1 的位)分别左移了 1 位、2 位和 3 位，程序中用 (0x01 <<(i−1))表达式根据当前 i 值计算出位选信号。

段选信号的控制中需要注意段选 IO 引脚为高 8 位，需要改写 ODR 寄存器的高 8 位，所以需要将字型码左移 8 位。由于 GLedSeg 数组为 uint8_t 类型，所以必须先强制转换为 uint16_t 类型，再进行左移操作。例 6.8 显示效果如图 6.24 所示。

图 6.24　4 位 8 段 LED 的显示效果

例 6.9：控制 4 位 8 段 LED 显示 uint8_t 类型变量 var 的值。

① 硬件连接

硬件连接不变，与例 6.8 一致。

② 软件设计

var 变量的取值范围为 0～255，只需要显示 3 位数值。按照习惯，宜选用 4 位 8 段 LED 右边的 3 位来显示，并且应该根据变量 var 的值，灵活控制显示位数，高位的 0 不应该显示出来。

在算法上，可以先拆分出 var 变量从高到低的 3 位十进制数值，然后再从高到低依序显示每一位数据。

```
var = 69;
while(1)
```

```
{   //拆分 var 变量各位数值
    dec[0] = var/100;                       //百位
    tmp = var % 100;                        //% 取余运算,tmp 为 var/100 的余数
    dec[1] = tmp/10;                        //十位
    dec[2] = tmp % 10;                      //个位
    //调整待显示位数, 高位的 0 不显示
    tmp = 0;
    if(dec[0] == 0)
    {   tmp++;
        if(dec[1] == 0)
            tmp++;
    }
    while(tmp < 3)
    {   //控制位选, tmp 为 0 时显示百位, 从 seg2 开始显示
        valueODR = GPIOE -> ODR & 0xfff0;       //读回 ODR, 低 4 位清 0
        valueODR |= (0x02 <<(tmp));
        GPIOE -> ODR = valueODR;
        //控制段选
        valueODR = GPIOE -> ODR & 0x00ff;       //读回 ODR, 高 8 位清 0
        valueODR |= ((uint16_t)(GLedSeg[dec[tmp]]))<< 8;      //dec[tmp]为待显示数值
        GPIOE -> ODR = valueODR;
        delay(0x8000);
        tmp++;
    };
};
```

程序根据 var 变量的具体数值,灵活控制显示的位数,在右边的 3 位 8 段 LED 上显示出 var 的值。

调整延时函数 delay()的参数数值可以改变延时时间长短,当参数数值为 0x8000 时为短延时,这时看上去多位 LED“同时”显示不同的数值。如果将参数数值设置为 0x400000,那么延时时间较长,显示效果就是一位一位 LED 轮流显示。

6.4 IO 引脚的电气特性

STM32F10x 系列单片机电源电压为 3.3V。3.3V 供电单片机的 IO 引脚是否能够控制 5V 供电的硬件模块,IO 引脚的驱动电流是否足以驱动外部硬件模块,这需要了解数字电路的逻辑电平规定,以及单片机 IO 引脚的电气特性。

晶体管(Transistor)和 CMOS(Complimentary MOS)管是制造大规模集成电路的两种基本元件,利用这两种技术制造的集成芯片的逻辑电平规定是不同的,分别称为“TTL 电平”和“CMOS 电平”,这是数字电路中最常见的两种逻辑电平,大多数硬件模块都采用这两种逻辑电平之一。

为了确保芯片之间能够级联,即一个芯片输出的高、低电平,传输到下一个芯片作为

输入信号时，芯片能够正确识别接收到信号的逻辑电平，数字电路对输入端和输出端的电平要求不同，简单地说，输出端逻辑电平的要求比输入端更严格一些。

输入端高、低电平电压阈值分别用符号 V_{IH} 和 V_{IL} 表示，输出端高、低电平电压阈值分别用符号 V_{OH} 和 V_{OL} 表示，要求高于相应阈值为逻辑高电平，而低于相应阈值为逻辑低电平。逻辑电平规定中 V_{OH} 会大于 V_{IH}，而 V_{OL} 会小于 V_{IL}，两者之间的差值就是噪声容限。噪声容限指明了前后两级数字芯片之间信号传输过程中可以在承受多大噪声的情况下后一级芯片依然能够正确识别信号的逻辑电平。

由于通过引脚流入或流出芯片电流的大小对引脚电平有影响，所以当引脚输出高电平时，随着输出电流增大，引脚输出的电压幅值会随之降低；反之，输出低电平时随着电流增大，引脚输出的电压幅值会增大，因此逻辑电平规范中还会说明在确保逻辑电平有效的情况下，能够提供的最大电流，即芯片的驱动能力。通常以流入芯片作为电流的正方向，所以流出芯片的电流为负电流。

随着技术的发展，为满足低功耗需求，数字集成芯片的电源电压也有所变化，目前常见的数字芯片电源电压幅值有 5V 和 3.3V 两种。数字芯片电源电压幅值限定了芯片输出逻辑电平的最大值，也限制了芯片能够承受的最大输入电压幅值。

6.4.1 TTL 电平

TTL(Transistor-Transistor Logic)电平指晶体管-晶体管逻辑电平，供电电源要求一般在 5V±0.5V。TTL 数字芯片中比较常见的有 74 系列和 54 系列集成芯片，两者的主要区别在于工作环境温度和允许的电源电压变化范围。74 系列也不断在更新换代，降低功耗，提高工作速度，减小传输延迟，所以在 74 系列之后又推出了 74S 系列、74LS 系列、74AS 等。不同系列芯片的逻辑电平有微小差别。为满足降低芯片功耗的要求，数字芯片的电源电压从 5V 降低到 3.3V，后来又进一步降低到 2.5V。对应的逻辑电平标准称为“LV TTL”电平，这里的“LV”是指“Low Voltage”，即低电压。表 6.3 中列出了 TTL 以及 LVTTL 逻辑电平规定。

表 6.3 TTL 逻辑电平规定

系列	电 源	$V_{OH(min)}$	$V_{OL(max)}$	$V_{IH(min)}$	$V_{IL(max)}$
TTL	5V	2.4V	0.4V	2.0V	0.8V
LVTTL	3.3V	2.4V	0.4V	2.0V	0.8V
LVTTL	2.5V	2.0V	0.2V	1.7V	0.7V
74LS	4.5～5.5V	2.7V	0.5V	2.0V	0.8V

TTL 为电流控制型元件，其输入端需要有一定的输入电流。74LS 系列芯片输入低电平时输入端电流 $I_{IL(max)}$ 为－0.4mA，而输入高电平时输入端电流 $I_{IH(max)}$ 为 20μA。为了确保 TTL 元件的输出能够驱动下一级 TTL 元件，其输出端必须具有一定的电流驱动能力。74LS 系列芯片输出低电平时能够承受的最大电流 $I_{OL(max)}$ 为 8mA，而输出高

电平时能够输出的最大电流 $I_{OH(max)}$ 为-0.4mA。

数字集成电路芯片的驱动能力指芯片带动负载的能力,即芯片的输出端能够提供的电流大小。一个 TTL 负载电流为 1.6mA,而 LS TTL 负载电流为 0.4mA,有时芯片会以能够驱动的负载个数来说明自己的驱动能力。

6.4.2 CMOS 电平

CMOS 集成芯片的静态功耗很小,远远低于 TTL 集成芯片,并且 CMOS 芯片的供电电压范围比较宽,理论上电压可以为 3～15V,具体情况要看芯片数据手册中的规定。CMOS 逻辑电平与电源电压 V_{DD} 有关,输出逻辑高电平时输出电压接近电源电压,低电平接近电源地。由于 CMOS 的输入阻抗远远大于 TTL,输入端具有很宽的噪声容限,远远大于 TTL。

常用的 CMOS 数字芯片包括 74HC 和 74HCT 系列,以及低电压的 74LVC 系列。这里"HC"指"High-Speed CMOS",而"HCT"同样是高速 CMOS,但是兼容 TTL。74HC 系列芯片的供电电压范围较宽,通常 2～6V 都可以;而 74HCT 系列芯片供电电压一般要求为 4.5～5.5V。表 6.4 列出了 5V 供电的 CMOS 电平以及低电压 CMOS 电平。

表 6.4 CMOS 逻辑电平规定

系列	电　源	$V_{OH(min)}$	$V_{OL(max)}$	$V_{IH(min)}$	$V_{IL(max)}$
CMOS	5V	4.45V	0.5V	3.5V	1.5V
LVCMOS	3.3V	3.2V	0.1V	2.0V	0.7V
LVCMOS	2.5V	2.0V	0.1V	1.7V	0.7V

CMOS 集成电路为电压控制型元件,其输入端阻抗很大,需要的输入电流可以忽略不计。74HC/74HCT 系列芯片的带负载能力为 4mA 左右,与 74LS 系列的驱动能力相当。74HC 系列的逻辑电平与 74LS 之间不匹配,不能混用,而 74HCT 系列兼容 TTL,电源电压为 5V 时,其逻辑电平完全与 TTL 兼容,可以与 TTL 系列芯片混合使用。

6.4.3 IO 引脚的电气特性

在数据手册的"IO 端口特性"节中,明确说明所有的 IO 引脚都兼容 TTL 和 CMOS 电平,这意味着 IO 引脚可以控制 TTL 和 CMOS 电平的数字芯片。同时数据手册中还给出了 IO 引脚的静态电气特性,见表 6.5。从表中可以看出,IO 引脚作为输出引脚,其输出高、低电平的电压幅值完全满足 TTL 和 CMOS 输入端的电平要求,可以放心地用 STM32 单片机的 IO 引脚输出控制 TTL 或 CMOS 电平的外设。

当 IO 引脚作为输入引脚时,单片机供电电压为 3.3V,单片机引脚能够承受的最大电压为 $V_{DD}+0.5$V,即 3.8V,超过它,可能导致引脚损坏,甚至可能烧毁单片机芯片。为了使单片机能够控制 5V 供电的外设,有一部分 IO 引脚专门设计能够承受 5V 的电压,称为“5V 耐受”(Five-volt Tolerant,FT),这些引脚被标注为“FT”。FT 引脚能够承受的最大电压为 5.5V,所以连接 5V 外设时应该注意选择耐受 5V 的 IO 引脚。

表 6.5　IO 引脚静态电气特性

符号	说　明	条　件	最小值	典型值	最大值	单位
V_{IL}	输入低电平电压	TTL 端口	−0.5		0.8	V
V_{IH}	标准 IO 输入高电平电压		2		$V_{DD}+0.5$	
	FT* IO 输入高电平电压		2		5.5	
V_{IL}	输入低电平电压	CMOS 端口	−0.5		$0.35V_{DD}$	V
V_{IH}	输入高电平电压		$0.65V_{DD}$		$V_{DD}+0.5$	
V_{OL}	IO 引脚输出低电平电压	TTL 端口 $I_{IO}=+8mA$ $2.7V<V_{DD}<3.6V$			0.4	V
V_{OH}	IO 引脚输出高电平电压		$V_{DD}-0.4$			
V_{OL}	IO 引脚输出低电平电压	CMOS 端口 $I_{IO}=+8mA$ $2.7V<V_{DD}<3.6V$			0.4	V
V_{OH}	IO 引脚输出高电平电压		2.4			

数据手册中说明了 IO 引脚的驱动能力为±8mA,即 IO 引脚输出高电平时可以向外输出−8mA 的拉电流,而输出低电平时可以承受流入 8mA 的灌电流。如果输出低电平时对低电平电压幅值要求不高,那么可以承受+20mA 的灌电流。这里指单个 IO 引脚的电流驱动能力。

在数据手册的“绝对最大额定值”节中说明了电流特性,通过供电电源流入或流出单片机的总电流最大为 150mA,而任意一个 IO 引脚或控制引脚输出的电流最大/小为±25mA。

设计中往往会用到多个片上硬件模块,以及多个 IO 引脚,多个 IO 引脚的电流总和,加上所有使能了的片上硬件模块的功耗,总电流不能超过 150mA。项目设计时需要留出一定的裕量,确保系统可以长期稳定运行。

教学视频

6.4.4　IO 引脚控制外设

(1) IO 引脚控制 3.3V 外设。由于 IO 引脚兼容 CMOS 电平和 TTL 电平,所以所有的 IO 引脚可以控制 3.3V 供电的数字芯片。

(2) IO 引脚控制 5V 外设。由于单片机为 3.3V 供电,所以正常情况下,单片机引脚承受的最大电压不应该超过 3.3V,为了连接控制 5V 外设,特别设计了一部分 IO 引脚,使其能够承受 5V 的电压,所以控制 5V 外设时应该选择标注为“FT”的 IO 引脚。

若连接不当,则可能导致单个 IO 引脚损坏,极端情况下可能损坏单片机芯片。

(3) IO 引脚控制其他幅值外设。对于供电电压不是 5V 也不是 3.3V 的外设来说,IO 引脚输出高电平的电压幅值可能不满足要求,这时需要将 IO 引脚设置为开漏输出模式,由外部上拉电路决定高电平的电压幅值,满足外设逻辑电平的要求。

(4) 电流驱动能力。IO引脚有一定的电流驱动能力，最好不要超过±8mA，这是IO引脚可以正常长期工作的电流值。如果外设需要较大的驱动电流，那么应该使用专门的驱动芯片，或者添加外部的驱动电路，以提供大电流，IO引脚仅仅作为控制信号，输出高、低电平实现控制，而不负责提供电流。

设计中所有IO引脚驱动电流总和不能超过最大额定值，设计时要留出足够的裕量，以避免长期运行过程中瞬时功耗过高，导致器件损坏。

6.5 IO引脚的复用功能AFIO

6.5.1 IO引脚的复用功能

单片机内部集成有多个硬件模块，这些硬件模块需要与外部的硬件模块进行信息交互。片上硬件模块使能后，会使用某些IO引脚作为自己的控制信号线或数据信号线，这时这些IO引脚就是启用了"复用功能IO"(Alternative Function IO，AFIO)。例如，STM32F10x系列单片机支持两种调试接口：JTAG和SWD。复位后在默认情况下，两种调试接口都使能了，仿真器可以选择任意一种调试接口连接单片机开发板。JTAG接口和SWD接口都需要与仿真器之间进行信息交互，需要多根信号线，图6.25说明了调试接口所用的IO引脚，硬件设计时应该避开这些IO引脚。

复用功能	GPIO端口
JTMS/SWDIO	PA13
JTCK/SWCLK	PA14
JTDI	PA15
JTDO/TRACESWO	PB3
JNTRST	PB4
TRACECK	PE2
TRACED0	PE3
TRACED1	PE4
TRACED2	PE5
TRACED3	PE6

图6.25 调试接口所用IO引脚

通常情况下，片上硬件模块使用哪些IO引脚，作为什么信号线，这些都是固定的。一旦开启了片上硬件模块的时钟，使能了硬件模块，这些IO引脚就不能再用作通用目的IO，而是启用了复用功能，应该根据其复用功能完成IO引脚的初始化。为了方便开发，STM32F10x单片机提供了重映射功能，针对具体某个片上硬件模块，启用重映射功能，可以将该硬件模块的引脚整体重新映射到新的一组IO引脚上。不是所有的单片机型号都支持重映射功能，有些硬件模块的重映射功能只有大容量单片机才有，有些只针对64引脚和100引脚封装的单片机。

参考手册"复用功能IO和调试配置(AFIO)"部分中列出了片上硬件模块默认的复用功能IO引脚以及重映射的IO引脚。图6.26为定时器4复用功能及重映射情况。定时器 4 有 4 个通道 CH1～CH4，没有启用重映射时默认使用 PB6～PB9 作为 4 个通道的引脚，而启用重映射后，则改为使用 PD12～PD15 作为 4 个通道的引脚，原来的 PB6～PB9 就可以释放出来，作为通用目的 IO 引脚，或者作为其他片上硬件模块的复用功能引脚。

复用功能	TIM4_REMAP=0	TIM4_REMAP=1(1)
TIM4_CH1	PB6	PD12
TIM4_CH2	PB7	PD13
TIM4_CH3	PB8	PD14
TIM4_CH4	PB9	PD15

(1) 重映像只适用于64引脚和100引脚的封装。

图 6.26 定时器 4 的 AFIO 引脚

部分 IO 引脚具有复用功能，并且具有多种复用功能，想要对 IO 引脚的复用功能有一个整体的认识，就需要查阅数据手册。数据手册的引脚定义表中说明了单片机所有引脚复位后的主功能、默认的复用功能以及重映射的复用功能，如图 6.27 所示。

脚位						引脚名称	类型(1)	I/O电平(2)	主功能(3)（复位后）	可选的复用功能	
BGA144	BGA100	WLCSP64	LQFP64	LQFP100	LQFP144					默认复用功能	重定义功能
E10	D8	D8	5	81	114	PD0	I/O	FT	OSC_IN(8)	FSMC_D2(9)	CAN_RX
D10	E8	D7	6	82	115	PD1	I/O	FT	OSC_OUT(8)	FSMC_D3(9)	CAN_TX
E9	B7	A3	54	83	116	PD2	I/O	FT	PD2	TIM3_ETR USART5_RX/SDIO_CMD	
D9	C7	—	—	84	117	PD3	I/O	FT	PD3	FSMC_CLK	USART2_CTS
C9	D7	—	—	85	118	PD4	I/O	FT	PD4	FSMC_NOE	USART2_RTS
B9	B6	—	—	86	119	PD5	I/O	FT	PD5	FSMC_NWE	USART2_TX

图 6.27 数据手册的引脚定义表

6.5.2 AFIO 重映射功能的编程操作

1. AFIO 模块的 MAPR 寄存器

只有部分片上硬件模块有重映射功能，并且复位时默认情况下所有模块的重映射功能处于禁止状态。MAPR 寄存器控制是否使能片上硬件模块的重映射功能，如图 6.28 所示。

有些硬件模块的重映射功能非常灵活，可以是完全重映射或部分重映射，由 MAPR 寄存器中对应控制位决定硬件模块重映射的情况。参考手册中非常详细地描述了寄存器控制位的功能。

地址偏移：0x04

复位值：0x0000 0000

31	30	29	28	27	26	25	24	23	22	21	20	19	18	17	16
保留					SWJ_CFG[2:0]			保留			ADC2_ETRGREG_REMAP	ADC2_ETRGINJ_REMAP	ADC1_ETRGREG_REMAP	ADC1_ETRGINJ_REMAP	TIM5CH4_IREMAP
					rw	rw	rw								

15	14	13	12	11	10	9	8	7	6	5	4	3	2	1	0
PD01_REMAP	CAN_REMAP[1:0]		TIM4_REMAP	TIM3_REMAP[1:0]		TIM2_REMAP[1:0]		TIM1_REMAP[1:0]		USART3_REMAP[1:0]		USART2_REMAP	USART1_REMAP	I2C1_REMAP	SPI1_REMAP
rw	rw	rw	rw	rw	rw	rw	rw	rw	rw	rw	rw	rw	rw	rw	rw

图 6.28　MAPR 寄存器

2. 重映射功能的库函数

CMSIS 的 GPIO 模块库函数中有一个控制引脚重映射的库函数，函数声明及相关参数定义如图 6.29 所示。

```
void GPIO_PinRemapConfig(uint32_t GPIO_Remap, FunctionalState NewState);
```

(a) 函数声明

```
@param  GPIO_Remap: selects the pin to remap.
  This parameter can be one of the following values:
    @arg GPIO_Remap_SPI1              : SPI1 Alternate Function mapping
    @arg GPIO_Remap_I2C1              : I2C1 Alternate Function mapping
    @arg GPIO_Remap_USART1            : USART1 Alternate Function mapping
    @arg GPIO_Remap_USART2            : USART2 Alternate Function mapping
    @arg GPIO_PartialRemap_USART3     : USART3 Partial Alternate Function mapping
    @arg GPIO_FullRemap_USART3        : USART3 Full Alternate Function mapping
    @arg GPIO_PartialRemap_TIM1       : TIM1 Partial Alternate Function mapping
    @arg GPIO_FullRemap_TIM1          : TIM1 Full Alternate Function mapping
    @arg GPIO_PartialRemap1_TIM2      : TIM2 Partial1 Alternate Function mapping
    @arg GPIO_PartialRemap2_TIM2      : TIM2 Partial2 Alternate Function mapping
    @arg GPIO_FullRemap_TIM2          : TIM2 Full Alternate Function mapping
    @arg GPIO_PartialRemap_TIM3       : TIM3 Partial Alternate Function mapping
    @arg GPIO_FullRemap_TIM3          : TIM3 Full Alternate Function mapping
    @arg GPIO_Remap_TIM4              : TIM4 Alternate Function mapping
    @arg GPIO_Remap1_CAN1             : CAN1 Alternate Function mapping
    @arg GPIO_Remap2_CAN1             : CAN1 Alternate Function mapping
    @arg GPIO_Remap_PD01              : PD01 Alternate Function mapping
    @arg GPIO_Remap_TIM5CH4_LSI       : LSI connected to TIM5 Channel4 input capture for calibration
    @arg GPIO_Remap_ADC1_ETRGINJ      : ADC1 External Trigger Injected Conversion remapping
    @arg GPIO_Remap_ADC1_ETRGREG      : ADC1 External Trigger Regular Conversion remapping
    @arg GPIO_Remap_ADC2_ETRGINJ      : ADC2 External Trigger Injected Conversion remapping
    @arg GPIO_Remap_ADC2_ETRGREG      : ADC2 External Trigger Regular Conversion remapping
    @arg GPIO_Remap_ETH               : Ethernet remapping (only for Connectivity line devices)
    @arg GPIO_Remap_CAN2              : CAN2 remapping (only for Connectivity line devices)
    @arg GPIO_Remap_SWJ_NoJTRST       : Full SWJ Enabled (JTAG-DP + SW-DP) but without JTRST
    @arg GPIO_Remap_SWJ_JTAGDisable   : JTAG-DP Disabled and SW-DP Enabled
    @arg GPIO_Remap_SWJ_Disable       : Full SWJ Disabled (JTAG-DP + SW-DP)
    @arg GPIO_Remap_SPI3              : SPI3/I2S3 Alternate Function mapping (only for Connectivity line devices)
                                        When the SPI3/I2S3 is remapped using this function, the SWJ is configured
                                        to Full SWJ Enabled (JTAG-DP + SW-DP) but without JTRST.
```

(b) GPIO_Remap参数

图 6.29　引脚重映射接口函数

stm32f10x_gpio.h 头文件尾部给出了 GPIO 接口库函数的声明，其中包括引脚重映射接口函数 GPIO_PinRemapConfig()，跳转到函数定义，在函数定义上方的说明中就列出了参数所有的取值。每次调用 GPIO_PinRemapConfig()接口函数只能选择列表中的一个宏作为 GPIO_Remap 参数。第二个参数取值为 ENABLE 或 DISABLE。

例 6.10：编程实现使能定时器 4 的引脚重映射功能。

只需要调用 GPIO_PinRemapConfig()接口函数就能控制重映射功能，程序片段如下。

```
RCC_APB2PeriphClockCmd(RCC_APB2Periph_AFIO, ENABLE);      //开启 AFIO 时钟
GPIO_PinRemapConfig(GPIO_Remap_TIM4, ENABLE);             //使能 TIM4 重映射功能
```

这里需要注意两点，首先，由于 AFIO 模块控制重映射功能，所以必须先开启 AFIO 模块的时钟，然后才能调用接口函数使能或禁止指定模块的重映射功能；其次，每次调用接口函数只能控制一个硬件模块的重映射功能，所以如果需要控制多个片上硬件模块的重映射功能，那么需要多次调用接口函数 GPIO_PinRemapConfig()。

6.5.3 调试端口的重映射功能

复位后默认情况下 JTAG 和 SWD 调试端口都处于使能状态，可以编程控制禁用某个调试端口，这样可以释放部分 IO 引脚，用作 GPIO 引脚。MAPR 寄存器的 SWJ_CFG[2：0]控制位可以使能或禁止调试端口，参考手册中说明了调试端口的控制情况，如图 6.30 所示。

SWJ_CFG[2:0]	可能的调试端口	SWJ I/O引脚分配				
		PA13/JTMS/SWDIO	PA14/JTCK/SWCLK	PA15/JTDI	PB3/JTDO/TRACESWO	PB4/JNTRST
000	完全SWJ(JTAG-DP＋SW-DP)(复位状态)	I/O不可用	I/O不可用	I/O不可用	I/O不可用	I/O不可用
001	完全SWJ(JTAG-DP＋SW-DP)，但没有JNTRST	I/O不可用	I/O不可用	I/O不可用	I/O不可用	I/O可用
010	关闭JTAG-DP，启用SW-DP	I/O不可用	I/O不可用	I/O可用	I/O可用(1)	I/O可用
100	关闭JTAG-DP，关闭SW-DP	I/O可用	I/O可用	I/O可用	I/O可用	I/O可用
其他	禁用					

注：I/O口只可在不使用异步跟踪时使用。

图 6.30 调试端口的重映射

GPIO_PinRemapConfig()接口函数参数的相关宏定义中定义了 3 个宏：GPIO_Remap_SWJ_NoJTRST、GPIO_Remap_SWJ_JTAGDisable、GPIO_Remap_SWJ_Disable，分别对应图 6.30 中“完全 SWJ，但没有 JNTRST”“关闭 JTAG_DP，启用 SW_DP”，以及“关闭 JTAG_DP，关闭 SW_DP”3 种情况。

注意，不要将两个调试端口都关闭了。一旦关闭调试端口后，就不能通过该接口连接仿真器。如果两个调试端口都关闭了，那么就不能通过仿真器下载和调试程序了！

通常不建议关闭任何调试端口，但如果设计确实需要使用 PB3 和 PB4，可以关闭 JTAG 调试端口，保留 SWD 调试端口，参考程序片段如下。

```
RCC_APB2PeriphClockCmd(RCC_APB2Periph_AFIO, ENABLE);      //开启 AFIO 时钟
GPIO_PinRemapConfig(GPIO_Remap_SWJ_JTAGDisable, ENABLE); //关闭 JTAG,使能 SWD 调试端口
```

第7章 秒表的实现——基本定时器

7.1 定时器原理概述

定时器实际上就是计数器，而计数器是数字电路中最常用的基本元件，能够实现测量、计数、分频等功能。按计数值变化情况，计数器可分为加 1 计数器和减 1 计数器，又称为“向上计数器”和“向下计数器”；根据计数寄存器位宽大小，可分为 8 位计数器、16 位计数器等。

定时器的核心功能就是对脉冲进行计数，其电路结构由核心的计数单元以及一些控制电路组成，结构如图 7.1 所示。计数器工作时需要先设定一个计数初值，并且记录下当前的计数值。计数初值就决定了一个计数周期中包含的脉冲个数。通常在计数器内部会有相关的寄存器来存放计数初值和当前计数值，这里称为“周期寄存器”和“计数寄存器”。

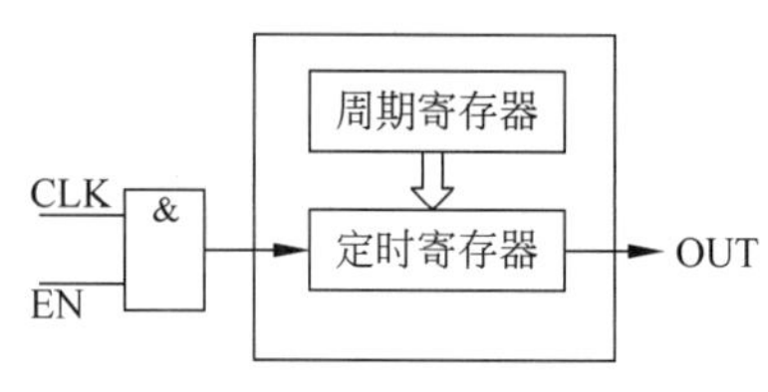

图 7.1　定时器结构示意图

在正常的计数过程中，计数器对输入的时钟信号 CLK 进行计数。通常是对时钟信号的某个边沿进行计数，每检测到时钟信号的指定边沿时，计数寄存器的数值就加 1 或减 1。

对于加 1 计数器来说，每检测到时钟信号的指定边沿时计数寄存器加 1，直到计数寄存器的数值与周期寄存器的数值相等，此时一个计数周期结束，下一个时钟边沿时计数寄存器翻转为 0，开始新的一个计数周期。对于减 1 计数器来说，每个时钟周期计数寄存器减 1，当计数寄存器的数值减为 0 时一个计数周期结束，下一个时钟边沿时重新将周期寄存器的数值加载到计数寄存器，开始新的一个计数周期。计数计数器翻转说明一个计数周期结束，开始新的一个计数周期，此时输出信号 OUT 也会发生翻转。

如果输入的 CLK 信号是频率固定的时钟信号，那么周期寄存器的计数初值 N 就设定了一个计数周期的定时时间 T，其计算公式如下：

$$T_{\text{per}} = T_{\text{CLK}} \times (N + 1) \tag{7.1}$$

周期寄存器与计数寄存器的位宽一致，计数器的位宽决定了计数器的计数范围。对于 8 位的计数器来说，两个寄存器都是 8 位的，这意味着写入周期寄存器的计数初值最大只能是 8 位二进制数，即十进制数值 255，而 16 位的计数器，计数初值最大可以达到 65 535。如果所需计数数值超过了计数器的计数范围，那么就需要使用多个计数器来实现计数了。

通常计数器都有一个使能控制信号 EN，用来控制计数功能的启停，可以使能或暂停计数功能。另外还有一个复位控制信号 RST，用来将计数器复位。

教学视频

7.2 基本定时器的工作原理

STM32F10x 系列单片机内部集成有 3 种类别的定时器，分别是基本定时器、通用定时器和高级定时器，功能依次增强。基本定时器只能实现定时功能。通用定时器在基本定时器的基础上，增加了4个通道，可以实现输入捕获或输出比较功能。高级定时器在通用定时器基础上，进一步增加了互补输出功能，可以输出一对互补的PWM信号，并且可以编程设置互补信号的“死区”时间。TIM6和TIM7为基本定时器，TIM1和TIM8为高级定时器，TIM2～TIM5为通用定时器。不同型号单片机中集成的定时器资源个数不同，具体信息可以查阅单片机的选型手册。

7.2.1 基本定时器的结构

STM32F10x单片机内部集成的定时器为16位定时器。基本定时器内部有一个计数寄存器CNT，以及一个设定定时周期的寄存器ARR，称为“自动重载寄存器”(auto-reload register)。基本定时器的内部结构如图7.2所示。

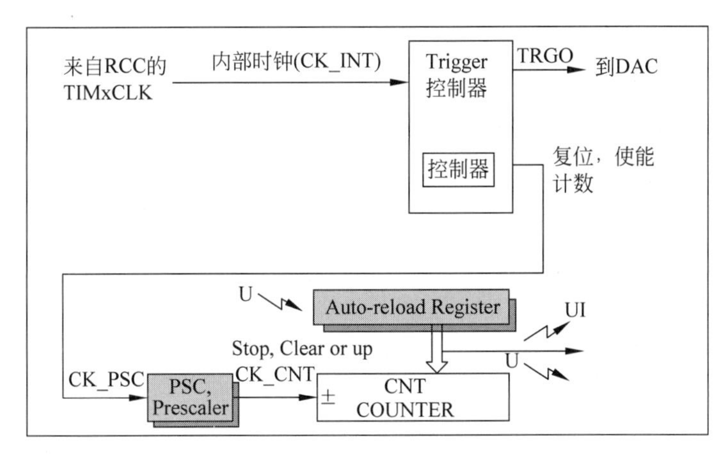

图7.2 基本定时器内部结构

作为16位定时器，基本定时器的寄存器CNT和ARR都是16位的，一个定时周期最多只能包含65 536个时钟周期。

7.2.2 基本定时器的时钟源

从图7.2可以看出，定时器的时钟来自RCC模块的TIMxCLK，这个信号作为定时器内部的时钟信号CK_INT。CK_INT时钟信号经过PSC预分频，分频后的时钟信号CK_CNT才是定时器的输入时钟。

TIMxCLK时钟来自于APB1总线时钟，如图7.3所示。AHB总线频率最大为72MHz，APB1总线频率最大为36MHz，所以APB1的预分频器应该设置为2，二分频后得到36MHz的APB1总线时钟。由于APB1的预分频数值为2，所以APB1总线经过乘以2，也就是二倍频后才是TIMxCLK时钟，提供给定时器TIM2～TIM7。

如果单片机内部的AHB、APB1和APB2总线设置为最高频率，那么定时器时钟信号TIMxCLK的频率为72MHz。

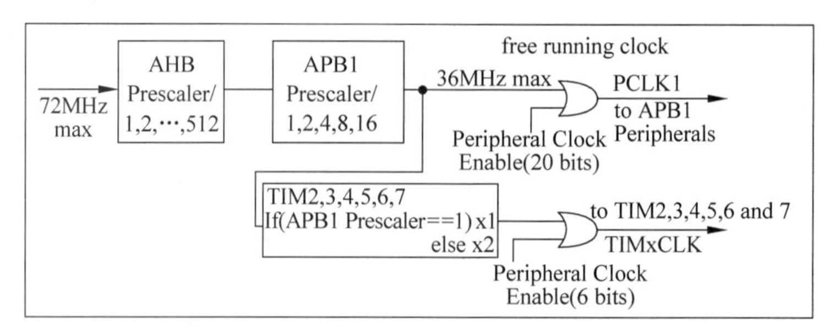

图 7.3　基本定时器的时钟源

TIMxCLK 作为内部时钟 CK_INT，经过 16 位的预分频器 PSC，分频后的 CK_CNT 信号才是定时器的输入时钟。预分频系数可以是 1～65 536 的任意数值。如果在计数过程中修改了预分频系数，那么新设定的预分频系数会在本次计数结束，启动下次计数时起作用。

7.2.3　基本定时器的计数模式

基本定时器只有一种计数模式，即向上计数模式。定时器内部只有一个 16 位的计数寄存器 CNT，对 CK_CNT 的上升沿进行加 1 计数，直到 CNT 寄存器的值与自动重载寄存器 ARR 的数值相等。当下一个上升沿到来时，CNT 寄存器重新从 0 开始计数，一次计数过程结束，重新开始新一轮计数。此时定时器会产生计数溢出事件和更新事件，若使能了中断，则会产生更新中断（Update Interrupt）。图 7.4 为计数器的时序图，图中预分频系数为 1，即不分频，而自动重载寄存器 ARR＝0x36。

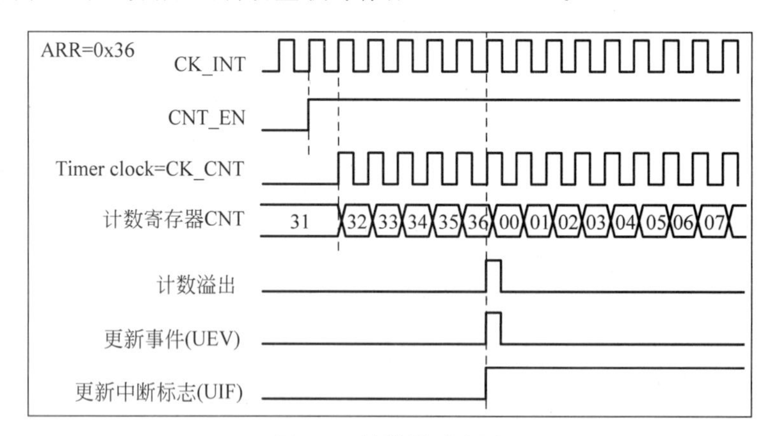

图 7.4　计数器时序图

从图 7.4 中可以看出，计数器有一个使能控制信号 CNT_EN，可以启动或暂停计数。当使能信号无效时，暂停计数，计数寄存器 CNT 的数值保持不变。使能信号为高电平时启动计数，CK_CNT 上升沿时寄存器 CNT 数值加 1。

当 CNT 寄存器数值与 ARR 中的设定值相等时，CK_CNT 的下一个上升沿时 CNT

数值翻转为0,开始新的一个计数周期。CNT寄存器翻转会触发计数溢出事件UEV以及更新中断标志UIF。产生了更新中断,也就意味着定时时间到了。

从时序图中可以看出,当CNT翻转时计数器会将更新中断标志UIF置位,硬件将标志置位后UIF标志始终保持为1,需要执行指令将UIF标志复位。

7.2.4 定时时间的计算

从图7.4可以看出,计数器对CK_CNT的脉冲进行加1计数,一个计数周期包含ARR+1个脉冲。而CK_CNT时钟是TIMxCLK预分频后的时钟信号,预分频系数由预分频寄存器PSC决定,当PSC寄存器为0时预分频系数为1。定时器时钟信号频率$f_{\mathrm{CK_CNT}}=f_{\mathrm{TIMxCLK}}/(\mathrm{PSC}+1)$,而定时时间$T=T_{\mathrm{CK_CNT}}\times(\mathrm{ARR}+1)$。定时器为16位定时器,PSC、ARR和CNT寄存器都是16位寄存器,能够写入的最大数值为65 535。

例7.1:计算PSC、ARR寄存器的值以实现定时1ms。

单片机以最高频率工作时TIMxCLK频率为72MHz。若直接将它作为定时器时钟,那么1ms定时时间需要72 000个时钟周期,超过ARR的最大值65 535,所以必须对TIMxCLK时钟信号进行预分频。

对TIMxCLK时钟进行预分频,预分频后定时器时钟CK_CNT频率为1MHz,此时定时1ms需要1000个时钟周期。

PSC=71,预分频系数为PSC+1,即72,预分频后时钟频率为1MHz。

ARR=999,定时周期包含ARR+1个时钟脉冲,定时时间为1ms。

也可以设置PSC=1,ARR=35 999,此时定时器时钟频率为36MHz,而一个定时周期包含36 000个时钟脉冲,同样实现了定时1ms功能。

7.2.5 ARR寄存器的预装载功能

自动重载寄存器ARR有一个影子寄存器,在计数过程中起作用的是影子寄存器,而编程时读写的是ARR寄存器。当计数溢出,CNT寄存器翻转,触发更新事件时,定时器将ARR寄存器的值加载到影子寄存器,所以在计数过程中修改ARR寄存器的值,并不会影响当前这次计数,而是在当前计数结束后,开始新一轮计数时才起作用。启用了预装载功能后,计数过程如图7.5所示。

在图7.5中,CNT数值为0xF1时ARR寄存器数值从原来的0xF5改变为0x36,但是ARR的影子寄存器的数值依然保持为0xF5,直到当前这次计数过程结束,CNT寄存器计数溢出翻转为0时,才将ARR寄存器的数值加载到影子寄存器中,新写入的数值0x36将对新的计数周期起作用。

使能预装载功能后,在计数过程中改写ARR寄存器,那么新写入的值将在当前计数周期结束后,下一个计数周期开始时起作用,这样每个计数周期的定时时间都由ARR决定。

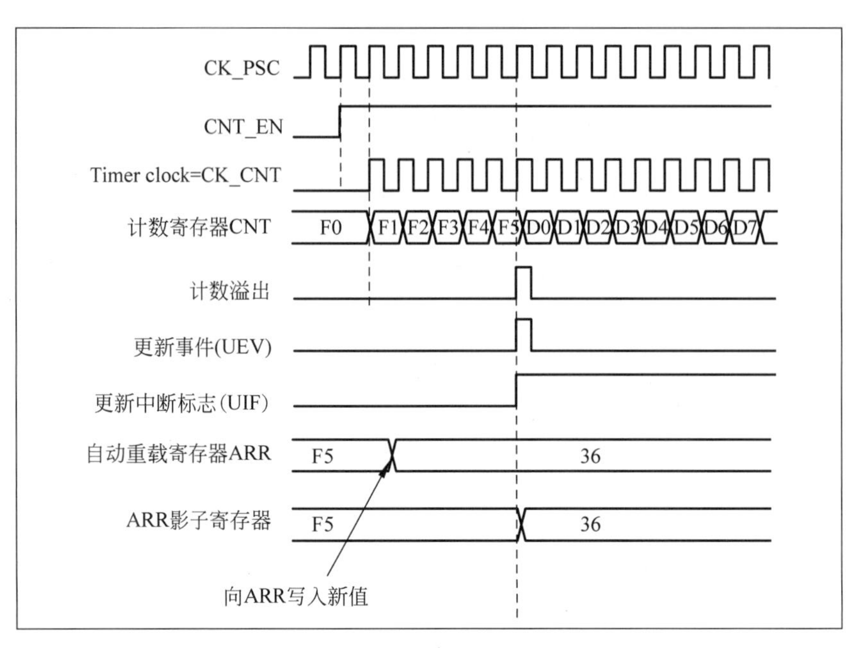

图 7.5 ARR 寄存器的预装载功能

定时器的控制寄存器 CR1 中有一个控制位 APRE，APRE 为 1 使能 ARR 的预装载功能，为 0 则禁止 ARR 的预装载功能。通常情况下，应该使能预装载功能。

7.3 基本定时器的编程操作

7.3.1 TIM6、TIM7 的相关寄存器

1. 控制寄存器 CR1

CR1 寄存器中包含定时器的使能控制位 CEN 和 ARR 预装载功能控制位 ARPE，如图 7.6 所示。

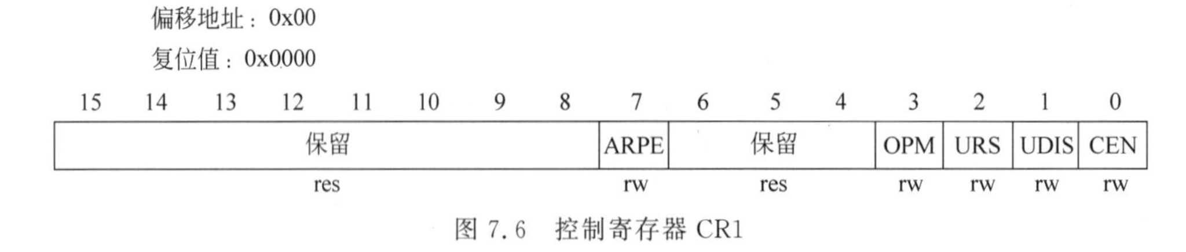

图 7.6 控制寄存器 CR1

ARPE：为 1 使能 ARR 寄存器的影子寄存器，为 0 禁止。

OPM：单脉冲模式，为 1 时完成一次计数后定时器停止，即 CEN 被自动清零。为 0 时为连续计数模式。

URS：更新请求源，选择 UEV 事件的请求源，详情参见参考手册。

UDIS：该位由软件置位或清零，为 0 时使能更新事件 UEV，为 1 时禁止 UEV。

CEN：为 0 停止计数器，为 1 使能计数器。

由于复位值为 0x0000，所以复位后默认情况下定时器禁止了 ARR 的影子寄存器，禁止了单脉冲模式，停止了定时器。

2. DMA/中断使能寄存器 DIER

DIER 寄存器中只有两个有效位：D8 位 UDE 和 D0 位 UIE，其他位均为保留位，始终为 0。

UDE：为 0 时禁止更新 DMA 请求，为 1 时使能更新 DMA 请求。

UIE：为 0 时禁止更新中断，为 1 时使能更新中断。

3. 状态寄存器 SR

16 位的状态寄存器 SR 中只有一个状态位，即 D0 位 UIF，其他位均为保留位。

UIF：更新中断标志，完成一次计数时，计数寄存器翻转为 0，此时定时器硬件产生更新中断，将 UIF 标志置位。向 UIF 标志位写入 0，可以将 UIF 标志复位。

UIF 标志为硬件置位，软件清零的标志位。向标志位写 1 无效，写 0 可以将标志位清零。

4. PSC、CNT 和 ARR 寄存器

PSC、CNT 和 ARR 都是 16 位可读写的寄存器。

PSC 为预分频寄存器，用于设置预分频系数，预分频系数为 PSC+1。PSC=0 时预分频系数为 1。PSC 寄存器有影子寄存器，每次计数结束时 PSC 的数值被加载到对应的影子寄存器中，对下一次计数起作用。

CNT 为计数寄存器，用于保存当前计数值。对定时器时钟 CK_CNT 的上升沿进行加 1 计数，直到 CNT 数值与 ARR 数值相等，CK_CNT 的下一个上升沿到来时，CNT 寄存器翻转为 0，硬件触发更新事件和更新中断，开始新一个周期的计数过程。

ARR 为自动重载寄存器，用于设定定时周期，ARR+1 为一个定时周期中包含的脉冲个数。即定时时间 $T_{PRD}=(ARR+1)\times T_{CK\_CNT}$，其中，$T_{CK\_CNT}$ 为定时器时钟信号 CK_CNT 的周期。如果写入 ARR 寄存器的计数初值为 0，那么计数器会停止工作。

ARR 寄存器也有对应的影子寄存器，起作用的是影子寄存器。一次计数结束，产生更新事件时，将 ARR 寄存器的数值加载到对应的影子寄存器中，对新一个周期的计数起作用。

ARR 寄存器的影子寄存器可以通过控制寄存器 CR1 的 ARPE 控制位来使能或禁止。

7.3.2 基本定时器的相关库函数

在 Manage Run-Time Environment 对话框中选中 TIM 组件，Keil 项目中会自动包含定时器的头文件与接口函数 C 语言源程序文件。

stm32f10x_tim.h 头文件中声明了定时器的接口函数以及相关宏定义等，有些接口函数是专门为高级定时器或通用定时器定义的，基本定时器不具备这些功能。由于 3 种类型的定时器的功能是逐渐增强的，即通用定时器能够实现基本定时器的所有功能，并在此基础上增加了一定功能。而高级定时器能够实现通用定时器的所有功能，并增加了自己独有的功能。所以本节针对基本定时器的定时功能介绍的接口函数适用于所有定时器，必要时通用定时器和高级定时器都可以当作基本定时器来使用。

为了完成基本的定时功能，CMSIS 提供了以下库函数。

时基初始化函数 TIM_TimeBaseInit()：用于设定预分频系数、计数模式、计数初值等，调用该函数完成定时器的时基初始化。

使能/禁止函数 TIM_Cmd()：用于启动或停止定时器。

使能/禁止中断函数 TIM_ITConfig()：用于使能/禁止指定的中断。基本定时器只有一个中断，即更新中断 UIF。

获取中断状态函数 TIM_GetITStatus()：用来查询指定的中断标志位的情况。在使能了对应中断的情况下，函数返回状态寄存器 SR 中指定标志位的情况。

清除中断标志函数 TIM_ClearITPendingBit()：将状态寄存器 SR 中的指定标志清零。

1. 时基初始化函数 TIM_TimeBaseInit()

时基初始化函数 TIM_TimeBaseInit()有两个参数：第 1 个参数为定时器结构体指针，第 2 个参数为 TIM_TimeBaseInitTypeDef 类型的指针。TIM_TimeBaseInitTypeDef 是在定时器库函数头文件中定义的结构体数据类型，图 7.7 中给出了函数声明以及结构体定义。

TIM_TimeBaseInitTypeDef 结构体成员后面的注释说明了结构体成员的作用以及取值范围，仔细阅读头文件中的注释即可。

对于基本定时器来说，最后两个结构体成员 TIM_ClockDivision 和 TIM_RepetitionCounter 是无用的，初始化结构体变量时最好用默认值初始化这些无用的数据成员，不要放任不理会它们。可以调用时基结构体初始化函数 TIM_TimeBaseStructInit()，函数参数为结构体指针，该函数会用默认值初始化所传参数的所有结构体成员。

TIM_Prescaler 的数值在 0x0000～0xFFFF 之间，这个值会写入定时器的 PSC 寄存器，决定定时器的预分频系数。

基本定时器只有一种计数模式，即向上计数模式，因此 TIM_CounterMode 只能赋值为 TIM_CounterMode_Up。初始化时修改定时器的 CR1 寄存器，设定计数模式。

```
void TIM_TimeBaseInit(TIM_TypeDef* TIMx, TIM_TimeBaseInitTypeDef* TIM_TimeBaseInitStruct);

typedef struct
{
  uint16_t TIM_Prescaler;        /*!< Specifies the prescaler value used to divide the TIM clock.
                                      This parameter can be a number between 0x0000 and 0xFFFF */

  uint16_t TIM_CounterMode;      /*!< Specifies the counter mode.
                                      This parameter can be a value of @ref TIM_Counter_Mode */

  uint16_t TIM_Period;           /*!< Specifies the period value to be loaded into the active
                                      Auto-Reload Register at the next update event.
                                      This parameter must be a number between 0x0000 and 0xFFFF.  */

  uint16_t TIM_ClockDivision;    /*!< Specifies the clock division.
                                     This parameter can be a value of @ref TIM_Clock_Division_CKD */

  uint8_t TIM_RepetitionCounter; /*!< Specifies the repetition counter value. Each time the RCR downcounter
                                      reaches zero, an update event is generated and counting restarts
                                      from the RCR value (N).
                                      This means in PWM mode that (N+1) corresponds to:
                                         - the number of PWM periods in edge-aligned mode
                                         - the number of half PWM period in center-aligned mode
                                      This parameter must be a number between 0x00 and 0xFF.
                                      @note This parameter is valid only for TIM1 and TIM8. */
} TIM_TimeBaseInitTypeDef;
```

图 7.7 时基初始化函数

TIM_Period 的数值会写入定时器的 ARR 寄存器，设定一个定时周期包含的时钟脉冲个数。

2. 定时器启动/暂停函数 TIM_Cmd()

时器函数 TIM_Cmd()就是将控制寄存器 CR1 中的 CEN 位置位或复位。CEN 置位时启动定时器，CNE 复位时暂停定时器的计数功能。

```
TIM_Cmd(TIM6,ENABLE);      //启动 TIM6
TIM_Cmd(TIM6,DISABLE);     //暂停 TIM6
```

由于 CR1 寄存器的复位值为 0x0000，复位后定时器处于停止状态，因此完成时基初始化后，还需要调用 TIM_Cmd()函数来启动定时器。

3. 中断配置函数 TIM_ITConfig()

基本定时器只有一个中断，即更新中断。定时器 DIER 寄存器的 UIE 位可以使能/禁止中断。

TIM_ITConfig()函数用于使能/禁止指定中断。函数实际上就是将 DIER 寄存器中的 UIE 为置位或清零。函数声明如下：

```
void TIM_ITConfig(TIM_TypeDef * TIMx,uint16_t TIM_IT,FunctionalState NewState);
```

参数 TIM_IT 说明中断类型，对于基本定时器来说，这个参数只能设置为 TIM_IT_Update，即更新中断。

参数 NewState 说明是使能还是禁止，ENABLE 为使能，DISABLE 为禁止。

4. 获取中断状态函数 TIM_GetITStatus()

返回指定中断的状态。函数声明如下：

```
ITStatus TIM_GetITStatus(TIM_TypeDef * TIMx,uint16_t TIM_IT);
```

如果使能了对应中断,那么该函数本质上就是检查状态寄存器 SR 中相应的状态标志。返回值类型 ITStatus 为枚举数据类型,返回值为 RESET,说明标志复位;SET 说明标志置位。

TIM_GetFlagStatus()函数作用与之类似,但是只返回 SR 中标志位情况,而不判断是否使能了对应中断。

5. 清除中断位函数 TIM_ClearITPendingBit()

清除中断位函数就是向 SR 对应位写入 0,将状态标志清零。

另外,TIM_ClearFlag()函数的作用与之相同,也是清除标志位。

例 7.2:定时器 TIM6 实现定时 0.2s,每隔 0.2s 将小灯状态求反,实现小灯闪烁功能。

(1) 硬件设计。

面包板上实现小灯接口电路,PC0 引脚接 LED 小灯的阳极,小灯阴极通过限流电阻接地。

PC0 输出高电平时小灯亮,输出低电平时小灯灭。

(2) 软件设计。

控制小灯亮灭,需要用到 GPIO 模块,这里通过 PC0 控制小灯。

0.2s 定时,需要用到定时器模块,这里使用 TIM6 定时器。

预分频之前的定时器时钟频率为 72MHz,通过预分频可以将时钟频率降为 100kHz。定时时间为 0.2s,所需时钟脉冲个数为 20 000。

PSC=719,ARR=19 999,可以实现定时 0.2s。

由于这里用到了 GPIOC 和 TIM6 模块,所以 main()函数中首先需要分别完成两个硬件模块的初始化,然后在 while(1)循环体中判断 TIM6 的更新标志 UIF,若定时时间到,则翻转 PC0 引脚,控制小灯亮、灭闪烁。

定时时间到时,定时器硬件自动将 UIF 标志置位,此时 main()函数的 while(1)循环体中,程序查询判断 UIF 为 1,将 PC0 引脚翻转后,注意需要软件将 UIF 标志位清零。

从项目管理的角度考虑,为按键小灯新建了 LedKey.c 和对应的头文件 LedKey.h,为定时器新建了 myTim.c 和 myTim.h 文件。

为控制小灯,定义了初始化函数 LEDKey_Init(),并在头文件中定义了宏,控制小灯亮、灭和翻转。

① 小灯初始化函数 Led_Init()。

开启 GPIOC 时钟,初始化 PC0 为输出推挽模式,初始化小灯状态,小灯熄灭。

由于 GPIO 章节对 IO 引脚的初始化以及操作方法做了详细的分析,这里省略了相关程序段,详情请参考例程。

② 定时器 TIM6 初始化函数 Tim6_Init()。

开启 TIM6 时钟,调用 TimeBaseInit()函数初始化 TIM6,由于定时器初始时钟为

72MHz，所以设置 PSC=719，PSC 加 1 即为分频系数，分频后定时器时钟为 100kHz。定时 0.2s 需要 20 000 个时钟周期，所以设置 ARR=19999，ARR+1 为定时周期的脉冲个数。

myTim.c 中定义定时器的初始化函数 Tim6_Init()，相关代码如下，在 myTim.h 中完成函数声明。

```
void Tim6_Init(void)
{    TIM_TimeBaseInitTypeDef timebase;
     RCC_APB1PeriphClockCmd(RCC_APB1Periph_TIM6, ENABLE);   //开 TIM6 时钟
     TIM_TimeBaseStructInit(&timebase);   //用默认值初始化结构体 timebase
     //初始化 TIM6, 定时时间 0.2s
     timebase.TIM_Prescaler = 719;        //定时器时钟频率 = 72MHz/(PSC+1), 即 100kHz
     timebase.TIM_Period = 19999;         // 定时时间 = (ARR+1)/frq, i.e., 0.2s
     timebase.TIM_CounterMode = TIM_CounterMode_Up;        // 向上计数模式
     TIM_TimeBaseInit(TIM6, &timebase);

     Tim6_Start();                                          //启动 TIM6
}
```

③ main()函数。

main()函数中首先需要调用函数，完成 IO 引脚以及 TIM6 的初始化。然后在 while(1)循环体中控制小灯亮、灭闪烁。

通过查询 TIM6 中 SR 寄存器的 UIF 标志位，判断是否 0.2s 定时时间到，若 UIF 标志为 1，说明定时时间到，需要将 PC0 翻转，并将 UIF 标志清零。

main.c

```
#include "LedKey.h"
#include "myTim.h"
int main(void)
{    //首先, 调用函数,逐一完成各个硬件模块的初始化
     LedKey_Init();                                  //初始化小灯
     Tim6_Init();                                    // 初始化定时器
     while(1)
     {    if(TIM_GetFlagStatus(TIM6, TIM_FLAG_Update) == SET)
          {    Led_Toggle();                         //LED 翻转
               TIM_ClearFlag(TIM6, TIM_FLAG_Update); // UIF 标志清零
          }
     };
}
```

这里定时器硬件与主程序的 while(1)循环体中的代码互相配合，实现了小灯闪烁控制。while(1)循环体中不断查询 UIF 标志，如果标志为 0，if 语句条件不满足，则继续查询。

定时时间到时，定时器硬件将 UIF 标志置位，if 语句条件满足了，执行语句翻转小灯状态，然后调用库函数将 UIF 标志清零。while(1)循环体中再次查询 UIF 标志时，if 语句条件不满足了，直到定时器硬件再次将 UIF 标志置位。

单步调试时，设置断点，观察 TIM6 定时器 SR 寄存器的值，UIF 标志就是 SR 寄存器的 d0 位，如图 7.8 所示。

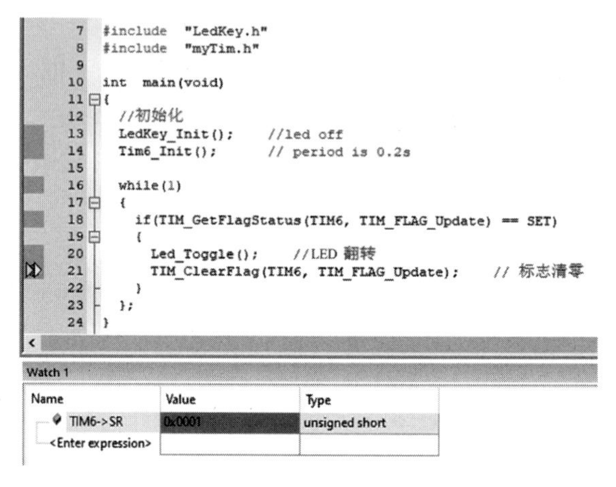

图 7.8　查看 SR 寄存器

例 7.3：按键控制小灯亮灭，每按一次按键，小灯亮 5s。

(1) 硬件设计。

面包板上实现按键和小灯接口电路。

PC0 引脚接 LED 小灯的阳极，小灯阴极通过限流电阻接地。PC0 输出高电平时小灯亮，输出低电平时小灯灭。

PC8 接按键，按键另一端接地。这里适宜采用轻触按键。PC8 必须初始化为输入上拉模式。按键松开时，PC8 为高电平，按键按下时 PC8 为低电平。

(2) 软件设计。

① 定时 5s。

PSC=719 时定时器时钟频率为 100kHz，定时 5s 的计数初值超过了 ARR 寄存器的范围，因此这里用 TIM6 实现定时 0.1s，通过软件对定时次数进行计数，实现 5s 定时。

由于是否启动定时与按键相关，所以初始化时不应该启动定时器。

② 按键按一次。

按键长期处于松开状态，按下，然后松开，为“按一次”。程序上需要判断 PC8 引脚上出现上升沿。

程序判断 PC8 出现了上升沿，即松开—按下—松开后，控制小灯亮，并且启动定时器。由于定时器定时时间为 0.1s，所以必须对定时次数进行计数。5s 定时时间到，熄灭小灯，并且停止定时器。

主程序如下：

```
int main(void)
{   uint8_t tim01s = 0;
    //初始化硬件模块
    LedKey_Init();                      //小灯熄灭
    Tim6_Init();                        //周期为 0.1s
    while(1)
    {   while(Key_Up());                //按键松开时循环, 等待按键按下
        if(Key_Down())
        {   while(Key_Down());          //按键按下时循环, 等待按键松开
            //按一次按键, 控制小灯亮 5s
            tim01s = 0;
            Led_On();
            TIM_ClearFlag(TIM6, TIM_FLAG_Update);
            Tim6_Start();               //启动定时器
            while(tim01s < 50)
            {   if(TIM_GetFlagStatus(TIM6, TIM_FLAG_Update) == SET)
                {   TIM_ClearFlag(TIM6, TIM_FLAG_Update);     // UIF 清零
                    tim01s++;
                }
            };
            //5s 定时时间到
            Led_Off();
            Tim6_Stop();
        }
    };
}
```

从这个例程中可以看出,通过程序判断信号的上升沿或下降沿非常不方便,并且硬件测试时会发现,由于按键按下或松开时有抖动,所以常常会发生误判。

7.4 秒表的设计与实现

教学视频

日常生活中,我们常常会用到秒表的计时功能,以 0.1s 的精度连续计时,能够启动或暂停计时,也可以复位,将当前计时时间清零,重新开始新一轮计时。本节以单片机最小系统板为核心,扩展外部硬件,设计并实现一个简单的嵌入式系统“秒表”。

总的来说,要设计一个简单的应用系统,设计步骤大致可以分为以下 4 个阶段:

第一阶段,功能分析。在这一阶段详细讨论应用系统应该具备哪些功能,哪些是必须具备的核心功能,哪些是拓展功能。这一阶段应该撰写出具体的功能要求说明书。

第二阶段,硬件选型。根据系统功能要求进行硬件选型,这里要综合考虑成本和硬件模块的性能。

第三阶段,硬件设计。以单片机为控制核心,完成系统的硬件设计。硬件设计时要特别注意不要产生 IO 引脚冲突。单片机片上硬件模块需要使用部分 IO 引脚,这些引脚不能再作为通用目的 IO 引脚使用。这一阶段需要完成硬件设计,并且给出硬件设计的

电路原理图，以及单片机 IO 引脚的分配。

完成硬件设计后，应该针对每一个硬件模块，编写测试程序，测试该模块是否能够正常工作。注意保留各个硬件模块的测试程序，软件开发时可能需要用到。

第四阶段，软件设计。首先完成核心功能的设计，如果条件允许，则逐一完成拓展功能。软件开发过程中要注意存档和撰写开发日志。每完成一个功能都应该将当前项目文件夹复制保存起来，做好备份工作。在开发过程中万一添加新功能失败，无法调试解决问题，可以考虑回退到添加新功能之前的进度，此时就需要从备份恢复开发进度。

实际项目开发的步骤比上述 4 个步骤更复杂一些，涉及多个部门、多个开发人员之间的合作。对于一个人完成的一个简单设计来说，开发步骤大致可以分为以上 4 步。

7.4.1 秒表功能分析

秒表功能的使用是如此普遍，以至于手机中就提供了秒表。这里以手机中提供的秒表为参考对象，设计秒表的基本功能。功能规划如下：

(1) 时间精确到 0.1s。考虑到秒表通常计时时间不长，所以只实现一小时之内的计时。

显示时间格式为“xx-xx-x”，最左边两位为分，中间两位为秒，最后一位为 0.1s 的数值。计时到达一小时，此时秒表翻转回零，继续计时。

(2) 具有“启动”键、“暂停”键和“复位”键。

任何时刻按“启动”键，就启动计时，在当前计时时间基础上继续计时。

任何时刻按“暂停”键，就暂停计时，此时显示保持当前计时时间不变。

任何时刻按“复位”键，当前计时时间清零。按“复位”键不改变计时状态。

3 个控制键中“暂停”键优先级最高，即同时按多个键时，“暂停”键起作用。

(3) 一轮计时过程。

初始时，显示的当前计时时间为零分零秒，停止计时状态。

按“启动”键，启动计时，显示的计时时间开始变化，最后一位的时间单位为 0.1s。

按“暂停”键，暂停计时，显示的计时时间保持不变。

再次按“启动”键，可以再次启动计时，在当前计时时间基础上，继续计时。

计时结束时，按“暂停”键停止计时，观察计时时间后，按“复位”键，将计时时间清零。

7.4.2 硬件选型

在进行系统开发时应该根据功能需求选择单片机型号，由于秒表功能简单，STM32F103 系列的任意型号单片机都能满足要求，这里直接使用已有的单片机最小系统板。

单片机最小系统板上没有扩展外设，只引出了 IO 引脚，方便用户自行扩展外设，所以需要根据秒表功能要求，先完成扩展外设的硬件设计。

首先选择显示模块。根据要求，显示模块至少要能够显示5位数字，2位"-"作为分隔符。这里以常见的8段数码管作为显示元件，用两个4位共阳8段数码管形成8位的显示模块。

其次按键模块，需要3个按键，分别是启动键、暂停键和复位键。从控制手感、成本等综合考虑，这里选用1×4的薄膜键盘，按键按下时有抖动，抖动时间较短。薄膜按键如图7.9所示。

出于锻炼学习者硬件设计能力的目的，这里选择用两个4位共阴8段数码管以及一个1×4的薄膜按键，在面包板上动手实现硬件接口电路，而没有直接购买按键数码管显示模块。两者的硬件成本相差无几，但对于设计者的硬件设计能力要求相差甚远。

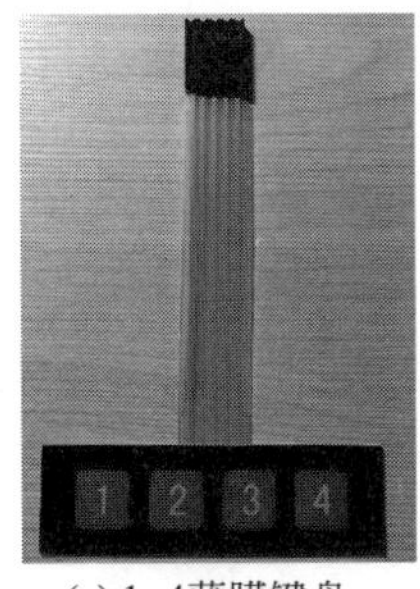

(a) 1×4薄膜键盘

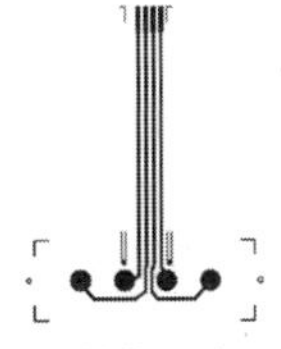
(b) 结构示意图

图7.9　薄膜按键

7.4.3　硬件设计

1. 显示模块硬件设计

将两个4位共阳8段LED的段选信号a～dp并联在一起，通过8个引脚引出，作为8位LED的段选信号a～dp，而位选信号分别引出，标注为DS1～DS8，其中DS1为最右边那位LED的位选，DS8为最高位的位选。实际显示时，每次选中一位，控制段选，让其显示指定数值或"-"，显示"8"时点亮的段最多，7段同时点亮。假设每段电流2mA，8段全亮时需要电流16mA，IO引脚完全可以满足要求，无须增加更多的驱动电路。但是设计软件时要注意每次最多让一位LED的位选有效，若全部有效，则可能烧坏单片机或IO引脚。

用万用表测量LED点亮时的压降，按2mA电流计算确定限流电阻阻值，注意a～dp段分别经过限流电阻接往对应的IO引脚。

PE0～PE7控制8位8段LED的位选信号，PE8～PE15控制8位8段LED的段选。编写程序测试显示模块功能，控制显示模块显示"12345678"，显示效果如图7.10所示。

图7.10　显示模块测试

2. 按键接口电路

在1×4薄膜按键引出的5个引脚中，有一个是4个按键并联在一起的公共端，其他4个引脚用于接单片机的IO引脚，分别读入4个按键的状态。仔细观察薄膜按键，会发现有一个引脚与其他4个不同，这个引脚就是公共端。

按键接口电路非常简单，按键一端接地，另一端直接接IO引脚即可。将公共端与单片机最小系统板的 GND 相连，其他 4 个引脚分别与 PC0～PC3 相连。根据图 7.9(b)结构示意图可以确定，从左到右插孔分别对应按键 2、1、4、3。完成硬件连接时注意顺序，从左到右 5 个插孔分别接最小系统板的 GND、PC1、PC0、PC3、PC2，实现 PC0～PC3 分别控制按键 1～按键 4。

编写测试程序，按下任意一个键时变量 key 为按下按键的键值，无键按下时变量 key 为 0xff，进入 Debug 环境调试程序，在 Watch 窗口中观察 key 变量，如图 7.11 所示。

(a) 按下键1　　(b) 无键按下

图 7.11　按键测试

7.4.4　软件设计

按键 1 作为“启动”键，按键 2 作为“暂停”键，按键 3 作为“复位”键，按键 4 备用。显示模块上从左到右显示计时时间，以“xx-xx-x”形式显示当前计时时间，最右一位 LED 无显示。

软件功能可以分为三大模块：计时模块、显示模块和按键模块。

1. 计时模块

计时模块程序设计比较简单，用基本定时器 TIM6 实现 0.1s 定时，定时时间到时硬件将更新标志 UIF 置位。程序中需要不断查询 UIF 标志，若 UIF 标志为 1，则计时时间加 0.1s，然后将 UIF 标志清零。

计时时间包括分、秒和 0.1s 计时，它们是一个整体，比较适合定义为一个结构体变量，结构体成员包括 min、sec 和 sec01。计时时间加 0.1s 后，需要联动更新 sec 和 min 变量。

定义 StopWatch_UpdateTime()函数，完成当前计时时间的更新。

2. 显示模块

显示模块需要连续不断地刷新显示，才能让 7 位 8 段 LED 显示当前时间。刷新显示时每次只选中一位 8 段 LED，显示计时时间中的某一位。每一位 8 段 LED 更新显示后，需要经过短暂延时，才能显示下一位。当程序连续运行时，视觉上看到所有的 8 段 LED "同时"显示不同的数值。

计时时间中的 min 和 sec 都需要拆分成十位和个位，分别由一位 8 段 LED 显示。这里需要用取整运算"/10"获取 min 和 sec 的十位数值，用取余运算"%10"获取 min 和 sec 的个位数值，然后分别转换成对应的段选信号，控制 8 段 LED 显示的数值。

定义显示函数 DispTime()，显示计时时间。函数只完成一轮刷新，即只从左到右完成一次 7 位 8 段 LED 的显示刷新。

3. 按键模块

按键模块需要不断读入按键状态，判断按键是否被按下。若按下按键，则程序需要及时响应，完成按键功能，避免由于按键响应迟钝，影响用户的使用体验。此外，程序中还需要处理按键抖动问题，可以调用延时函数，来避开抖动时间，延时时间长短只能通过"凑试法"，选择合适的软件延时时间。

上述 3 个功能模块都需要连续不断地循环才能完成各模块的功能，单独考虑每个功能模块，并画出流程图，如图 7.12 所示。

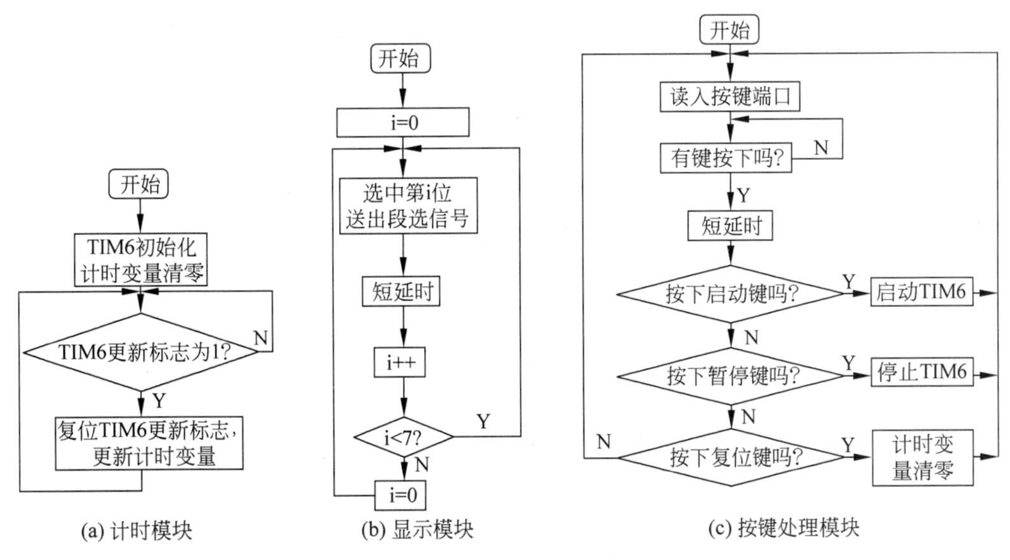

图 7.12 软件设计流程图

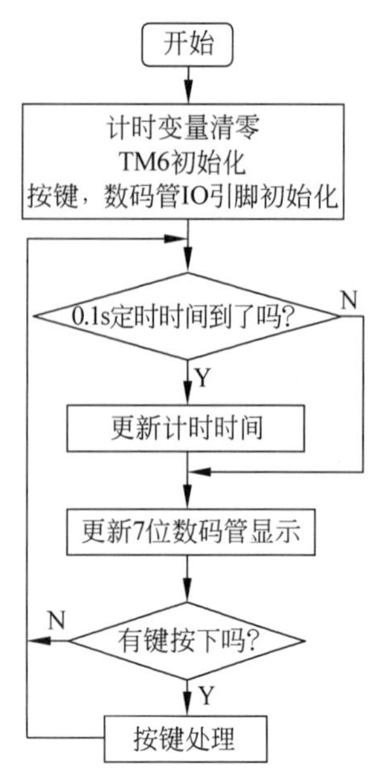

图 7.13 秒表主程序流程图

每个功能模块都是一个“死循环”，当把所有功能模块整合到主程序时，既要考虑多位数码管显示的动态刷新，又要考虑按键的实时响应，以及计时的准确性，整合后的主程序流程图如图 7.13 所示。

每次循环都依次判断定时器的更新中断标志 UIF 决定是否更新计时时间，接着刷新显示，然后检测按键。显示刷新函数中调用的短延时时间不宜过长，假设每次调用延时函数，延时时间约为 1ms，刷新 7 位显示大约会带来 7ms 的延时。由于刷新显示带来的延时，使得两次检测按键之间的间隔时间超过按键抖动时间，因此流程图中有键按下时直接处理按键，而没有再调用延时程序。

4. 项目中的文件组织

秒表功能较为复杂，不适合直接在 main.c 中完成整个程序设计。项目将秒表功能分成了显示控制和秒表计时两部分，LedKey.c 源文件中实现了按键和显示功能的接口函数定义，myTime.c 源文件中实现了计时功能的接口函数。main.c 中包含 LedKey.h 和 myTime.h 头文件后，就能够调用接口函数，完成秒表功能。

设计接口函数时应该从功能以及调用者的角度规划各个模块接口函数的功能，例如，对于计时功能来说，秒表具有启动、暂停和复位功能，因此 myTime.c 和 myTime.h 中应该提供相应的接口函数。按键显示模块需要显示当前时间，按下按键需要实现按键的功能，因此 LedKey.c 和 LedKey.h 中应该有显示时间和按键处理的接口函数。在 C 源文件中编写程序，实现接口函数的函数定义，而头文件中包含函数声明、宏定义以及结构体定义等，如图 7.14 所示。

主程序中只需要包含头文件，就可以调用接口函数了。main()函数结构清晰，首先完成硬件初始化，然后在 while(1)循环体中更新并显示当前计时时间，完成按键处理。主程序无须关注底层硬件，只需要调用接口函数实现具体功能。

5. 项目中的代码分析

(1) 宏定义或函数定义。

通常定义接口函数实现初始化和控制功能，但是如果所实现的功能非常简单，可以用宏定义来实现，而不必定义函数。

myTime.h 头文件中定义了宏，实现启动、暂停和复位控制。启动和暂停就是启动或暂停定时器 TIM6，而复位操作就是将计时时间 time 全局变量清零，代码非常简单的功能比较适合通过宏定义来实现。

(2) 全局变量的定义与访问。

一般情况下，不要在头文件中定义全局变量。如果需要在其他源文件中访问在某个

```
#ifndef  __MYTIM_H
#define  __MYTIM_H

#include  "stm32f10x.h"

typedef struct
{
  uint8_t  min;
  uint8_t  sec;
  uint8_t  sec01;    //0.1s counter
}TimeTypeDef;

extern TimeTypeDef  time;

//start or stop TIM6 macro
#define  StopWatch_Start()     TIM_Cmd(TIM6, ENABLE)
#define  StopWatch_Pause()     TIM_Cmd(TIM6, DISABLE)
#define  StopWatch_Reset()     {time.min=0; time.sec=0; time.sec01=0;}

//********************** 函数声明 **************************************
void  StopWatch_Init(void);
void  StopWatch_UpdateTime(void);    //check 0.1s flag, update time
#endif
```

(a) myTime.h头文件

```
#ifndef  __LEDKEY_H
#define  __LEDKEY_H

#include  "stm32f10x.h"
#include  "GPIOBitBand.h"
#include  "myTim.h"

#define  DispOff()     GPIOE->ODR = 0xff00

//********************** 函数声明 ********
void  LedKey_Init(void);
void  DispTime(TimeTypeDef *ptime);
void  KeyHandler(void);    //check whether
#endif
```

(b) LedKey.h头文件

```
#include  "LedKey.h"
#include  "myTim.h"

int  main(void)
{
  LedKey_Init();
  StopWatch_Init();

  while(1)
  {
    StopWatch_UpdateTime();
    DispTime(&time);
    KeyHandler();
  };
}
```

(c) main.c源文件

图 7.14　秒表项目的文件组织

源文件中定义的全局变量,那么应该在对应的头文件中包含全局变量的外部声明。

计时模块定义了 time 全局变量。time 为结构体类型的变量,其数值为当前计时时间。按键显示模块需要显示当前时间,并且按下复位键时需要将计时时间清零,因此 myTime. h 头文件中包含了 time 全局变量的外部声明。main. c 中包含了 myTime. h 头文件,这样在 main()函数中就可以访问 time 全局变量了。

(3) 定义静态函数。

定义函数时添加 static 关键字,所定义的函数即为"静态"函数。静态函数仅仅在实现函数定义的当前源文件中有效,其他源文件中不能访问它。由于静态函数的作用范围局限在定义函数的文件中,因此在项目其他源文件中可以定义同名的函数。

定义接口函数时,有些接口函数仅限于当前模块调用,而不希望其他模块调用它。例如,在按键显示模块中,显示时间需要连续刷新 7 位 LED 的显示,为此定义了接口函数 Display(uint8_t index,uint8_t digit)),该函数在指定 LED 上显示指定的数值,完成一位 LED 的显示控制。函数 DispTime(TimeTypeDef * ptime)调用该函数,刷新 7 位 LED,显示时间。由于并不希望主程序或其他模块源程序直接调用 Display()函数,因此将 Display()函数定义为静态函数,限定其作用范围。

详细程序参见本书配套资源中的参考例程"设计实例-秒表"。

6. 查询方式的局限性

首先,查询方式导致计时时间有微小误差。在主程序的 while(1)循环体中,每次循环都依次判断计时标志、刷新显示,检测按键,这种轮流查询的方式会影响计时模块的准确性。假设在更新数码管显示的过程中,TIM6 置位了更新标志 UIF,然而必须等程序刷新了数码管显示,并且完成按键判断和处理后,才会再次检查 UIF 标志,更新计时时间。然而在查询方式下,这种延误是无法避免的。

其次,目前设计中分别用两个按键实现启动和暂停控制,这样才能直接判断按键是否按下,按下按键应实现相应功能。实际秒表中一般只用一个按键控制启停,按一次启动,再按一次停止。如果要判断按键按下的次数,则程序需要判断按下按键时产生的下降沿,对于查询方式来说,程序中会有两个查询等待,程序片段如下:

```
while(Key_Up());      //按键松开时循环等待,直到按键按下
while(Key_Down());    //按键按下时循环等待,直到松开按键
…                     //按键处理
```

在忽略按键抖动的情况下,通过上面两个循环等待,按下并松开按键后,程序才会向下执行,这样就实现了“按一次”按键的检测。但是查询等待意味着不按按键时程序会一直在这里循环等待,对于秒表设计来说,必须连续不断地刷新 7 位 8 段 LED 才能持续稳定地显示当前计时时间,程序不能停顿在按键查询这里。查询方式下很难处理两者的冲突。

第 8 章介绍的中断机制可以轻松解决上述问题。一旦 UIF 置位,就立即更新计时时间。一旦按下按键,就立刻进行按键处理,无须通过软件查询按键。

第8章 中断及中断管理器NVIC

查询方式有其局限性，轮流查询硬件模块，效率低下，实时性差，并且在一定程度上增加了软件设计的难度。如果查询方式处理比较困难，可以采用中断机制，由外部硬件触发中断，主动请求 CPU 为其服务。

在查询方式下，CPU 内核主动查询片上或片外硬件模块的状态，根据硬件状态信息决定是否需要执行相应代码处理。查询方式逐一查询各个硬件状态，从程序结构上来说，为顺序结构，查询的先后顺序就是硬件模块处理的优先顺序。

在中断方式下，由片上或片外硬件模块主动提出中断请求，CPU 响应请求，执行相应的处理程序。由专门的中断管理模块设置中断源的优先级。主程序不再需要查询硬件状态，可以专注于数据处理和实现控制功能。

8.1 中断基本概念

8.1.1 中断的定义

中断指在 CPU 正常执行程序的过程中，外部或内部发生某个事件，触发中断，此时 CPU 暂停执行当前程序，转去执行专门为该中断事件编写的中断处理程序，执行后再返回到暂停处（即断点处）继续执行原来的程序，如图 8.1 所示。

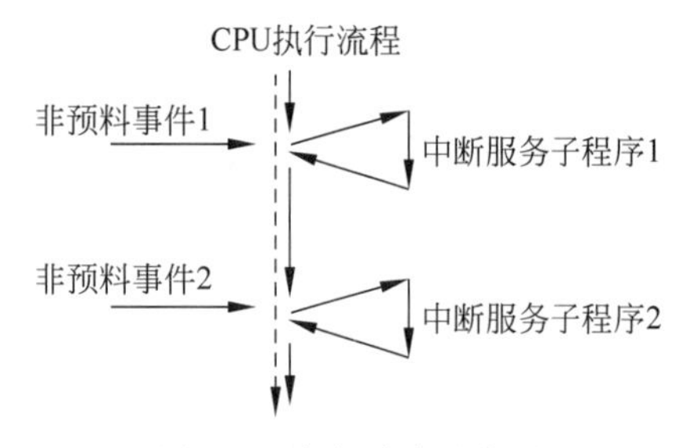

图 8.1 中断响应示意图

为中断事件编写的处理程序称为中断服务子程序或中断处理函数。硬件模块触发中断请求。CPU 内核在执行主程序的过程中收到中断请求，就跳转去执行该中断的中断处理函数，执行完后返回到被打断的位置，继续执行原来的程序。

在中断机制下，硬件模块在需要时主动向 CPU 提出中断请求。从 CPU 的角度来看，CPU 在正常执行主程序的过程中，收到中断请求。CPU 不知道在执行哪条指令时会收到中断请求，也不知道会收到哪些中断请求。主程序中不会有调用中断处理函数的指令，而是在 CPU 响应中断请求时主动调用对应的中断处理函数。

不同硬件模块提出中断请求时需要做的处理不同，需要执行不同的中断处理函数。中断处理函数没有返回值，也不会有参数。

一个计算机系统会有多个能够提出中断请求的中断源，每个中断源提出中断请求时 CPU 都应该调用专门为该中断源编写的中断处理函数。以 PC 来说，PC 上安装了操作系统以及各种应用软件，操作系统中实现了部分硬件中断的中断处理函数，如鼠标中断等，而有些应用软件通过中断机制控制外部扩展的硬件，也实现了部分中断处理函数，例如外部扩展的 USB 接口摄像头等。需要设定一个机制，无论中断处理函数由谁实现，函数名称叫什么，函数存放在哪里，都能够让 CPU 正确找到不同中断源对应的中断处理函数。

8.1.2 中断向量表

能够触发中断请求的硬件或事件称为"中断源"。一个计算机系统中有多个中断源，每个中断源有一个唯一的ID编号，称为"中断类型号"。每个中断源有对应的一个中断处理函数。CPU响应中断请求时必须能够正确调用对应的中断处理函数，但是中断处理函数的名称以及函数入口地址又是可以灵活改变的，因此采用了"中断向量表"机制实现中断源与中断处理函数之间的映射关系。

"中断向量"指中断处理函数的入口地址。按照中断类型号的顺序，连续存放中断处理函数的入口地址形成一张表，就是"中断向量表"。中断向量表可以固定存放在指定地址空间，也可以随机存放，通过CPU中的某个寄存器给出中断向量表的表首地址。

当某个中断源提出中断请求时，CPU收到中断请求，并接收到该中断源的中断类型号。响应中断请求时，CPU就会根据中断类型号 N，查找中断向量表，找到表中 N 号数据项，这就是对应中断处理函数的入口地址，进而调用专门为该中断源编写的中断处理函数。

在中断向量表机制下，收到中断请求时CPU查表得到对应中断处理函数的地址，中断处理函数的名称以及存放地址都是灵活可变的，只要编写了中断处理函数，设置好中断向量表就可以了。

8.1.3 中断优先级与中断嵌套

计算机系统中有多个中断源，这些中断源同时提出中断请求时，CPU根据优先级高低决定响应中断请求的先后顺序。既然有了优先级高低，那么当CPU正在执行某个中断处理函数时，又有优先级更高的中断源提出中断请求，此时就会产生中断"嵌套"现象。

中断嵌套现象指CPU正在执行某中断源的中断处理函数，此时优先级更高的中断源提出中断请求，那么CPU同样会暂停当前正在执行的处理函数，转去执行高优先级中断源的处理函数，执行后才返回断点位置，即低优先级中断源的中断处理函数，继续执行，最后返回到主程序，如图8.2所示。

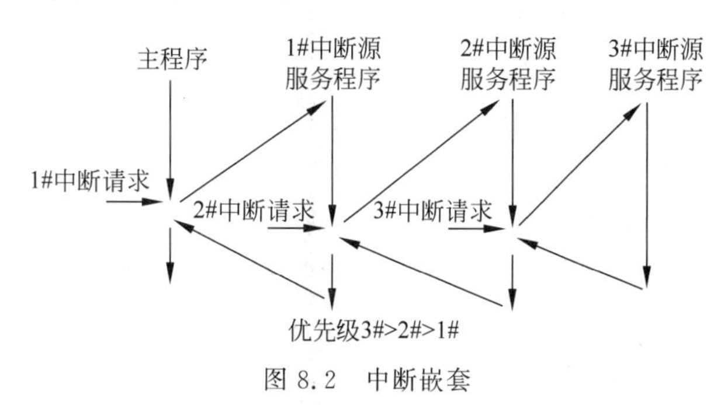

图8.2 中断嵌套

响应中断请求时CPU查找中断向量表，找到对应中断处理函数的入口地址，转去执行中断处理函数，执行完函数后，还需要返回被打断的位置，继续向下执行程序，因此响应中断请求时CPU会将断点地址压入堆栈，然后才查表转去执行中断处理函数，执行后从堆栈中弹出断点地址，返回到断点处继续执行程序。

中断嵌套时，每多嵌套一次，堆栈中就会多压入一个断点地址，并且中断处理函数中定义的局部变量也是在堆栈中分配存储空间，嵌套会消耗堆栈的存储空间。虽然理论上中断嵌套的层次没有限制，但是在软件设计中需要注意中断嵌套对堆栈空间的消耗，为堆栈分配足够大的存储空间。

8.2 STM32单片机的中断管理

教学视频

8.2.1 中断源与中断向量表

单片机支持的中断源个数以及对应的中断类型号是固定的，无法更改。Cortex-M3内核将内核产生的中断称为“异常”(Exception)，而将片上硬件产生的中断称为“中断”(Interrupt)。STM32F103系列单片机最多有60个片上中断，包括了所有片上硬件模块中断源，其中专门为片外硬件的中断请求设置了一个硬件模块，称为“外部中断/事件控制器”EXTI。

图8.3给出了异常以及部分中断的中断向量表，图中仅截取了中断向量表的一部

位置	优先级	优先级类型	名称	说明	地址
	—	—	—	保留	0x0000_0000
	-3	固定	Reset	复位	0x0000_0004
	-2	固定	NMI	不可屏蔽中断 RCC时钟安全系统(CSS)联接到NMI向量	0x0000_0008
	-1	固定	硬件失效	所有类型的失效	0x0000_000C
	0	可设置	存储管理	存储器管理	0x0000_0010
	1	可设置	总线错误	预取指失败，存储器访问失败	0x0000_0014
	2	可设置	错误应用	未定义的指令或非法状态	0x0000_0018
	—	—	—	保留	0x0000_001C ~0x0000_002B
	3	可设置	SVCall	通过SWI指令的系统服务调用	0x0000_002C
	4	可设置	调试监控	调试监控器	0x0000_0030
	—	—	—	保留	0x0000_0034
	5	可设置	PendSV	可挂起的系统服务	0x0000_0038
	6	可设置	SysTick	系统嘀嗒定时器	0x0000_003C
0	7	可设置	WWDG	窗口定时器中断	0x0000_0040
1	8	可设置	PVD	联到EXTI的电源电压检测(PVD)中断	0x0000_0044
2	9	可设置	TAMPER	侵入检测中断	0x0000_0048
3	10	可设置	RTC	实时时钟(RTC)全局中断	0x0000_004C
4	11	可设置	FLASH	闪存全局中断	0x0000_0050
5	12	可设置	RCC	复位和时钟控制(RCC)中断	0x0000_0054
6	13	可设置	EXTI0	EXTI线0中断	0x0000_0058

图8.3　中断向量表

分,详细情况参见参考手册的"中断和异常向量"节。从 Reset 到 SysTick 为内核异常,从 WWDG 开始为片上硬件产生的中断。片上硬件的中断类型号从 0 开始编号,而内核异常的中断类型号为负数。

默认情况下,内核异常的优先级高于片上硬件中断,大多数中断源的优先级都可以编程设置,但是 Reset、NMI 和硬件失效这 3 个异常的优先级是固定的,并且这 3 个异常优先级最高。设定优先级时数值越小,优先级等级越高,所以系统中异常 Reset 的优先级最高。

8.2.2 内核中开放/禁止中断

Cortex-M3 内核中有控制位可以决定内核是否要响应中断请求。内核开中断或关中断不是针对单个中断源的,而是针对一大类多个中断源。

CPU 内部与开/关中断相关的寄存器有 3 个,即 PRIMASK、FAULTMASK 和 BASEPRI。

详细信息可以查阅内核编程手册(Cortex-M3 Programming Manual)。

(1) PRIMASK 寄存器。PRIMASK 寄存器中只有一个控制位,即 d0 位。该位为 1,禁止所有可设置优先级的异常和中断,即只开放了 Reset、NMI 和硬件失效这 3 个异常。

(2) FAULTMASK 寄存器。FAULTMASK 寄存器也只有一个控制位,即 d0 位。该位为 1,则只开放了 NMI,禁止其他所有异常和中断。

(3) BASEPRI 寄存器。BASEPRI 寄存器用于设定一个优先级阈值,禁止优先级数值大于或等于该阈值的异常和中断,如图 8.4 所示。

Bits	Function
Bits 31:8	Reserved
Bits 7:4	BASEPRI[7:4] Priority mask bits[1] 0x00: no effect Nonzero: defines the base priority for exception processing. The processor does not process any exception with a priority value greater than or equal to BASEPRI.
Bits 3:0	Reserved

图 8.4　BASEPRI 寄存器

d7～d4 位设定优先级阈值,其他位为保留位。为 0x00 时没有任何作用,非 0 时设定优先级阈值,所有优先级数值大于或等于该阈值的中断源,CPU 都不响应。优先级管理中优先级数值越大,优先级级别越低。中断源优先级必须高于 BASEPRI 寄存器所设置的阈值,CPU 才会响应。

3 个寄存器的操作要求如图 8.5 所示。大多数内核寄存器都要求具有"特权级"权限才能操作。如果底层没有运行嵌入式操作系统,那么用户编写的程序就是运行在"特权级",能够读写内核寄存器。

寄存器	操作(1)	所需权限	复位值
PRIMASK	read-write	Privileged	0x00000000
FAULTMASK	read-write	Privileged	0x00000000
BASEPRI	read-write	Privileged	0x00000000

图 8.5　中断相关内核寄存器的操作要求

(4) 内核寄存器的读写操作。

汇编指令 MSR 和 MRS 指令分别用于读取和改写内核中的特殊功能寄存器，但是基于 CMSIS 库开发应用软件时，开发人员无须自己编写汇编指令程序去读写内核寄存器，CMSIS 库提供了相关的接口函数。

CMSIS 在 core_cmFunc.h 头文件中定义了与内核相关的接口函数，所有函数都定义为静态内联函数。其中为上述 3 个寄存器分别定义了读寄存器和写寄存器的函数，内核寄存器的读写函数名以两个下画线开始"__"，3 个寄存器的读、写函数如下：

__get_PRIMASK()和__set_PRIMASK(uint32_t priMask)分别是读和写 PRIMASK 寄存器的接口函数。

__get_FAULTMASK()和__set_FAULTMASK(uint32_t faultMask)分别是读和写 FAULTMASK 寄存器的接口函数。

PRIMASK 和 FAULTMASK 寄存器都只有 d0 位有效，写寄存器时写入 1 或 0 就可以将控制位置位或复位。

__get_BASEPRI()和__set_BASEPRI(uint32_t basePri)分别是读和写 BASEPRI 寄存器的接口函数。__set_BASEPRI(uint32_t basePri)函数直接将 32 位的参数 basePri 写入 BASEPRI 寄存器，调用函数时需要注意优先级阈值在 d7～d4 位。

例 8.1：内核开中断或关中断。

```
__set_PRIMASK(1); //将 PRIMASK 置位，关中断，只开放复位、NMI 和硬件失效
__set_PRIMASK(0); //将 PRIMASK 清零，开中断
```

例 8.2：内核屏蔽所有优先级低于或等于 8 的中断源。

```
__set_BASEPRI(0x80); //BASEPRI 寄存器的 d7～d4 位为 1000
```

__set_BASEPRI(uint32_t basePri)函数直接将参数 basePri 写入 BASEPRI 寄存器，而 BASEPRI 寄存器的 d7～d4 位规定了中断优先级的阈值。__set_BASEPRI(0x80) 将 BASEPRI 寄存器赋值为 0x80，即二进制数值 10000000，d7～d4 位为 1000，即十进制数值 8。

BASEPRI 寄存器不为 0 时，设置了优先级阈值，内核将屏蔽所有优先级数值大于或等于阈值的异常或中断，而优先级数值越大优先级级别越低，所以调用上述函数后，内核不响应优先级低于或等于阈值的中断或异常请求，即屏蔽了对应的中断源。

8.2.3 中断控制器 NVIC

Cortex-M3 内核中集成了嵌套向量中断控制器(Nested Vector Interrupt Controller, NVIC),专门管理异常和中断。通过 NVIC 可以单独使能/禁止某个中断源,设定中断源的优先级。

1. 优先级管理

NVIC 将优先级分为占先优先级(pre-emption priority)和亚优先级(sub-priority)。

占先优先级高的中断源提出中断请求,可以打断 CPU 对低优先级中断源的服务过程,产生"中断嵌套"现象。中断源提出中断请求时 CPU 正在执行主程序或某个中断源的中断处理函数,如果提出请求的中断源占先优先级高于正在服务的中断源,那么 CPU 会优先响应占先优先级高的中断请求,转去执行它的中断处理函数,执行完毕后才返回被打断的位置,继续执行原来的中断处理函数。

多个中断源占先优先级相同,而亚优先级不同,那么它们之间不能打断对方的中断服务过程,不会产生"中断嵌套"现象。当多个中断源同时提出中断请求时,在占先优先级相同的情况下,CPU 将按照亚优先级的高低顺序,依序响应中断请求。

NVIC 模块用 4 个二进制位设定优先级,包括占先优先级和亚优先级,占先优先级和亚优先级的位数可以编程设定,提供了非常灵活的优先级管理模式。

假设将 4 位都设置为占先优先级,那么占先优先级的级别为 0~15,其中 0 优先级最高,而 15 优先级最低,没有亚优先级了。若将 4 位优先级平均分配,则将 2 位设为占先优先级,2 位设为亚优先级,那么占先优先级和亚优先级的级别都为 0~3,共 4 级。优先级的数值越大,优先级级别越低。

优先级管理模式可以编程设定,设定了占先优先级和亚优先级的位数后,就可以编程指定单个中断源的优先级级别了,可以有多个中断源具有相同的优先级。

2. NVIC 相关库函数

在 Manage Run-time Environment 对话框中选择 Device→StdPeriph Drivers→Framework 组件,这个组件中包括中断管理模块的驱动程序。在选中这个组件后,项目中就包含了 misc.h 头文件,用户程序中只要包含 misc.h 头文件就可以调用 NVIC 库函数了。

NVIC 模块常用的库函数只有两个,NVIC_PriorityGroupConfig()和 NVIC_Init()。前者设定优先级管理模式,即设定占先优先级和亚优先级的位数;后者初始化指定的某个中断源,设定其优先级,使能或禁止该中断源。

(1) NVIC_PriorityGroupConfig()函数。

NVIC_PriorityGroupConfig(uint32_t NVIC_PriorityGroup)函数设定优先级管理模式。misc.h 头文件中为优先级管理模式定义了相关的宏,如图 8.6 所示,调用函数时应该以相应的宏作为参数。

```
#define NVIC_PriorityGroup_0      ((uint32_t)0x700) /*!< 0 bits for pre-emption priority
                                                         4 bits for subpriority */
#define NVIC_PriorityGroup_1      ((uint32_t)0x600) /*!< 1 bits for pre-emption priority
                                                         3 bits for subpriority */
#define NVIC_PriorityGroup_2      ((uint32_t)0x500) /*!< 2 bits for pre-emption priority
                                                         2 bits for subpriority */
#define NVIC_PriorityGroup_3      ((uint32_t)0x400) /*!< 3 bits for pre-emption priority
                                                         1 bits for subpriority */
#define NVIC_PriorityGroup_4      ((uint32_t)0x300) /*!< 4 bits for pre-emption priority
                                                         0 bits for subpriority */
```

图 8.6　优先级组别相关宏定义

（2）NVIC_Init()函数。

NVIC_Init(NVIC_InitTypeDef * NVIC_InitStruct)函数初始化指定的单个中断源，设定中断源的优先级，并且使能或禁止该中断源。函数声明及参数结构体定义如图 8.7 所示。

```
void NVIC_Init(NVIC_InitTypeDef* NVIC_InitStruct);
```

```
typedef struct
{
  uint8_t NVIC_IRQChannel;

  uint8_t NVIC_IRQChannelPreemptionPriority;

  uint8_t NVIC_IRQChannelSubPriority;

  FunctionalState NVIC_IRQChannelCmd;

} NVIC_InitTypeDef;
```

图 8.7　NVIC_Init()函数

结构体成员 NVIC_IRQChannel 指定中断源的中断类型号。stm32f10x.h 头文件中定义了 IRQn 枚举数据类型，里面为单片机内所有的异常和中断定义了对应的枚举类型，说明了中断源的中断类型号。调用函数时应该通过这些枚举定义指明中断类型号。

第 2 和第 3 个结构体成员分别设定中断源的占先优先级数值和亚优先级数值。第 4 个结构体成员 NVIC_IRQChannelCmd 控制使能或禁止该中断源。ENABLE 为使能，而 DISABLE 为禁止。

每次调用 NVIC_Init()函数只能完成一个中断源的初始化，如果设计中需要使用多个中断源，那么需要为每个中断源调用一次 NVIC_Init()函数。

例 8.3：编写程序，设置优先级管理模式，2 位占先式优先级，2 位亚优先级，并使能 TIM7 定时器中断源。

```
NVIC_InitTypeDef nvicinit;
NVIC_PriorityGroupConfig(NVIC_PriorityGroup_2);       //设置优先级管理模式
nvicinit.NVIC_IRQChannel  = TIM7_IRQn;                //TIM7 的中断类型号
nvicinit.NVIC_IRQChannelPreemptionPriority = 0;       //占先式优先级为 0
nvicinit.NVIC_IRQChannelSubPriority = 0;              //亚优先级为 0
nvicinit.NVIC_IRQChannelCmd  = ENABLE;
NVIC_Init(&nvicinit);                          //调用函数，设置 TIM7 中断源优先级，并使能它
```

8.3　中断处理过程及相关接口库

教学视频

8.3.1　片上硬件中断处理过程

单片机的核心部件是内核，内核决定了单片机的运算处理能力，STM32F10x 系列单

片机内核为 Cortex-M3，内核中集成了中断控制器 NVIC、系统控制模块 SCB、嘀嗒定时器 SysTick 等硬件模块。

单片机芯片中集成有多个片上硬件模块，这些硬件模块作为中断源，可以向中断控制器 NVIC 提出中断请求。每个中断源有一个唯一的中断类型号，NVIC 根据中断类型号管理单片机系统中的中断源。由于中断类型号资源有限，大多数片上硬件模块都只有一个中断类型号。

通常片上硬件模块内部可以控制是否允许中断。如果禁止中断，那么硬件模块不会向 NVIC 提出中断请求。NVIC 模块可以控制是否开放中断源，如果禁止某个中断源，那么 NVIC 不会向 CPU 转发该中断源的中断请求。最后 CPU 内寄存器控制是否开中断，如果 CPU 关中断，或设置了优先级阈值，那么 CPU 接到中断请求，也不会响应。

简单地说，如果希望 CPU 顺利响应中断请求，那么需要片上外设使能中断，NVIC 开放对应中断源，CPU 开中断。

例 8.4：基本定时器 TIM6 的更新中断响应过程。

(1) 计数器溢出时，定时器 TIM6 向外发出中断请求。

基本定时器 TIM6 只有定时功能，ARR 寄存器设定了定时时间。当 CNT 寄存器数值与 ARR 寄存器相等，下一个时钟上升沿时定时时间到，CNT 翻转为零，定时器产生更新事件，将 UIF 标志置位，定时器工作情况如图 8.8 所示。如果定时器使能了更新中断，那么计数溢出，UIF 标志置位时定时器就会向 NVIC 提出中断请求了。

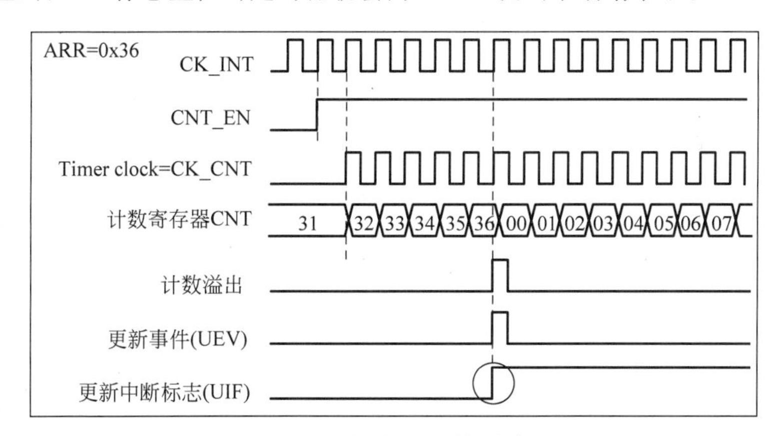

图 8.8 定时器的更新中断

定时器的 DMA/中断使能寄存器 DIER 中的 d0 位 UIE 使能或禁止更新中断，UIE 为 0 时禁止中断，为 1 时使能中断。

(2) NVIC 收到 TIM6 中断请求时完成优先级比较，在适当时候向 CPU 发出中断请求。

NVIC 管理所有的中断源。可以编程设置中断源的优先级，使能或禁止中断源。NVIC 的初始化分为两步：

步骤 1，调用 NVIC_PriorityGroupConfig()函数，设定优先级管理模式。

步骤 2，调用 NVIC_Init()函数，初始化中断源，设定中断源优先级，并使能该中断源。

若希望 NVIC 处理 TIM6 发来的中断请求，那么初始化时必须先按上述步骤，设定 TIM6 中断优先级，并且使能 TIM6 中断。

（3）CPU 收到中断请求，获得中断类型号，查中断向量表，转去执行中断处理函数，执行完毕后返回被打断的位置，继续执行程序。

CPU 内有 3 个寄存器，可以控制开中断或关中断。若希望 CPU 响应中断请求，那么必须设置寄存器，开中断。这里的开、关中断决定 CPU 是否响应中断请求，不能针对单个中断源开、关中断。

若软件设计采用中断机制，那么 CPU 必须开中断。

教学视频

8.3.2 中断处理库函数总结

中断处理机制比较复杂，涉及多个模块、多个头文件，它们各自完成一部分工作。这里对各个模块及其接口库完成的工作做一个简单的总结。

前面描述了中断处理过程，简单地说，片上外设向中断控制器 NVIC 提出中断请求，NVIC 向 CPU 内核提出中断请求，CPU 收到中断类型号，查询中断向量表，获取中断处理函数的入口地址，跳转去执行中断处理函数，执行完毕后，返回被打断的位置继续执行程序。

中断响应过程中涉及两个非常重要的信息：中断类型号和中断向量表。CMSIS 库中已经完成了中断类型号和中断向量表的定义。

1. stm32f10x.h 头文件中定义中断类型号

单片机的中断体系是固定的，即中断源的个数、类型、中断类型号，以及在中断向量表中的位置都是固定的。CMSIS 库提供的头文件 stm32f10x.h 中定义了 IRQn 枚举数据类型，为所有中断源定义了中断类型号，只是不包括复位中断和硬件失效中断，图 8.9 为部分枚举数据定义的截图。

IRQn 中首先定义了内核异常中断源的异常号，内核异常号都是负数。接着定义 STM32 系列单片机片上硬件中断源，中断类型号从 0 开始，前面是所有型号单片机都有的中断源，后面通过条件编译指令 #ifdef -- #endif，针对具体单片机类型，定义相应的中断类型号。

不同系列单片机内部集成的片上硬件资源有差异，相应的中断源个数有所不同。资源最丰富的大容量单片机共有 60 个中断源，而资源较少的小容量单片机中，中断源不足 40 个。

基于 CMSIS 的项目中预定义了说明单片机系列的符号，例如，STM32F10X_LD 说明为小容量单片机，而 STM32F10X_HD 说明为大容量。图 8.9 显示了 STM32F10X_LD 系列小容量单片机的中断类型号定义，IRQn 的完整定义参见 stm32f10x.h 头文件。

```
typedef enum IRQn
{
/******  Cortex-M3 Processor Exceptions Numbers ***************************************************/
  NonMaskableInt_IRQn         = -14,    /*!< 2 Non Maskable Interrupt                             */
  MemoryManagement_IRQn       = -12,    /*!< 4 Cortex-M3 Memory Management Interrupt              */
  BusFault_IRQn               = -11,    /*!< 5 Cortex-M3 Bus Fault Interrupt                      */
  UsageFault_IRQn             = -10,    /*!< 6 Cortex-M3 Usage Fault Interrupt                    */
  SVCall_IRQn                 = -5,     /*!< 11 Cortex-M3 SV Call Interrupt                       */
  DebugMonitor_IRQn           = -4,     /*!< 12 Cortex-M3 Debug Monitor Interrupt                 */
  PendSV_IRQn                 = -2,     /*!< 14 Cortex-M3 Pend SV Interrupt                       */
  SysTick_IRQn                = -1,     /*!< 15 Cortex-M3 System Tick Interrupt                   */

/******  STM32 specific Interrupt Numbers *********************************************************/
  WWDG_IRQn                   = 0,      /*!< Window WatchDog Interrupt                            */
  PVD_IRQn                    = 1,      /*!< PVD through EXTI Line detection Interrupt            */
  TAMPER_IRQn                 = 2,      /*!< Tamper Interrupt                                     */
  RTC_IRQn                    = 3,      /*!< RTC global Interrupt                                 */
  FLASH_IRQn                  = 4,      /*!< FLASH global Interrupt                               */
  RCC_IRQn                    = 5,      /*!< RCC global Interrupt                                 */
  EXTI0_IRQn                  = 6,      /*!< EXTI Line0 Interrupt                                 */
  EXTI1_IRQn                  = 7,      /*!< EXTI Line1 Interrupt                                 */
  EXTI2_IRQn                  = 8,      /*!< EXTI Line2 Interrupt                                 */
  EXTI3_IRQn                  = 9,      /*!< EXTI Line3 Interrupt                                 */
  EXTI4_IRQn                  = 10,     /*!< EXTI Line4 Interrupt                                 */
  DMA1_Channel1_IRQn          = 11,     /*!< DMA1 Channel 1 global Interrupt                      */
  DMA1_Channel2_IRQn          = 12,     /*!< DMA1 Channel 2 global Interrupt                      */
  DMA1_Channel3_IRQn          = 13,     /*!< DMA1 Channel 3 global Interrupt                      */
  DMA1_Channel4_IRQn          = 14,     /*!< DMA1 Channel 4 global Interrupt                      */
  DMA1_Channel5_IRQn          = 15,     /*!< DMA1 Channel 5 global Interrupt                      */
  DMA1_Channel6_IRQn          = 16,     /*!< DMA1 Channel 6 global Interrupt                      */
  DMA1_Channel7_IRQn          = 17,     /*!< DMA1 Channel 7 global Interrupt                      */

#ifdef STM32F10X_LD
  ADC1_2_IRQn                 = 18,     /*!< ADC1 and ADC2 global Interrupt                       */
  USB_HP_CAN1_TX_IRQn         = 19,     /*!< USB Device High Priority or CAN1 TX Interrupts       */
  USB_LP_CAN1_RX0_IRQn        = 20,     /*!< USB Device Low Priority or CAN1 RX0 Interrupts       */
  CAN1_RX1_IRQn               = 21,     /*!< CAN1 RX1 Interrupt                                   */
  CAN1_SCE_IRQn               = 22,     /*!< CAN1 SCE Interrupt                                   */
  EXTI9_5_IRQn                = 23,     /*!< External Line[9:5] Interrupts                        */
  TIM1_BRK_IRQn               = 24,     /*!< TIM1 Break Interrupt                                 */
  TIM1_UP_IRQn                = 25,     /*!< TIM1 Update Interrupt                                */
  TIM1_TRG_COM_IRQn           = 26,     /*!< TIM1 Trigger and Commutation Interrupt               */
  TIM1_CC_IRQn                = 27,     /*!< TIM1 Capture Compare Interrupt                       */
  TIM2_IRQn                   = 28,     /*!< TIM2 global Interrupt                                */
  TIM3_IRQn                   = 29,     /*!< TIM3 global Interrupt                                */
  I2C1_EV_IRQn                = 31,     /*!< I2C1 Event Interrupt                                 */
  I2C1_ER_IRQn                = 32,     /*!< I2C1 Error Interrupt                                 */
  SPI1_IRQn                   = 35,     /*!< SPI1 global Interrupt                                */
  USART1_IRQn                 = 37,     /*!< USART1 global Interrupt                              */
  USART2_IRQn                 = 38,     /*!< USART2 global Interrupt                              */
  EXTI15_10_IRQn              = 40,     /*!< External Line[15:10] Interrupts                      */
  RTCAlarm_IRQn               = 41,     /*!< RTC Alarm through EXTI Line Interrupt                */
  USBWakeUp_IRQn              = 42      /*!< USB Device WakeUp from suspend through EXTI Line Interrupt */
#endif /* STM32F10X_LD */
```

图 8.9　IRQn 枚举数据类型的部分定义

2. 启动文件中定义中断向量表

中断向量表中按照中断类型号的顺序，依序存放着中断处理函数的入口地址。首先是内核异常的处理函数，然后是片上硬件中断的处理函数。每个中断源都在中断向量表的指定位置有一条记录，存放中断处理函数的入口地址。单片机参考手册的“中断和异常向量”节中给出了中断向量表的详细信息，中断源的名称、作用，并且在“地址”这一列说明了中断向量存放的地址，如图 8.3 所示。

在 Keil 开发软件中新建项目时，根据所选择的单片机型号，Keil 软件为项目添加合适的启动文件。本书采用的 STM32F103VET6 单片机为大容量单片机，添加的启动文件为 startup_stm32f10x_hd.s，文件名中的“hd”说明这是大容量单片机的启动文件，其他系列单片机的启动文件，文件名略有不同。

启动文件 startup_stm32f10x_hd.s 中定义了中断向量表，如图 8.10 所示。这就意味着每个中断源的中断处理函数名称已经定义好，软件开发人员可以在其他 C 语言源文件中实现中断处理函数，但函数名必须与中断向量表中的函数名称一致。

定义中断向量表之后，接下来，启动文件为所有内核异常定义了的中断处理子程序，

```
; Vector Table Mapped to Address 0 at Reset
                AREA    RESET, DATA, READONLY
                EXPORT  __Vectors
                EXPORT  __Vectors_End
                EXPORT  __Vectors_Size

__Vectors       DCD     __initial_sp              ; Top of Stack
                DCD     Reset_Handler             ; Reset Handler
                DCD     NMI_Handler               ; NMI Handler
                DCD     HardFault_Handler         ; Hard Fault Handler
                DCD     MemManage_Handler         ; MPU Fault Handler
                DCD     BusFault_Handler          ; Bus Fault Handler
                DCD     UsageFault_Handler        ; Usage Fault Handler
                DCD     0                         ; Reserved
                DCD     0                         ; Reserved
                DCD     0                         ; Reserved
                DCD     0                         ; Reserved
                DCD     SVC_Handler               ; SVCall Handler
                DCD     DebugMon_Handler          ; Debug Monitor Handler
                DCD     0                         ; Reserved
                DCD     PendSV_Handler            ; PendSV Handler
                DCD     SysTick_Handler           ; SysTick Handler

                ; External Interrupts
                DCD     WWDG_IRQHandler           ; Window Watchdog
                DCD     PVD_IRQHandler            ; PVD through EXTI Line detect
                DCD     TAMPER_IRQHandler         ; Tamper
                DCD     RTC_IRQHandler            ; RTC
                DCD     FLASH_IRQHandler          ; Flash
                DCD     RCC_IRQHandler            ; RCC
                DCD     EXTI0_IRQHandler          ; EXTI Line 0
                DCD     EXTI1_IRQHandler          ; EXTI Line 1
                DCD     EXTI2_IRQHandler          ; EXTI Line 2
                DCD     EXTI3_IRQHandler          ; EXTI Line 3
                DCD     EXTI4_IRQHandler          ; EXTI Line 4
```

图 8.10　启动文件定义的中断向量表

从 Reset 复位中断、NMI 中断，…，一直到系统嘀嗒定时器 SysTick 中断。除复位中断外，其他所有异常的中断处理子程序都只是一个“死循环”，一旦内核工作异常，触发相应的中断处理，那么 CPU 就会“陷入”对应的中断子程序，如图 8.11 所示。汇编指令“B　.”意味着跳转到自己，一旦执行这条指令，就会一直跳转到自己，形成“死循环”。汇编指令“PROC”和“ENDP”分别说明子程序的开始和结束，“NMI_Handler”为子程序的名称。

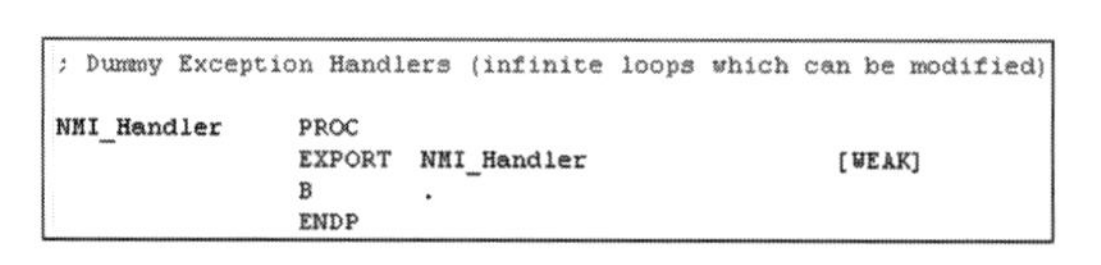

```
; Dummy Exception Handlers (infinite loops which can be modified)

NMI_Handler     PROC
                EXPORT  NMI_Handler                [WEAK]
                B       .
                ENDP
```

图 8.11　NMI 异常处理子程序

复位中断子程序代码如图 8.12 所示，复位时先调用了系统时钟初始化函数 SystemInit()，完成时钟初始化，设置总线时钟频率；然后调用编译系统提供的__main()函数，它负责完成库函数的初始化和初始化应用程序执行环境，最后会跳转到用户编写的 main()函数。

```
; Reset handler
Reset_Handler   PROC
                EXPORT  Reset_Handler             [WEAK]
                IMPORT  __main
                IMPORT  SystemInit
                LDR     R0, =SystemInit
                BLX     R0
                LDR     R0, =__main
                BX      R0
                ENDP
```

图 8.12　复位处理子程序

所有中断处理子程序的名称都用汇编指令“EXPORT”输出，并用关键字“WEAK”说明，这意味着，可以在其他源程序中重新定义这些名称的中断处理函数，那时启动文件中用汇编语言编写的中断处理子程序就失效了。

启动文件中定义了中断向量表，指定了中断处理函数的名称，不能改变函数名，但软件开发人员可以在任意一个C语言源文件中实现自己的中断处理函数，完成具体的功能。

3. NVIC库函数头文件 misc.h

嵌套向量中断控制器NVIC模块负责管理单片机系统中所有的中断源，设定中断源的优先级，决定是否开放中断源。

misc.h是NVIC模块库函数的头文件，文件中包含有NVIC库函数的函数声明以及相关宏定义，其中常用的库函数只有NVIC_PriorityGroupConfig()和NVIC_Init()。

NVIC_PriorityGroupConfig()函数设定优先级管理模式，项目中应该只调用一次，设定优先级管理模式后，就不再改变。

NVIC_Init()函数初始化指定中断源。设定优先级管理模式后，再为项目中的每个中断源分别调用一次初始化函数，设定中断源的优先级，并使能中断源。

8.4 应用实例——中断方式实现秒表计时

教学视频

第7章设计实现了带有启/停和复位功能的“秒表”，但在编写软件时体会到查询方式的缺点。现在优化这个设计，改为用中断方式来实现秒表，使其计时更精确。合理规划中断处理函数和main()函数中主循环的功能，可以使程序设计更简单，逻辑更清晰。

8.4.1 定时器的更新中断

基本定时器只有一个中断，就是更新中断(Update Interrupt)。一次计数过程结束时，计数寄存器CNT的数值翻转为0，重新开始计数，这时定时器硬件会将UIF标志置位，如果使能了更新中断，那么定时器就会向NVIC提出中断请求。如果NVIC使能了该中断源，NVIC就会向CPU发出中断请求。CPU响应中断请求，主动调用对应的中断处理函数，执行完毕后才返回到被打断的位置，继续执行程序。

使能更新中断后，每次定时时间到，定时器都会向外发出中断请求，而CPU响应中断，就会执行该中断源对应的中断处理函数。中断机制的核心就是硬件发生某些事件时主动向CPU提出请求，CPU响应中断请求，调用专门为该中断编写的中断处理函数，为硬件模块服务。

在定时器中断处理函数中可以完成一些需要周期性处理的工作。此外，由于只要UIF标志为1，定时器就会发出更新中断请求，而UIF标志是硬件置位，需要软件清零，因此在中断处理函数中必须向UIF标志位写入0，将UIF标志复位。

由于CPU响应中断请求时会主动调用中断处理函数，因此整个项目的程序中都不会有调用中断处理函数的代码。这就意味着中断处理函数不可能有参数，也没有返回值，其结果就是中断处理函数只能通过全局变量与外部其他程序之间实现信息交互。

8.4.2 中断机制实现计时

“秒表”实例中最核心的功能就是计时。每当0.1s定时时间到，就需要更新当前计时时间变量，这个简单并且实时性要求高的周期性工作适合在定时中断处理函数中完成。主程序的主循环中动态刷新8位8段LED，显示当前计时时间，并且检查按键情况，实现按键控制。当前计时时间变量必须定义为全局变量，才能在中断处理函数与主程序main()函数之间传递信息，中断处理函数改写当前计时时间变量，而主程序读出显示这个变量的数值。

采用中断机制后，CPU不再查询定时器状态。在执行main()函数while(1)“死循环”的过程中，定时时间到，定时器主动发出中断请求，此时CPU暂停执行当前程序，调用定时器的中断处理函数，更新当前计时时间，然后再返回“死循环”中被打断的位置，继续执行程序。

一个项目中常常会使能多个中断源，需要编写多个中断处理函数。从项目文件管理的角度来说，可以考虑新建一个C语言源文件，专门用于实现中断处理函数。将所有中断处理函数统一存放在一个文件中，便于从项目设计的角度，整体规划和实现各个中断的功能。

每个中断源都必须在NVIC模块中进行初始化，设定中断源优先级，并使能中断源，为此在主程序中编写了myNVIC_Init() 函数完成NVIC模块的初始化工作。main()函数中应该在初始化各个硬件模块之后，调用函数完成NVIC模块的初始化，使能中断源。即在片上硬件模块已经初始化完毕，正常工作后，才使能硬件模块中断源，从而避免错误地触发中断请求。

1. 中断计时的相关程序

与第7章的“秒表”项目相比，改用中断机制后，程序上的改动有3处。

(1) 初始化TIM6时，最后调用TIM_ITConfig()函数，使能了TIM6的更新中断。

(2) main.c源文件中实现了NVIC初始化函数myNVIC_Init()，并且while(1)循环体中不再调用StopWatch_UpdateTime()函数，查询TIM6状态标志，更新当前时间，这部分工作改由中断处理函数完成。

(3) 项目中新增了myIT.c源文件，其中实现了TIM6中断处理函数TIM6_IRQHandler()，更新计时时间。

“秒表”设计的核心代码如下：

main.c

```
#include "LedKey.h"
#include "myTim.h"

//首先 NVIC 设置优先级模式,然后逐个初始化所用中断源
void myNVIC_Init(void)
{   NVIC_InitTypeDef nvic;
    //设置优先级模式,2 位占先式优先级,2 位亚优先级
    NVIC_PriorityGroupConfig(NVIC_PriorityGroup_2);
    //初始化 TIM6 中断源
    nvic.NVIC_IRQChannel = TIM6_IRQn;                    //TIM6 中断源
    nvic.NVIC_IRQChannelPreemptionPriority = 1;          //占先式优先级为 1
    nvic.NVIC_IRQChannelSubPriority = 0;                 //亚优先级为 0
    nvic.NVIC_IRQChannelCmd = ENABLE;                    //使能中断源
    NVIC_Init(&nvic);                                    //调用函数,初始化 TIM6 中断源
}
int main(void)
{   LedKey_Init();
    StopWatch_Init();
    myNVIC_Init();      //先初始化各个硬件模块,然后初始化 NVIC,使能中断源
    while(1)            //循环体执行过程中,一旦有中断请求就会转去执行中断处理函数
    {   DispTime(&time);
        KeyHandler();
    };
}
```

myIT.c

```
#include "myTim.h"
//TIM6 中断处理函数 -- 0.1s 定时到更新当前计时时间
void TIM6_IRQHandler(void)
{   if(TIM_GetITStatus(TIM6, TIM_FLAG_Update) == SET)       //检查 UIF 标志
    {   TIM_ClearITPendingBit(TIM6, TIM_FLAG_Update);       //UIF 复位
        //update time
        time.sec01++;
        if(time.sec01 > 9)
        {   time.sec01 = 0;
            time.sec++;
            if(time.sec > 59)
            {   time.sec = 0;
                time.min++;
                if(time.min > 59)
                {   time.min = 0;
                }
            }
        }
    }
}
```

仔细对比会发现，TIM6 中断处理函数 TIM6_IRQHandler()的代码与查询方式下 StopWatch_UpdateTime()函数的代码一致。需要完成的功能是一样的，只是前者用中断方式完成，而后者用查询方式完成。

在查询方式下，main()函数的 while(1)循环体中调用 StopWatch_UpdateTime()函数，这就意味着每执行一次循环体，这个函数就被调用一次。CPU 不停地执行 while(1)循环体，不停地查询定时器状态，这浪费了 CPU 的执行时间。此外，while(1)循环体中接着调用函数刷新 8 位 8 段 LED 显示，完成按键处理，这两个函数都需要花费一定时间来执行，尤其显示刷新函数中调用了延时函数 delay()，执行时间较长，这会导致不能及时更新当前计时时间，使得秒表计时功能不够精确。

在中断方式下，CPU 执行 while(1)循环体的过程中，只要定时器 TIM6 发出中断请求，立即调用 TIM6 的中断处理函数 TIM6_IRQHandler()更新当前计时时间。定时时间到，CPU 主动调用一次中断处理函数，既确保了实时性，又提高了执行效率。

2. 断点调试中断处理函数

进入 Debug 调试环境，可以单步或设置断点执行程序。由于主程序中没有代码调用中断处理函数，通过单步执行的方法，无法观察到中断处理函数被调用的情况。调试中断程序时，应该在中断处理函数中设置断点，CPU 响应中断请求，执行中断处理函数时遇到断点停下，这时才能观察中断处理函数的执行情况，如图 8.13 所示。

```
myIT.c*    main.c    startup_stm32f10x_hd.s
 2        myIT.c
 3      实现中断处理函数
 4  ************************************************/
 5  #include  "myTim.h"
 6
 7  //0.1s 定时中断，更新当前计时时间
 8  void  TIM6_IRQHandler(void)
 9  {
10    if(TIM_GetITStatus(TIM6, TIM_FLAG_Update)==SET)     //check UIF flag
11    {
12      TIM_ClearITPendingBit(TIM6, TIM_FLAG_Update);     //clear Update flag UIF
13      //update time
14      time.sec01++;
15      if(time.sec01>9)
16      {
17        time.sec01=0;
18        time.sec++;
19        if(time.sec>59)
20        {
21          time.sec=0;
22          time.min++;
23          if(time.min>59)
24          {
25            time.min=0;
26          }
27        }
28      }
29    }
30  }
31
```

Watch 1

Name	Value	Type
TIM6->SR	0x0001	unsigned short
<Enter expression>		

图 8.13　断点调试中断处理函数

在 TIM_ClearITPendingBit()函数调用代码旁设置了断点，按 F5 键运行程序。当按下启动键时启动计时，定时器开始计时，0.1s 定时时间到，触发中断，CPU 响应中断，调

用中断处理函数,遇到断点停下。这时可以在 Watch 窗口中观察硬件模块内部寄存器或全局变量的情况。此时定时器 TIM6 将状态寄存器 SR 中的 UIF 状态标志置位,即 SR 寄存器的 d0 位为 1。

按 F10 键单步执行程序,执行完 TIM_ClearITPendingBit()函数后,能够观察到 SR 寄存器 d0 位被清零。再次单步执行一条指令后,就会看到 SR 寄存器的 d0 位再次被硬件置位了。这是由于在观察以及单步执行指令的过程中,定时器 TIM6 的 0.1s 定时时间到,定时器硬件再次将 UIF 标志置位了。

设置断点调试中断处理函数,确定中断处理函数实现了预设的功能后,应该取消断点,让程序正常执行。

第9章 按键触发中断——EXTI模块

外部中断/事件控制器EXTI专门用于实现片外硬件的中断请求。通过EXTI模块，片外硬件模块就能够如同单片机内部的片上硬件模块一样，向CPU内核提出中断请求，采用中断机制为片外硬件模块服务了。

9.1 外部中断/事件模块EXTI

9.1.1 EXTI功能

单片机中只集成了一个EXTI模块，这个模块能够管理19个外部中断请求，即EXTI0～EXTI18。但是EXTI16、EXTI17和EXTI18已经分别连接了片上硬件的PVD输出事件、RTC闹钟事件和USB唤醒事件，也就是说，这3个片外中断请求实际上被片上硬件占用，不能再连接片外硬件的中断请求了，因此实际上只有EXTI0～EXTI15可由用户自行连接外部中断请求。

EXTI模块主要有以下特性：

- EXTI模块由19个产生事件/中断要求的边沿检测器组成，每个EXTI中断都可以独立配置它的触发事件。
- 每一个EXTI中断都可以单独编程设置使能或禁止该中断。
- 每一个EXTI中断都有一个状态位，反映是否有中断请求等待响应。
- 可以软件触发EXTI中断。

1. EXTI的中断类型号

EXTI的中断类型号以及中断处理函数名见表9.1。

表9.1 EXTI的中断类型号以及中断处理函数名

类型号	中断源	中断处理函数名	说　明
1	PVD	PVD_IRQHandler	连接到EXTI16
6	EXTI0	EXTI0_IRQHandler	连接到EXTI0
7	EXTI1	EXTI1_IRQHandler	连接到EXTI1
8	EXTI2	EXTI2_IRQHandler	连接到EXTI2
9	EXTI3	EXTI3_IRQHandler	连接到EXTI3
10	EXTI4	EXTI4_IRQHandler	连接到EXTI4
23	EXTI9_5	EXTI9_5_IRQHandler	EXTI9～EXTI5所产生的中断请求，作为一个中断源
40	EXTI15_10	EXTI15_10_IRQHandler	EXTI10～EXTI15所产生的中断请求，作为一个中断源
41	RTC Alarm	RTCAlarm_IRQHandler	RTC闹钟中断，连接到EXTI17
42	USB唤醒	USBWakeUp_IRQHandler	将USB从待机中唤醒，连接到EXTI18

EXTI9～EXTI5作为一个中断源，只占用了一个中断类型号，对应只有一个中断处理函数，函数名为EXTI9_5_IRQHandler。这意味着EXTI9～EXTI5中任意一个触发了

中断请求,CPU 都会调用 EXTI9_5_IRQHandler()中断处理函数,因此在函数内部必须判断状态标志,分别进行处理。EXTI10～EXTI15 也是如此。

2. 片外硬件的中断请求

EXTI0～EXTI15 可以连接片外硬件的中断请求,那么外部硬件模块必须通过单片机的引脚,才能将中断请求发送给单片机,这里使用 GPIO 模块的 IO 引脚与片外硬件模块相连。EXTI0 可以通过任何一个 GPIO 模块的 Pin0 引脚连接片外硬件模块,EXTI1 可以通过 Pin1 引脚连接,以此类推,EXTI15 可以通过任意一个 GPIO 模块的 Pin15 引脚连接片外硬件模块,可以编程设置 EXTI 的引脚选择情况。

例如,EXTI0 可以选择任意一个 GPIO 模块的 Pin0 引脚,连接片外硬件模块,如图 9.1 所示。通过配置 AFIO 模块的 EXTICR1 寄存器中的控制位 EXTI0[3:0],可以从 PA0～PG0 中选择一个引脚作为 EXTI0 的输入引脚。EXTI1 则是从 PA1～PG1 中选择一个引脚作为输入引脚,以此类推,EXTI15 则是从 PA15～PG15 中选择一个引脚。

AFIO 模块中有 4 个寄存器专门用于 EXTI 模块的引脚配置,分别是 EXTICR1～EXTICR4,详细情况可以查阅参考手册。

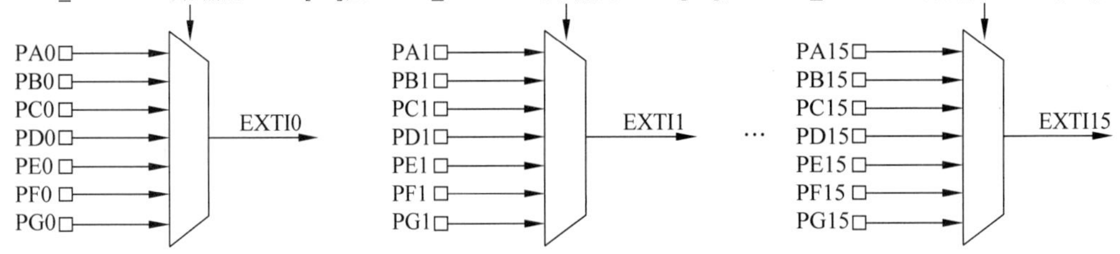

图 9.1　EXTI 模块引脚配置示意图

配置了 EXTI 的引脚后,片外硬件模块就可以通过所选择的 IO 引脚与单片机相连,向单片机发出中断请求了。

3. EXTI 的中断特性

- 每个 EXTI 中断都可以编程设置它的中断触发信号,即对应 IO 引脚上检测到上升沿触发中断,还是下降沿触发中断,也可以配置为双边沿触发中断;
- 每个 EXTI 中断可以编程设置是使能中断,还是禁止中断;
- 通过写 SWIER 寄存器,可以软件触发 EXTI 中断;
- 每个 EXTI 中断都有一个状态位,反映是否提出了中断请求。

可以查看 EXTI 中断的状态,了解哪些 EXTI 触发了中断请求。尤其是多个 EXTI 作为一个中断源,如 EXTI5～EXTI9 或 EXTI10～EXTI15。当某个 EXTI 引脚上产生指定边沿,触发中断请求时,中断处理函数中必须确定是哪个 EXTI 触发了中断请求,进而执行相应的处理程序。

9.1.2 EXTI 寄存器

教学视频

1. 中断屏蔽寄存器(IMR)

IMR 寄存器使能或禁止 EXTI 中断,如图 9.2 所示。

偏移地址: 0x00
复位值: 0x0000 0000

31	30	29	28	27	26	25	24	23	22	21	20	19	18	17	16
保留													MR18	MR17	MR16
													rw	rw	rw

15	14	13	12	11	10	9	8	7	6	5	4	3	2	1	0
MR15	MR14	MR13	MR12	MR11	MR10	MR9	MR8	MR7	MR6	MR5	MR4	MR3	MR2	MR1	MR0
rw	rw	rw	rw	rw	rw	rw	rw	rw	rw	rw	rw	rw	rw	rw	rw

图 9.2 中断屏蔽寄存器 IMR

IMR 寄存器为可读写的 32 位寄存器,d0～d18 位分别控制 EXTI0～EXTI18 中断,为 0 时屏蔽对应 EXTI 的中断请求,为 1 时则开放中断请求。

复位时默认情况下 IMR 寄存器值为 0,屏蔽所有 EXTI 中断。

2. 上升沿触发选择寄存器(RTSR)

RTSR 寄存器配置 EXTI 的触发信号,决定上升沿是否触发中断请求,如图 9.3 所示。

偏移地址: 0x08
复位值: 0x0000 0000

31	30	29	28	27	26	25	24	23	22	21	20	19	18	17	16
保留													TR18	TR17	TR16
													rw	rw	rw

15	14	13	12	11	10	9	8	7	6	5	4	3	2	1	0
TR15	TR14	TR13	TR12	TR11	TR10	TR9	TR8	TR7	TR6	TR5	TR4	TR3	TR2	TR1	TR0
rw	rw	rw	rw	rw	rw	rw	rw	rw	rw	rw	rw	rw	rw	rw	rw

图 9.3 RTSR

RTSR 寄存器为可读写的 32 位寄存器,d0～d18 位有效,每个二进制位控制一个 EXTI,为 1 时 EXTI 输入引脚上的上升沿会触发中断请求,为 0 时不会。

复位后 RTSR 寄存器的数值为 0。

3. 下降沿触发选择寄存器(FTSR)

FTSR 寄存器决定下降沿是否会触发中断请求,如图 9.4 所示。

与 RTSR 寄存器相似,FTSR 寄存器的 d0～d18 位分别控制一个 EXTI,为 1 时

偏移地址：0x0C
复位值：0x0000 0000

31	30	29	28	27	26	25	24	23	22	21	20	19	18	17	16
保留													TR18	TR17	TR16
													rw	rw	rw

15	14	13	12	11	10	9	8	7	6	5	4	3	2	1	0
TR15	TR14	TR13	TR12	TR11	TR10	TR9	TR8	TR7	TR6	TR5	TR4	TR3	TR2	TR1	TR0
rw	rw	rw	rw	rw	rw	rw	rw	rw	rw	rw	rw	rw	rw	rw	rw

图 9.4　FTSR

EXTI 引脚上的下降沿会触发中断请求，为 0 时不会。

如果将 RTSR 和 FTSR 中对应二进制位都设置为 1，就可以实现双边沿触发，这时 EXTI 引脚的上升沿和下降沿都会触发中断请求。

4. 软件中断事件寄存器(SWIER)

写 SWIER 寄存器可以触发 EXTI 中断，如图 9.5 所示。此时不是外部硬件触发 EXTI 中断请求，而是通过执行指令写 SWIER 寄存器，触发 EXTI 中断请求，也就是软件触发中断请求。

偏移地址：0x10
复位值：0x0000 0000

31	30	29	28	27	26	25	24	23	22	21	20	19	18	17	16
保留													SWIER18	SWIER17	SWIER16
													rw	rw	rw

15	14	13	12	11	10	9	8	7	6	5	4	3	2	1	0
SWIER15	SWIER14	SWIER13	SWIER12	SWIER11	SWIER10	SWIER9	SWIER8	SWIER7	SWIER6	SWIER5	SWIER4	SWIER3	SWIER2	SWIER1	SWIER0
rw	rw	rw	rw	rw	rw	rw	rw	rw	rw	rw	rw	rw	rw	rw	rw

图 9.5　SWIER

SWIER 寄存器的 d0～d18 位分别控制一个 EXTI。该位为 0 时可以写入 1，此时软件触发对应的 EXTI 中断请求，EXTI 模块硬件会将 PR 寄存器的对应位置位，说明 EXTI 产生了中断请求。写 PR 寄存器将该位清零时会同时清除 SWIER 中的对应位。

5. 挂起寄存器(PR)

PR 寄存器说明 EXTI 中断请求的状态，如图 9.6 所示。

PR 寄存器的 d0～d18 位分别说明一个 EXTI 的状态，为 1 说明对应 EXTI 触发了中断请求，为 0 则没有。当 EXTI 引脚上发生了指定的跳变时硬件将该位置位。如果 IMR 开放了该 EXTI 中断，则会向 NVIC 提出中断请求。如果 NVIC 开放了该中断源，那么 CPU 响应中断请求，就会跳转去执行对应的中断服务函数。

对 PR 寄存器可以做读操作，读出 PR 寄存器当前的数值。写操作只能写 1，写 0 无效，对应位写入 1 时其作用是将该二进制位清零。图 9.6 中二进制位下方的标识“rc_w1”说

偏移地址：0x14
复位值：0xXXXX XXXX

31	30	29	28	27	26	25	24	23	22	21	20	19	18	17	16
保留													PR18	PR17	PR16
													rc_w1	rc_w1	rc_w1

15	14	13	12	11	10	9	8	7	6	5	4	3	2	1	0
PR15	PR14	PR13	PR12	PR11	PR10	PR9	PR8	PR7	PR6	PR5	PR4	PR3	PR2	PR1	PR0
rc_w1	rc_w1	rc_w1	rc_w1	rc_w1	rc_w1	rc_w1	rc_w1	rc_w1	rc_w1	rc_w1	rc_w1	rc_w1	rc_w1	rc_w1	rc_w1

图 9.6　PR

明可读，写 1 清零。

当触发了 EXTI 中断时，硬件将 PR 寄存器对应位置位。开放了 EXTI 中断的情况下，只要 PR 寄存器中对应位为 1，EXTI 模块就会向 NVIC 提出中断请求。CPU 响应中断请求，就会执行对应的 EXTI 中断处理函数，因此中断处理函数一定要向 PR 寄存器对应位写入 1，将 PR 寄存器对应二进制位清零。

9.1.3　EXTI 的相关库函数

CMSIS 库的 stm32f10x_exti. h 头文件中声明了 EXTI 模块相关的库函数以及宏定义。EXTI 中断需要通过 IO 引脚与外部硬件模块相连，将某个 GPIO 引脚配置为 EXTI 输入信号，这需要配置 AFIO 模块的相关寄存器，对应的接口函数在 stm32f10x_gpio. h 头文件中声明。与外部中断相关的 4 个库函数如下：

- GPIO_EXTILineConfig()函数：指定某个 GPIO 引脚作为 EXTI 的输入引脚；
- EXTI_Init()函数：初始化指定的 EXTI，设定中断模式、边沿触发情况，使能/禁止该 EXTI 中断；
- EXTI_GetITStatus()函数：返回指定 EXTI 的中断请求状态；
- EXTI_ClearITPendingBit()函数：清除指定 EXTI 的中断请求标志。

1. EXTI 引脚配置函数 GPIO_EXTILineConfig()

GPIO_EXTILineConfig(uint8_t GPIO_PortSource，uint8_t GPIO_PinSource)函数带有 2 个 uint8_t 类型的参数，前者指定 GPIO 端口，后者指定端口中的 IO 引脚。stm32f10x_gpio. h 头文件中为这 2 个参数定义了相关的宏，如图 9.7 所示。

2. EXTI 初始化函数 EXTI_Init()

EXTI_Init()函数只带有一个结构体指针类型的参数，如图 9.8 所示。

EXTI_Line 指定 EXTI，从宏定义可以看出，EXTI_Line0 数值的 d0 位为 1，EXTI_Line1 数值的 d1 位为 1，以此类推，一个二进制位控制一个 EXTI_Line，因此这个参数可以用“按位相或”运算符，将多个宏定义相或，作为参数传递给函数，这样调用一次 EXTI_

```
void GPIO_EXTILineConfig(uint8_t GPIO_PortSource, uint8_t GPIO_PinSource);
```

```
#define GPIO_PortSourceGPIOA        ((uint8_t)0x00)
#define GPIO_PortSourceGPIOB        ((uint8_t)0x01)
#define GPIO_PortSourceGPIOC        ((uint8_t)0x02)
#define GPIO_PortSourceGPIOD        ((uint8_t)0x03)
#define GPIO_PortSourceGPIOE        ((uint8_t)0x04)
#define GPIO_PortSourceGPIOF        ((uint8_t)0x05)
#define GPIO_PortSourceGPIOG        ((uint8_t)0x06)
```

```
#define GPIO_PinSource0             ((uint8_t)0x00)
#define GPIO_PinSource1             ((uint8_t)0x01)
#define GPIO_PinSource2             ((uint8_t)0x02)
#define GPIO_PinSource3             ((uint8_t)0x03)
#define GPIO_PinSource4             ((uint8_t)0x04)
#define GPIO_PinSource5             ((uint8_t)0x05)
#define GPIO_PinSource6             ((uint8_t)0x06)
#define GPIO_PinSource7             ((uint8_t)0x07)
#define GPIO_PinSource8             ((uint8_t)0x08)
#define GPIO_PinSource9             ((uint8_t)0x09)
#define GPIO_PinSource10            ((uint8_t)0x0A)
#define GPIO_PinSource11            ((uint8_t)0x0B)
#define GPIO_PinSource12            ((uint8_t)0x0C)
#define GPIO_PinSource13            ((uint8_t)0x0D)
#define GPIO_PinSource14            ((uint8_t)0x0E)
#define GPIO_PinSource15            ((uint8_t)0x0F)
```

图 9.7　EXTI 线的配置函数

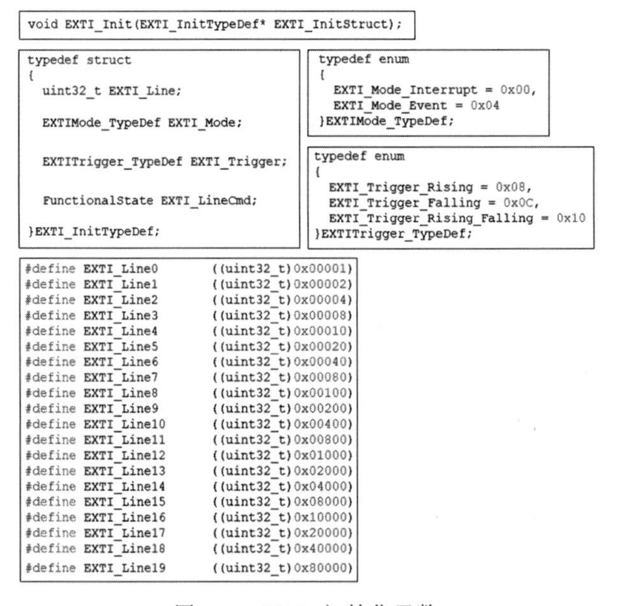

```
void EXTI_Init(EXTI_InitTypeDef* EXTI_InitStruct);
```

```
typedef struct
{
  uint32_t EXTI_Line;

  EXTIMode_TypeDef EXTI_Mode;

  EXTITrigger_TypeDef EXTI_Trigger;

  FunctionalState EXTI_LineCmd;

}EXTI_InitTypeDef;
```

```
typedef enum
{
  EXTI_Mode_Interrupt = 0x00,
  EXTI_Mode_Event = 0x04
}EXTIMode_TypeDef;
```

```
typedef enum
{
  EXTI_Trigger_Rising = 0x08,
  EXTI_Trigger_Falling = 0x0C,
  EXTI_Trigger_Rising_Falling = 0x10
}EXTITrigger_TypeDef;
```

```
#define EXTI_Line0      ((uint32_t)0x00001)
#define EXTI_Line1      ((uint32_t)0x00002)
#define EXTI_Line2      ((uint32_t)0x00004)
#define EXTI_Line3      ((uint32_t)0x00008)
#define EXTI_Line4      ((uint32_t)0x00010)
#define EXTI_Line5      ((uint32_t)0x00020)
#define EXTI_Line6      ((uint32_t)0x00040)
#define EXTI_Line7      ((uint32_t)0x00080)
#define EXTI_Line8      ((uint32_t)0x00100)
#define EXTI_Line9      ((uint32_t)0x00200)
#define EXTI_Line10     ((uint32_t)0x00400)
#define EXTI_Line11     ((uint32_t)0x00800)
#define EXTI_Line12     ((uint32_t)0x01000)
#define EXTI_Line13     ((uint32_t)0x02000)
#define EXTI_Line14     ((uint32_t)0x04000)
#define EXTI_Line15     ((uint32_t)0x08000)
#define EXTI_Line16     ((uint32_t)0x10000)
#define EXTI_Line17     ((uint32_t)0x20000)
#define EXTI_Line18     ((uint32_t)0x40000)
#define EXTI_Line19     ((uint32_t)0x80000)
```

图 9.8　EXTI 初始化函数

Init()函数,就可以一次完成多个 EXTI 的初始化。

EXTI_Mode 指明是中断(Interrupt),还是事件(Event),通常为中断模式。

EXTI_Trigger 指定中断请求的触发方式,上升沿、下降沿或双边沿触发。

EXTI_LineCmd 参数取值只有 ENABLE 或 DISABLE,开放或屏蔽指定的 EXTI。

调用该函数完成指定 EXTI 的初始化。

3. EXTI 状态查询函数 EXTI_GetITStatus()

EXTI_GetITStatus(uint32_t EXTI_Line)函数返回指定的某一个 EXTI 的状态，即 PR 寄存器中对应位的值。返回值的取值只有两种情况：SET 或 RESET。

这个函数会判断是否开放了该 EXTI 中断，如果为屏蔽状态则始终返回 RESET。

与之相似的是 EXTI_GetFlagStatus(uint32_t EXTI_Line)函数，这个函数直接返回 PR 寄存器中某个 EXTI 的状态，不判断是否开放 EXTI 中断。

4. EXTI 清除中断请求函数 EXTI_ ClearITPendingBit()

EXTI_ClearITPendingBit(uint32_t EXTI_Line)函数直接向 PR 寄存器指定位写 1，清除该位。

教学视频

9.1.4 EXTI 初始化步骤及中断响应过程

1. EXTI 中断初始化步骤

片外硬件模块通过 IO 引脚向 EXTI 提出中断请求，通过 AFIO 模块配置 EXTI 使用的 IO 引脚，因此这里涉及 GPIO 模块、AFIO 模块、EXTI 模块以及中断控制器 NVIC 模块，这 4 个模块用于实现外部硬件的中断控制。初始化时可以按照信号流向的先后顺序依序完成 4 个模块的初始化工作。

(1) 调用 GPIO 库函数，初始化 EXTIx 对应的 IOx 引脚。

(2) 调用 GPIO 库函数，配置 AFIO 寄存器，设定 IOx 引脚作为 EXTIx 的输入引脚。

(3) 调用 EXTI 库函数，配置 EXTI 的 RTSR 和 FTSR 寄存器，设定 EXTIx 的触发边沿。

(4) 调用 EXTI 库函数，配置 EXT 的 IMR 寄存器，开放 EXTIx 中断。

现在片外硬件可以通过 IOx 引脚向 EXTIx 提出中断请求，而 EXTIx 接收到中断请求后，会向 NVIC 提出中断请求。

(5) 调用 NVIC 库函数，完成中断源初始化，设置 EXTIx 中断源的优先级，并开放 EXTIx 中断源。

(6) 实现 EXTI 中断处理函数，为外部硬件模块服务，并且中断处理函数中需要调用库函数，向 PR 寄存器对应位写入 1，清除 EXTIx 中断请求。

2. EXTI 中断响应过程

EXTI 中断响应过程如下：

(1) EXTI 输入引脚上发生指定跳变；

(2) EXTI 模块检测到跳变，将 PR 寄存器对应位置位；

(3) EXTI 模块向 NVIC 提出中断请求；

(4) NVIC 向 CPU 提出中断请求，CPU 根据中断类型号，查询中断向量表，调用对应的中断处理函数；

(5) 中断处理函数中，向 PR 寄存器指定位写 1，清除 EXTI 中断请求；

(6) 中断函数执行完后，返回被打断的位置，继续执行程序。

在 EXTI 中断响应过程中，只有写 PR 寄存器是执行指令，由软件实现，其他全部由硬件自动完成。

例 9.1：按键 Key1 控制小灯闪烁，每按一次按键，小灯 L0、L1 亮灭闪烁 3 次。

(1) 硬件设计

直接利用单片机最小系统板上提供的小灯，LED 小灯 L0、L1 的阳极分别接 PC6 和 PC7 引脚，阴极通过限流电阻接最小系统板的 GND。也可以在面包板上自行搭建小灯电路。

在面包板上搭建硬件电路，轻触按键 Key1 接 PB0 引脚，另一端接单片机最小系统板的 GND。连接按键时注意应使用万用表检测通断状态，确定按下时两端导通，松开时两端断开。

(2) 软件设计

本节只重点讨论外部中断部分的程序。这里采用中断方式实现按键处理，按键按下时产生下降沿，由于 EXTI 模块中包含有边沿检测器，可以编程设定 EXTI 信号的下降沿触发中断，这样每按一次按键就能触发一次 EXTI 中断。

采用中断机制处理按键需要完成 EXTI 初始化，NVIC 初始化，并且编写 EXTI 中断处理函数。

PB0 引脚连接按键 Key1，PB0 作为输入引脚，先调用 GPIO_Init() 函数完成 IO 引脚初始化，设置为输入上拉模式。然后调用 GPIO_EXTILineConfig() 函数将 PB0 配置为 EXTI 的输入引脚，由于任意 GPIO 模块的 Pin0 只能作为 EXTI0 的输入信号，因此一旦将 PB0 配置为 EXTI 的输入引脚，那么它一定是作为 EXTI0 的输入。

接着调用 EXTI_Init() 函数初始化 EXTI0，中断模式，下降沿触发，并且使能 EXTI0。

EXTI 初始化函数定义如下：

```
void EXTIKey_init(void)
{   GPIO_InitTypeDef pinInitStruct;
    EXTI_InitTypeDef exti0InitStruct;
    //开时钟
    RCC_APB2PeriphClockCmd(RCC_APB2Periph_GPIOB|RCC_APB2Periph_AFIO, ENABLE);
    //PB0 - IPU 模式
    pinInitStruct.GPIO_Pin = GPIO_Pin_0;
    pinInitStruct.GPIO_Mode = GPIO_Mode_IPU;
    pinInitStruct.GPIO_Speed = GPIO_Speed_2MHz;
    GPIO_Init(GPIOB, &pinInitStruct);
    //PB0 配置为 EXTI
    GPIO_EXTILineConfig(GPIO_PortSourceGPIOB, GPIO_PinSource0);
```

```
    //EXTI0 初始化
    exti0InitStruct.EXTI_Line = EXTI_Line0;
    exti0InitStruct.EXTI_Mode = EXTI_Mode_Interrupt;
    exti0InitStruct.EXTI_Trigger = EXTI_Trigger_Falling;
    exti0InitStruct.EXTI_LineCmd = ENABLE;
    EXTI_Init(&exti0InitStruct);
    //清除 EXTI0 中断请求状态
    EXTI_ClearITPendingBit(EXTI_Line0);
}
```

每按一次按键就会触发EXTI0中断请求，CPU响应中断，调用EXTI0中断处理函数。EXTI0中断函数中只是将按键标志置位，小灯闪烁功能在main()函数中实现。

```
void EXTI0_IRQHandler(void)
{   if(EXTI_GetITStatus(EXTI_Line0) == SET)          //判断 EXTI0 状态标志
    {   Key_IntFlag |= KEYFlag;                      //按键标志置位
        delay(0x10000);            //按键按下松开时有抖动现象,延时等待抖动时间过去
        EXTI_ClearITPendingBit(EXTI_Line0);          //然后 EXTI0 状态标志清零，避免抖
                                                     //动触发多次中断
    }
}
```

主程序中实现NVIC初始化函数，在main()函数中应该先调用函数，完成各个硬件模块初始化之后，再调用NVIC初始化函数，开放中断源。

main()函数中的while(1)循环体中，判断按键标志，当标志置位时控制小灯亮、灭3次，并且将标志复位。EXTI0中断处理函数与主程序之间通过按键标志传递信息，按下按键时触发中断，将标志置位。主程序中不断检测标志，一旦标志为1，就控制小灯亮灭，并且将标志复位。

```
#include "ledkey.h"
#define     CLI()       __set_PRIMASK(1)          //禁止 INTR 中断
#define     STI()       __set_PRIMASK(0)          //使能 INTR 中断
void myNVICInit(void)
{   NVIC_InitTypeDef nvicInitStrut;
    NVIC_PriorityGroupConfig(NVIC_PriorityGroup_2);
    //EXTI0 中断源，占先式优先级为 2，亚优先级为 2，使能它
    nvicInitStrut.NVIC_IRQChannel = EXTI0_IRQn;
    nvicInitStrut.NVIC_IRQChannelPreemptionPriority = 2;
    nvicInitStrut.NVIC_IRQChannelSubPriority = 2;
    nvicInitStrut.NVIC_IRQChannelCmd = ENABLE;
    NVIC_Init(&nvicInitStrut);
}
int main(void)
{   uint8_t i = 0;
```

```
        CLI();                              //CPU 关中断
        EXTIKey_init();                     //初始化按键, 触发 EXTI0
        Led_Init();                         //小灯引脚初始化
        myNVICInit();                       //中断初始化
        STI();                              //CPU 开中断
        while(1)
        {    if(Key_IntFlag & KEYFlag != 0)   //判断按键标志位
             {    for(i = 0;i < 3;i++)
                  {    LED_Flip();
                       delay(0x200000);
                       LED_Flip();
                       delay(0x200000);
                  }
                  Key_IntFlag &= ~KEYFlag;  //按键标志位清零
             }
        }
}
```

教学视频

9.2 设计实例——中断方式处理秒表按键

第8章实现了秒表的基本功能，通过3个按键实现启动计时、暂停计时和计时清零功能。设计中使用的是薄膜按键，按键松开时为高电平，按下时为低电平。以查询方式实现按键处理，在主程序的while(1)循环体中调用KeyHandler()函数，读入相关IO引脚状态，决定是否执行对应按键的处理程序。

9.2.1 分段计时功能

实现了秒表基本功能之后，可以进一步设计更多的功能。在操场完成长跑测验时，除了希望记录整个长跑用时以外，还希望能够进一步知道每一圈的用时，每跑一圈就按一次键记录这一圈的用时。完成长跑后，可以查看总耗时，或者每一圈的用时。复位后清除所有计时记录，重新开始新一轮次的记录。

在增加分段计时时间功能后，显示部分的功能也需要随之调整。在计时过程中显示计时时间，在计时结束后显示分段计时时间，因此需要一个按键来控制秒表的工作模式，在"计时"模式和"分段显示"模式之间进行切换。

设想一个应用场景：在操场上教练正在指导运动员进行长跑训练，开始计时了，每跑一圈都按一下分段计时键，记录下这一圈的用时。跑完预定的圈数后，按下暂停键，停止计时，教练与运动员一起查看这一轮长跑的情况。先查看整个长跑的用时，然后按"模式"键，切换模式，进入"计时显示"模式，依次查看每一圈的用时。交流讨论后，按下复位键，清除本次长跑记录。按下启动键，开始新一轮的长跑训练。

在第8章设计的秒表功能基础上，加入分段计时功能后，秒表功能描述如下：

- 时间精确到 0.1s。考虑到秒表通常计时时间不长，所以只实现一小时之内的计时。
- 显示格式为“xx-xx-xM”。正常计时过程中前面 7 位显示当前计时时间，最后一位显示分段记录的条数，而在“分段显示”模式下，前面 7 位显示分段计时时间，最后一位为所显示记录的序号。
- 具有“启动”键、“暂停”键、“复位”键、“模式”键、“分段计时”键。

在任何时刻按“复位”键，均清除所有计时时间，进入“计时显示”模式。

在“计时显示”模式下，可以启动计时、暂停计时或记录分段时间。在任何时刻按一次“分段计时”键，就记录当前计时时间与上一次分段计时之间的差值，最多可保存 9 条分段时间记录。

在任何时刻按“模式”键，就进入“分段显示”模式。进入“分段显示”模式，就意味着本次计时结束，自动暂停计时，显示第 1 圈时间。

在“分段显示”模式下，每按一次“分段计时”键就显示下一条记录，依次循环显示所有的分段时间记录。

在“分段显示”模式下，“启动”键和“暂停”键无效，只能查看这一轮计时时间。只有按下“复位”键，才能回到“计时显示”模式下，开始新一轮计时。

- 一轮计时过程。

初始时，显示的当前计时时间为零分零秒，停止计时状态。

按“启动”键，启动计时。显示的计时时间开始变化，最后一位的时间单位为 0.1s。

按“暂停”键，暂停计时，显示的计时时间保持不变。

再次按“启动”键，可以再次启动计时，在当前计时时间基础上，继续计时。

每按一次“分段计时”键，就记录分段时间，最多可保存并显示 9 条分段时间记录。

计时结束时，按“暂停”键停止计时，查看总计时时间后，按“模式”键，切换到“分段显示”模式，查看分段时间记录，按“分段计时”键查看下一条记录。

按“复位”键，清除所有计时记录，回到“计时”显示模式下。

9.2.2 硬件设计

秒表设计使用 1×4 薄膜按键中的 3 个按键，实现了“启动”键、“暂停”键和“复位”键，而显示部分使用了 8 位 8 段 LED 中的 7 位显示当前计时时间。为实现分段计时功能，增加了两个按键：一个按键切换显示模式；另一个按键作为“分段计时”键，每按一次记录一次分段时间。

分段计时功能需要记录按下按键那一时刻的时间，也就是说，需要检测 IO 引脚的边沿。而 EXTI 模块的每个 EXTI 线都有边沿检测器，检测到指定边沿时触发 EXTI 中断，因此分段计时功能的按键处理适宜采用外部中断 EXTI 模块，用中断方式实现按键处理。

薄膜按键的工艺使得按键有等效电容，而等效电容的存在导致 EXTI 模块边沿检测器容易错误地检测到边沿，进而误触发中断请求，因此“分段计时”键不能采用薄膜按键，而适宜采用轻触按键来实现。

在第7章硬件连接的基础上，只需要增加一个轻触按键，作为“分段计时”键，可以用两脚或4脚的轻触按键。在面包板上实现接口电路，按键一端接最小系统板的GND，另一端接PB0引脚。

IO引脚的使用情况如下：

- 8位8段LED显示——PE0～PE7控制8位8段LED的位选信号，PE8～PE15控制8位8段LED的段选。
- 1×4按键——PC0～PC3。
- 轻触按键——PB0。

9.2.3 软件设计

前面已经实现了秒表基本功能，现在需要在此基础上实现分段计时功能。我们需要对已经实现部分的程序架构有清晰的了解。

1. 秒表基本功能程序架构

1）main.c文件

调用DispTime()函数，动态刷新7位8段LED的显示，显示当前计时时间；

调用KeyHandler()函数，查询方式实现了“启动”键、“暂停”键和“复位”键的处理。

2）myIT.c文件

TIM6定时器实现0.1s定时，产生更新中断。中断方式实现计时，中断处理函数TIM6_IRQHandler()负责更新当前计时时间。

2. 增加分段计时功能后的程序架构

1）myTim.c源文件

在myTim.c中实现与计时工作相关的接口函数，这也是秒表的核心功能。

核心功能部分增加了分段计时功能，要求能够保存10条分段时间记录。定义TimeTypeDef类型的数组PSegTimeArry[10]保存分段时间，实现接口函数StopWatch_SaveSegTime()，计算分段时间，并且保存到数组中。

为了显示分段时间记录，秒表具有两种工作模式：“计时”模式和“分段显示”模式。进入“分段显示”模式，就意味着本次计时结束，只能查看分段时间记录，不能再计时。只有复位后，才重新进入“计时”模式，重新开始新一次计时过程。

复位时不仅仅需要将当前计时时间清零，还需要将所有分段时间记录清零，分段时间记录条数清零，显示分段时间记录的计数器清零，复位时要完成的工作比较复杂，实现接口函数StopWatch_TimeRecInit()，完成复位时需要完成的所有工作。

myTim.h中为启动、暂停和复位定义了3个宏，这里只需要修改复位的宏定义，改为调用 StopWatch_TimeRecInit()函数即可。

2）LedKey.c 源文件

LedKey.c 中实现按键显示部分的接口函数。

新增"模式"键和"分段计时"键，其中"模式"键与"启动"等其他 3 个按键的处理相似，直接修改 KeyHandler()函数，增加"模式"键的相关处理代码即可。"分段计时"键采用中断方式，触发 EXTI0 中断，中断处理函数在 myIT.c 中实现。修改 KeyInit()函数，增加这两个按键的初始化程序段。

显示部分功能分成了两种显示情况，显示当前计时时间以及显示分段时间记录，为此增加了两个接口函数：DispSegTime()和 DispCurTime()。

3）myIT.c 源文件

myIT.c 中实现中断处理函数。

新增 EXTI0 中断，在这里实现 EXTI0_IRQHandler()中断处理函数。每按一次"分段计时"键就触发一次 EXTI0 中断，在中断处理函数中实现按键功能。在"计时"模式下，每按一次"分段计时"键，就保存一条分段时间记录；而在"分段显示"模式下，每按一次"分段计时"键，就显示下一条分段时间记录。

轻触按键按下和松开时有抖动现象，为避免抖动造成多次触发中断，在中断处理函数中调用了 delay()延时函数。

4）main.c 源文件

中断初始化函数 myNVIC_Init()中增加了 EXTI0 中断源的初始化程序。项目中有多个中断源时可以根据发生中断的频率高低来设定中断源的优先级。中断频率越高，相应的中断处理函数执行时间就应该越短。

秒表项目中有 0.1s 定时中断和按键中断，与前者相比，后者的频率很低，并且中断处理函数中调用了延时函数，函数执行时间较长，因此 TIM6 定时器中断的优先级应该高于 EXTI0 中断。

main()函数的 while(1)循环体中调用接口函数刷新 LED 显示，查询处理按键。根据秒表模式决定当前显示的信息。

3. 部分代码分析

从项目开发的角度来说，程序架构的重要性远远高于编程技巧。在秒表项目的具体程序中，我们只重点分析以下两段代码。

1）定义宏说明具体数值

秒表分为"计时"模式和"分段显示"模式，代码中定义了全局变量 PMode 说明秒表的工作模式，并为两个工作模式分别定义了宏 MODE_CUNT 和 MODE_SEGDSP。在程序中判断或修改模式时都使用了相关宏定义，而没有直接用立即数进行比较或赋值。

首先，使用宏定义可以大大提高程序的可读性。宏定义的名字就说明了自身的含义，而立即数没有给出任何信息，容易造成逻辑错误。

① 采用宏定义

```
if(PMode == MODE_CUNT)
{    …    }
else if(PMode == MODE_SEGDSP)
{    …    }
```

② 采用立即数

```
if(PMode == 0)
{    …    }
else if(PMode == 1)
{    …    }
```

其次，使用宏定义方便修改程序。如果我们修改程序，用一个二进制位来说明模式，d0 位说明“计时”模式，d1 位说明“分段显示”模式，那么“计时”模式的数值 0x01，而“分段显示”模式的数值为 0x02。如果程序中都使用宏定义，那么只需要修改宏定义中的数值即可，无须修改具体指令。如果在程序中使用立即数，则需要仔细找到所有相关的指令，逐一修改所有的立即数，很容易出现改漏或改错了的现象，导致程序出错。

类似地，项目中定义了宏 STOPWATCH_SEGNUM 说明分段时间记录总条数，代码中都使用 STOPWATCH_SEGNUM，而不是立即数。如果硬件扩展了，则可以显示更多条记录，那么只要修改这个宏定义的数值，就可以保存和显示更多条记录了。

2）计算保存分段时间记录

保存分段时间记录时需要注意保存的记录条数有限，不能超过 STOPWATCH_SEGNUM，并且计算分段时间是当前计时时间减去上次分段计时时间，由于时间变量包含分、秒和 0.1 秒数值，因此不能直接将两个结构体变量相减，需要考虑具体算法。

这里直接将两个时间都转换成 0.1 秒的数值，然后计算两者之间的差值，最后再换算回分、秒和 0.1 秒数值，保存下来。具体代码如下：

```
void StopWatch_SaveSegTime(void)
{    uint32_t lasttime, nowtime, seg, rem;
     if(PSegNum >= STOPWATCH_SEGNUM)        //PSegNum 为已保存记录条数
         return;
     // PLastSegTime 和 PTime 都是全局变量
     lasttime = PLastSegTime.min * 600 + PLastSegTime.sec * 10 + PLastSegTime.sec01;
     nowtime = PTime.min * 600 + PTime.sec * 10 + PTime.sec01;
     seg = nowtime - lasttime;
     //换算回分、秒、0.1 秒
     PSegTimeArry[PSegNum].min = seg/600;
     rem = seg % 600;
     PSegTimeArry[PSegNum].sec = rem/10;
     PSegTimeArry[PSegNum].sec01 = rem % 10;
     PSegNum++;                             //记录条数加 1，注意数组下标从 0 开始
     //更新上次分段时间变量 PLastSegTime，为下次分段计时做好准备
     PLastSegTime.min = PTime.min;
     PLastSegTime.sec = PTime.sec;
     PLastSegTime.sec01 = PTime.sec01;
}
```

提高篇

第10章

让小车跑起来——PWM调速

10.1 通用定时器的基本定时功能

教学视频

10.1.1 通用定时器概述

通用定时器 TIM2～TIM5 的内部结构如图 10.1 所示。与基本定时器相比,通用定时器增加了 4 个通道的相关电路。定时器的核心依然是一个 16 位的计数器,这部分电路与基本定时器基本一致。在此基础上,增加了 4 个捕获比较通道,每个通道可以单独设置通道的工作模式。

通用定时器的时基单元中包含 16 位的自动装载寄存器 ARR、计数寄存器 CNT 和预分频寄存器 PSC。PSC 寄存器设定对定时器时钟源的分频系数,分频后的时钟 CK_CNT 作为定时器时钟。CNT 寄存器对时钟信号的上升沿进行计数。ARR 寄存器设定一个计数周期的脉冲个数。这 3 个寄存器的功能与基本定时器中寄存器功能一样,通用定时器可以完全实现基本定时器的功能。与基本定时器相比,通用定时器的定时功能有所加强。

10.1.2 通用定时器的时钟源

通用定时器的时钟来源有 3 个:来自内部 RCC 总线的时钟 CK_INT,通过引脚 TIM_ETR 输入的时钟信号或从 TIx 输入的外部时钟信号。可编程选择其中一个信号作为定时器预分频之前的初始时钟 CK_PSC,如图 10.2 所示。

来自 RCC 的时钟称为“内部时钟模式”,这也是复位后默认选择的时钟模式。用户可以编程设置时钟模式。选择 TRGI 信号作为定时器的时钟源,称为“外部时钟模式 1”。也可以选择来自 TIM_ETR 引脚的外部信号 ETRF 作为时钟源,称为“外部时钟模式 2”。

在“外部时钟模式 1”下,TRGI 信号的上升沿驱动计数器,如图 10.3 所示。TRGI 信号的来源有多个,定时器 SMCR 寄存器的 TS[2:0]位选择 TRGI 信号的来源。TS[2:0]位为 110 时选择 TI2FP2 作为 TRGI 的输入信号。通过定时器通道 2 引脚 TIMx_CH2 输入的信号 TI2 经过滤波和边沿检测后得到上升沿信号 TI2F_Rising 和下降沿信号 TI2F_Falling,选择其中一个作为 TI2FP2。

从图 10.3 可以看出,TRGI 信号的来源可以是来自于自身的 TI1、TI2 或者 ETRF,也可以是来自其他定时器的信号 ITRx。

在“外部时钟模式 2”下,ETRF 信号的上升沿驱动计数器。通过定时器引脚 TIMx_ETR 输入的外部信号 ETR,经过预分频、滤波之后的信号 ETRF 作为定时器预分频之前的时钟 CK_PSC,如图 10.4 所示。定时器的寄存器 SMCR 中的 ECE 位为 1 就选择“外部时钟模式 2”。

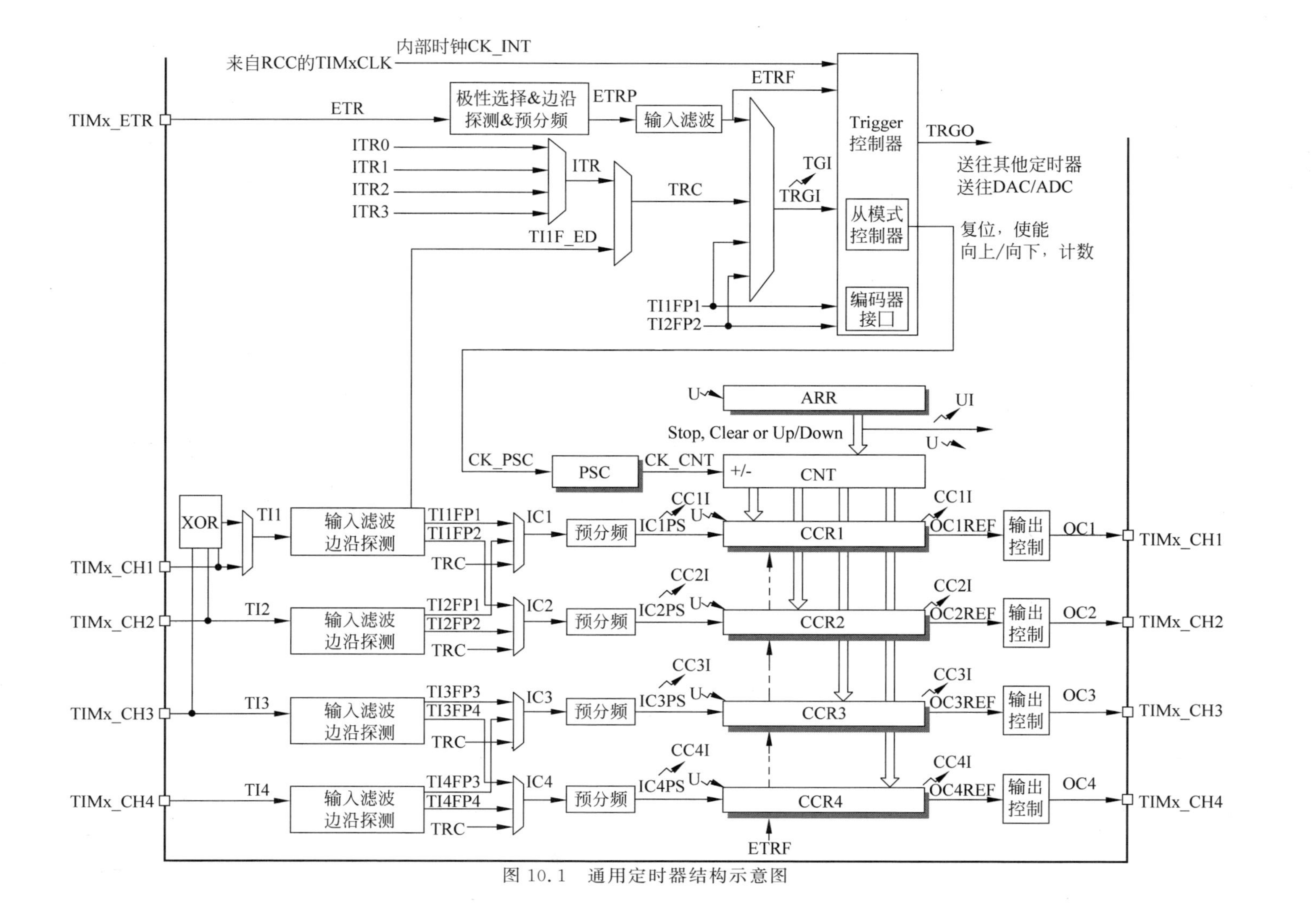

图 10.1　通用定时器结构示意图

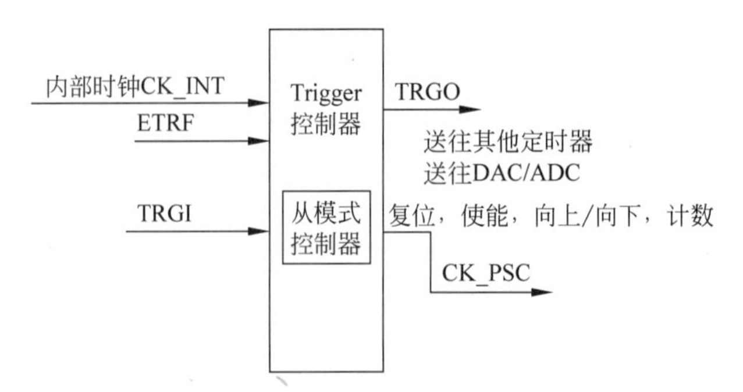

图 10.2　通用定时器时钟源

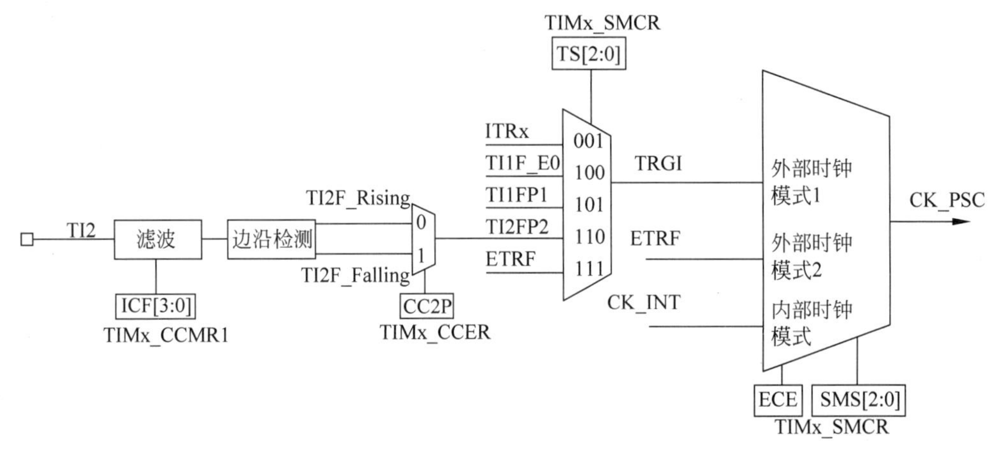

图 10.3　外部时钟模式 1

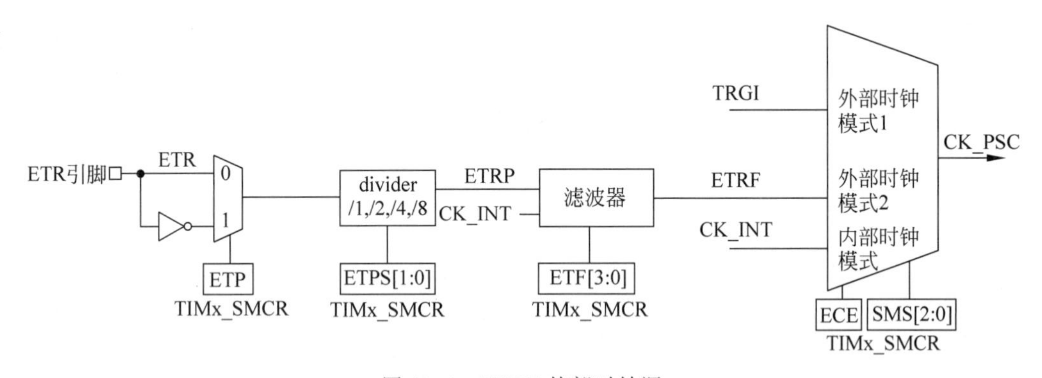

图 10.4　ETRF 外部时钟源

10.1.3　通用定时器的计数模式

基本定时器只有一种计数模式，即向上计数模式。而通用定时器有 3 种计数模式，向上计数模式（即加 1 计数）、向下计数模式（即减 1 计数），以及向上向下双向计数模式。

向上计数模式的工作情况与基本定时器一致，详细工作情况参见7.2.3节。

设定为向下计数模式时，定时器对预分频后的时钟CK_CNT的上升沿进行减1计数。当CNT寄存器数值减为0后，下一个CK_CNT信号的上升沿触发更新事件，CNT寄存器重新加载ARR寄存器的数值，开始新一个周期的计数。如图10.5所示，其中预分频系数为1，ARR寄存器的值为0x36。

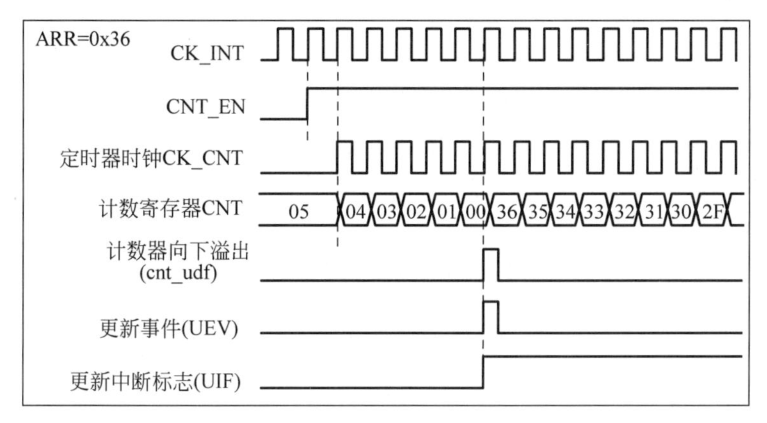

图10.5 向下计数模式

向上向下计数模式又称为“中央对齐模式”。计数寄存器CNT的数值首先从0开始向上计数，一直加到等于ARR－1，产生一个“溢出”事件，然后改为向下计数，直到减为1，产生一个“溢出”事件，一次计数过程结束，重新从0开始新一轮计数，如图10.6所示。

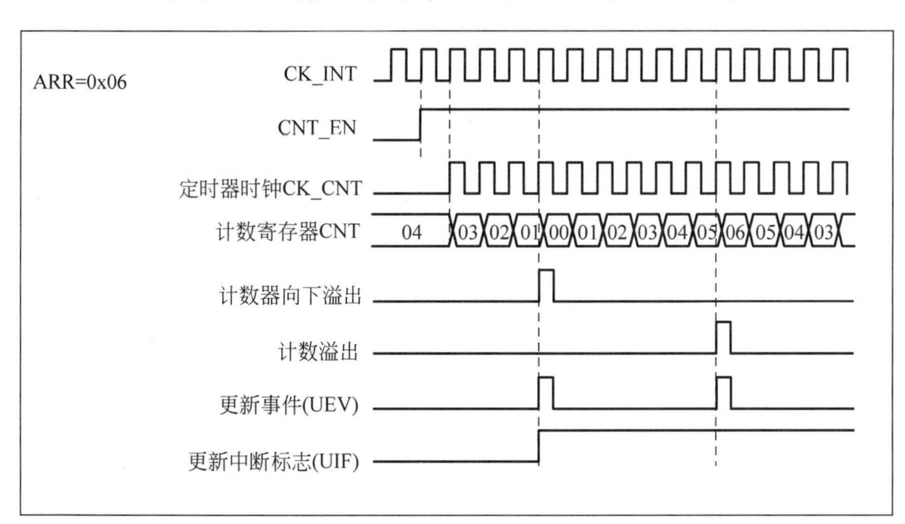

图10.6 中央对齐模式1

中央对齐模式细分为3种，区别在于何时产生输出比较中断。中央对齐模式1只在向下计数时产生输出比较中断，中央对齐模式2只在向上计数时产生输出比较中断，而中央对齐模式3则是向下向上计数时都会产生输出比较中断。

10.1.4 通用定时器的从模式

在从模式下，可以通过外部触发信号控制定时器的工作，让定时器复位、启动计数，或者将外部信号作为定时器的门控信号，控制定时器计数或暂停计数。

(1) 从模式：复位模式。在复位模式下，外部触发信号的上升沿使得定时器复位，重新初始化CNT、PSC、ARR寄存器以及4个通道的捕获比较寄存器CCR1～CCR4。

(2) 从模式：门控模式。在门控模式下，外部触发信号的电平状态控制定时器的启动或停止，此时定时器的启停受定时器内部使能位CEN和外部门控信号的双重控制，只有两者都有效时定时器才启动。外部信号的高电平状态启动定时器，低电平状态停止定时器，定时器的启停都受外部信号控制。

(3) 从模式：触发模式。在触发模式下，外部触发信号的上升沿启动定时器。检测到外部信号的上升沿时硬件会将定时器内部的CEN控制位置位，启动定时器开始计数。外部信号只能启动定时器，无法控制停止定时器，并且启动定时器时并不会将定时器的CNT、PSC等寄存器复位。

10.1.5 相关寄存器

1. 控制寄存器CR1

CR1寄存器即控制寄存器1，具体控制位如图10.7所示。

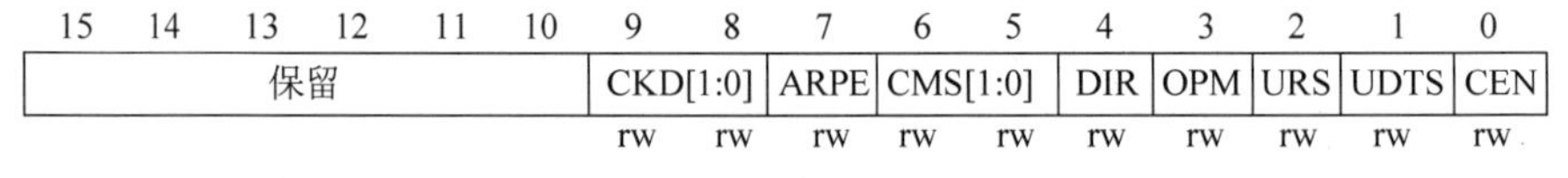

图10.7 通用定时器的CR1

与基本定时器中的CR1寄存器相比，通用定时器的CR1寄存器中多了CMS[1:0]、DIR控制位和CKD[1:0]控制位，其他控制位作用与基本定时器相同，此处不再赘述。

CMS[1:0]和DIR控制位设置定时器的计数模式。通用定时器的计数模式分为向上计数、向下计数，以及中央对齐模式1～中央对齐模式3。控制位的设置情况见表10.1。

表10.1 设置计数模式

CR1寄存器		计数模式
CMS[1:0]	DIR	
01	×	中央对齐模式1
10	×	中央对齐模式2
11	×	中央对齐模式3

续表

CR1 寄存器		计数模式
CMS[1:0]	DIR	
00	0	向上计数模式
00	1	向下计数模式

CKD[1:0]为时钟分频因子，定时器时钟 CK_INT 频率与定时器内部的数字滤波器(ETR 和 Tix 的滤波器)使用的采样频率之间的分频比例，CKD[1:0]为 00 时数字滤波器采样频率与 CK_INT 频率相同，为 01 时数字滤波器采样频率为 CK_INT 频率的 1/2，为 10 时为 4 分频。

2. 从模式控制寄存器(SMCR)

SMCR 用于设置从模式、ETR 信号以及 TRGI 信号，如图 10.8 所示。

偏移地址：0x08
复位值：0x0000

15	14	13	12	11	10	9	8	7	6	5	4	3	2	1	0
ETP	ECE	ETPS[1:0]		ETF[3:0]				MSM	TS[2:0]			保留	SMS[2:0]		
rw	rw	rw	rw	rw	rw	rw	rw	rw	rw	rw	rw		rw	rw	rw

图 10.8　SMCR

ETP：外部触发极性控制位。控制是否将外部输入的 ETR 信号反向，ETP 为 0 则不反向，即 ETR 信号的高电平或上升沿有效；为 1 则反向，即 ETR 信号的低电平或下降沿有效。

ECE：外部时钟模式 2 使能控制位。ECE 为 1 使能外部时钟模式 2。计数器的时钟信号源为 ETRF，对 ETRF 的上升沿进行计数。

如果同时使能了外部时钟模式 1 和外部时钟模式 2，则外部时钟的输入是 ETRF。

ETPS[1:0]：外部触发预分频控制位。外部输入时钟信号的频率最多只能是 CK_INT 时钟频率的 1/4，如果外部时钟信号频率过高，则需要经过预分频降低信号频率。ETPS[1:0]为 00 时预分频系数为 1，即不分频；为 01 时预分频系数为 2，为 10 时预分频系数为 4，而为 11 时预分频系数为 8。

ETF[3:0]：外部触发滤波。外部输入信号经过预分频后为信号 ETRP，对它进行数字滤波后才是 ETRF 信号。这个控制位设置数字滤波器的采样频率和滤波带宽 N，每采样到 N 个事件后才输出一个跳变。具体配置情况见表 10.2。

表 10.2　ETF[3:0]配置情况表

ETR[3:0]	0000	0001	0010	0011
作用	无滤波，以 f_{DTS} 采样	采样频率 f_{CK_INT}，$N=2$	采样频率 f_{CK_INT}，$N=4$	采样频率 f_{CK_INT}，$N=8$

续表

ETR[3:0]	0100	0101	0110	0111
作用	采样频率 $f_{DTS}/2$，$N=6$	采样频率 $f_{DTS}/2$，$N=8$	采样频率 $f_{DTS}/4$，$N=6$	采样频率 $f_{DTS}/4$，$N=8$
ETR[3:0]	1000	1001	1010	1011
作用	采样频率 $f_{DTS}/8$，$N=6$	采样频率 $f_{DTS}/8$，$N=8$	采样频率 $f_{DTS}/16$，$N=5$	采样频率 $f_{DTS}/16$，$N=6$
ETR[3:0]	1100	1101	1110	1111
作用	采样频率 $f_{DTS}/16$，$N=8$	采样频率 $f_{DTS}/32$，$N=5$	采样频率 $f_{DTS}/32$，$N=6$	采样频率 $f_{DTS}/32$，$N=8$

MSM：主/从模式控制位。主要用于将多个定时器同步到一个外部事件，MSM 为 0 无作用。

TS[2:0]：TRGI 信号的触发选择控制位。TRGI 信号的来源可以是其他定时器、自身 TI1、TI2 的边沿或自身的 ETR，具体配置情况见表 10.3。

表 10.3　TS[2:0]配置情况表

TS[2:0]	000	001	010	011
作用	内部触发 0(ITR0) TIM1	内部触发 1(ITR1) TIM2	内部触发 2(ITR2) TIM3	内部触发 3(ITR3) TIM4
TS[2:0]	100	101	110	111
作用	TI1 的边沿检测 TI1F_ED	滤波后的定时器输入 TI1FP1	滤波后的定时器输入 TI2FP2	外部触发输入 ETRF

SMS[2:0]：从模式选择控制位，具体配置情况见表 10.4。

表 10.4　SMS[2:0]配置情况表

SMS[2:0]	000	001	010	011
作用	关闭从模式	编码器模式 1	编码器模式 2	编码器模式 3
SMS[2:0]	100	101	110	111
作用	复位模式	门控模式	触发模式	外部时钟模式 1

SMCR 寄存器的 ECE 控制位和 SMS[2:0]控制位一起决定定时器所选择的时钟源，配置情况见表 10.5。

表 10.5　选择时钟源

SMCR 寄存器		所选择时钟源
ECE	SMS[2:0]	
1	×	外部时钟源 2
0	111	外部时钟源 1
0	000	内部时钟源

10.1.6 相关库函数

1. 时基初始化函数 TIM_TimeBaseInit()

对于通用定时器来说，调用时基初始化函数时可以设定定时器的计数模式以及时钟分频系数，如图 10.9 所示。

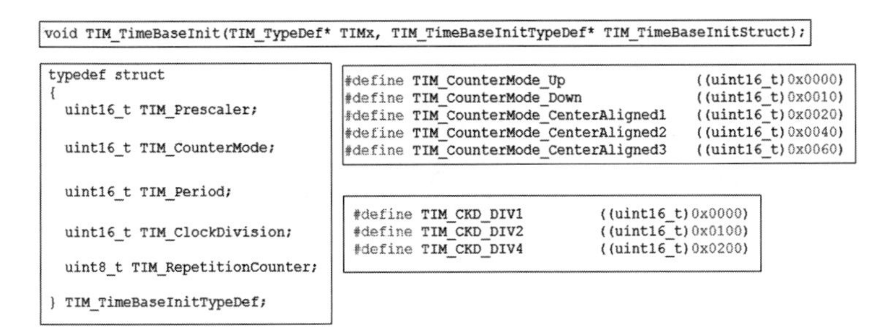

```
void TIM_TimeBaseInit(TIM_TypeDef* TIMx, TIM_TimeBaseInitTypeDef* TIM_TimeBaseInitStruct);

typedef struct
{
  uint16_t TIM_Prescaler;

  uint16_t TIM_CounterMode;

  uint16_t TIM_Period;

  uint16_t TIM_ClockDivision;

  uint8_t TIM_RepetitionCounter;

} TIM_TimeBaseInitTypeDef;

#define TIM_CounterMode_Up               ((uint16_t)0x0000)
#define TIM_CounterMode_Down             ((uint16_t)0x0010)
#define TIM_CounterMode_CenterAligned1   ((uint16_t)0x0020)
#define TIM_CounterMode_CenterAligned2   ((uint16_t)0x0040)
#define TIM_CounterMode_CenterAligned3   ((uint16_t)0x0060)

#define TIM_CKD_DIV1          ((uint16_t)0x0000)
#define TIM_CKD_DIV2          ((uint16_t)0x0100)
#define TIM_CKD_DIV4          ((uint16_t)0x0200)
```

图 10.9 时基初始化函数

TIM_TimeBaseInitStruct 结构体的最后一个成员 TIM_RepetitionCounter 只针对高级定时器 TIM1 和 TIM8 才有效。对于通用定时器来说，将这个成员设为 0 即可，也可以先调用 TIM_TimeBaseStructInit()函数，先用默认值设置所有结构体成员。

2. TIM_ETRConfig()函数和 TIM_ETRClockMode2Config()函数

图 10.4 显示从定时器的外部输入引脚 ETR 输入的外部信号 ETR，经过极性选择、预分频，以及滤波后才是定时器内部使用的 ETRF 信号。

调用 TIM_ETRConfig()函数配置 ETR 信号的极性、预分频系数以及数字滤波器设置。CMSIS 库中的 stm32f10x_tim.c 源文件实现了 TIM_ETRConfig()函数，并且在函数定义上方给出了详细的说明。阅读说明就能了解应该如何设置函数参数，如图 10.10 所示。

```
/**
  * @brief  Configures the TIMx External Trigger (ETR).
  * @param  TIMx: where x can be  1, 2, 3, 4, 5 or 8 to select the TIM peripheral.
  * @param  TIM_ExtTRGPrescaler: The external Trigger Prescaler.
  *   This parameter can be one of the following values:
  *     @arg TIM_ExtTRGPSC_OFF: ETRP Prescaler OFF.
  *     @arg TIM_ExtTRGPSC_DIV2: ETRP frequency divided by 2.
  *     @arg TIM_ExtTRGPSC_DIV4: ETRP frequency divided by 4.
  *     @arg TIM_ExtTRGPSC_DIV8: ETRP frequency divided by 8.
  * @param  TIM_ExtTRGPolarity: The external Trigger Polarity.
  *   This parameter can be one of the following values:
  *     @arg TIM_ExtTRGPolarity_Inverted: active low or falling edge active.
  *     @arg TIM_ExtTRGPolarity_NonInverted: active high or rising edge active.
  * @param  ExtTRGFilter: External Trigger Filter.
  *   This parameter must be a value between 0x00 and 0x0F
  * @retval None
  */
void TIM_ETRConfig(TIM_TypeDef* TIMx, uint16_t TIM_ExtTRGPrescaler, uint16_t TIM_ExtTRGPolarity,
                   uint16_t ExtTRGFilter)
{
  uint16_t tmpsmcr = 0;
  /* Check the parameters */
  assert_param(IS_TIM_LIST3_PERIPH(TIMx));

      ......

  /* Write to TIMx SMCR */
  TIMx->SMCR = tmpsmcr;
}
```

图 10.10 ETR 配置函数

TIM_ETRClockMode2Config()函数先调用 TIM_ETRConfig()函数配置 ETR 信号,然后将 ECE 控制位置 1,使能了"外部时钟模式 2"。

3. TIM_TIxExternalClockConfig()、TIM_ETRClockMode1Config()和 TIM_ITRxExternalClockConfig()函数

"外部时钟模式 1"选择 TRGI 作为定时器的时钟源,而 TRGI 信号可以来自于自身的 TI1、TI2 或 ETRF,也可以来自于其他定时器的 ITRx 信号,因此库函数提供 3 个接口函数,分别用于将自身的 TIx、ETR 以及将 ITRx 作为外部时钟,此时定时器都使用"外部时钟模式 1"。

TIM_TIxExternalClockConfig()函数如图 10.11 所示,调用函数配置了 TI1 或 TI2 信号后,调用 TIM_SelectInputTrigger()函数设置 TRGI 信号的来源,最后改写 SMCR 寄存器,设置为"外部时钟模式 1"。

```
/**
  * @brief  Configures the TIMx Trigger as External Clock
  * @param  TIMx: where x can be  1, 2, 3, 4, 5, 9, 12 or 15 to select the TIM peripheral.
  * @param  TIM_TIxExternalCLKSource: Trigger source.
  *   This parameter can be one of the following values:
  *     @arg TIM_TIxExternalCLK1Source_TI1ED: TI1 Edge Detector
  *     @arg TIM_TIxExternalCLK1Source_TI1: Filtered Timer Input 1
  *     @arg TIM_TIxExternalCLK1Source_TI2: Filtered Timer Input 2
  * @param  TIM_ICPolarity: specifies the TIx Polarity.
  *   This parameter can be one of the following values:
  *     @arg TIM_ICPolarity_Rising
  *     @arg TIM_ICPolarity_Falling
  * @param  ICFilter : specifies the filter value.
  *   This parameter must be a value between 0x0 and 0xF.
  * @retval None
  */
void TIM_TIxExternalClockConfig(TIM_TypeDef* TIMx, uint16_t TIM_TIxExternalCLKSource,
                                uint16_t TIM_ICPolarity, uint16_t ICFilter)
{
  /* Check the parameters */
  assert_param(IS_TIM_LIST6_PERIPH(TIMx));
  assert_param(IS_TIM_TIXCLK_SOURCE(TIM_TIxExternalCLKSource));
  assert_param(IS_TIM_IC_POLARITY(TIM_ICPolarity));
  assert_param(IS_TIM_IC_FILTER(ICFilter));
  /* Configure the Timer Input Clock Source */
  if (TIM_TIxExternalCLKSource == TIM_TIxExternalCLK1Source_TI2)
  {
    TI2_Config(TIMx, TIM_ICPolarity, TIM_ICSelection_DirectTI, ICFilter);
  }
  else
  {
    TI1_Config(TIMx, TIM_ICPolarity, TIM_ICSelection_DirectTI, ICFilter);
  }
  /* Select the Trigger source */
  TIM_SelectInputTrigger(TIMx, TIM_TIxExternalCLKSource);
  /* Select the External clock mode1 */
  TIMx->SMCR |= TIM_SlaveMode_External1;
}
```

图 10.11　TIx 外部时钟配置函数

4. TIM_SelectInputTrigger()函数

输入触发选择函数如图 10.12 所示,调用该函数设置 TRGI 信号的来源。

5. TIM_SelectSlaveMode()函数

从模式选择函数如图 10.13 所示,调用该函数设置定时器的从模式。

```
void TIM_SelectInputTrigger(TIM_TypeDef* TIMx, uint16_t TIM_InputTriggerSource);

#define TIM_TS_ITR0                    ((uint16_t)0x0000)
#define TIM_TS_ITR1                    ((uint16_t)0x0010)
#define TIM_TS_ITR2                    ((uint16_t)0x0020)
#define TIM_TS_ITR3                    ((uint16_t)0x0030)
#define TIM_TS_TI1F_ED                 ((uint16_t)0x0040)
#define TIM_TS_TI1FP1                  ((uint16_t)0x0050)
#define TIM_TS_TI2FP2                  ((uint16_t)0x0060)
#define TIM_TS_ETRF                    ((uint16_t)0x0070)
```

图 10.12　输入触发选择函数

```
void TIM_SelectSlaveMode(TIM_TypeDef* TIMx, uint16_t TIM_SlaveMode);

#define TIM_SlaveMode_Reset                ((uint16_t)0x0004)
#define TIM_SlaveMode_Gated                ((uint16_t)0x0005)
#define TIM_SlaveMode_Trigger              ((uint16_t)0x0006)
#define TIM_SlaveMode_External1            ((uint16_t)0x0007)
```

图 10.13　从模式选择函数

10.1.7　设计实例——检测信号频率

教学视频

通用定时器可以从外部输入时钟信号，利用这个功能，可以检测外部信号的频率。这里需要用到两个定时器：一个为通用定时器，将外部信号 ETRF 作为通用定时器的时钟源，对外部信号的上升沿进行加 1 计数；另一个使用基本定时器即可，只需要实现基本的定时功能，每隔固定时间产生更新中断，在中断处理函数中读出通用定时器的当前计数值，就能计算出外部信号的频率了。

1. 基本定时器 TIM7 实现定时 10ms

基本定时器的时钟源为来自 RCC 的内部时钟 CK_INT，时钟频率为 72MHz，定时 10ms 需要 720 000 个时钟脉冲，而设定定时周期的 ARR 寄存器只有 16 位，无法直接实现 720 000 的计数值，因此必须对 CK_INT 时钟信号进行预分频。

PSC＝71，预分频系数为 PSC＋1，即 72，分频后时钟频率为 1MHz。

ARR＝9999，定时周期为 ARR＋1，即 10 000，实现 10ms 定时。

调用 TIM_Init()函数完成 TIM7 的时基初始化，实现 10ms 定时。

使能 TIM7 的更新中断，每 10ms 产生一次中断请求，执行一次中断处理函数 TIM7_IRQHandler()，在中断处理函数中计算外部信号频率。

2. 通用定时器 TIM3 检测外部信号频率

通过 TIM3 的 ETR 引脚将外部信号输入单片机，作为定时器 TIM3 的输入时钟。查阅数据手册，可知 TIM3_ETR 引脚为 PD2，将外部信号接往 PD2 引脚。

首先，调用 TIM2_ETRClockMode2Config()函数，TIM3 设置为“外部时钟模式 2”。初始化 ETR 时，无须反相，关闭预分频，滤波系数为 0。这样就完成了 TIM3 定时器时钟源的配置。ETR 信号没有经过分频和滤波，直接作为定时器的时钟信号。

接着，调用 TIM_Init()函数完成 TIM3 的时基初始化，PSC=0，ARR=65 535，向上计数模式。不对时钟进行预分频，定时器对外部信号的每个上升沿进行加 1 计数。将 ARR 设为最大值，最大限度地保证在 TIM7 定时时间内 TIM3 计数寄存器 CNT 不会发生翻转。

当 TIM7 定时器的 10ms 定时时间到时，触发中断，CPU 自动执行 TIM7_IRQHandler()中断处理函数，此时只要读出 TIM3 计数寄存器 CNT 的当前计数值，这就是 10ms 定时时间中累计的外部信号脉冲个数，乘以 100 就得到信号频率。然后将 TIM3 的 CNT 寄存器清零，连续不断检测外部信号的频率。

3. 在 8 位 8 段 LED 上显示信号频率

“秒表”设计项目在 8 位 8 段 LED 显示当前计时时间，现在我们希望在 8 段 LED 上显示信号频率，可以使用“秒表”项目中的接口函数。

首先，需要将“秒表”项目中的 LedKey. c、LedKey. H 和 GPIOBitBand. h 文件复制到当前项目文件夹下。然后，运行 Keil 开发软件，新建项目，在 Project 窗口中将 LedKey. c 文件添加到项目中。

然后根据需要修改 LedKey. c 中的接口函数，删除所有按键处理相关的接口函数，只保留显示部分的接口函数。

4. 项目的文件管理

从项目文件组织的角度来说，所有源文件以及头文件都应该存放在项目文件夹下，所以不要在 Keil 的 Project 窗口中向项目添加其他位置的文件，而应该将项目用到的文件复制到项目文件夹后，只添加项目文件夹下的文件。

为方便文件管理，在项目文件夹下新建了子文件夹 myHardware，与硬件模块相关的源文件以及头文件都保存在这个子文件夹下，包括复制过来的 GPIOBitBand. h、LedKey. c、LedKey. h，以及本项目新建的定时器接口函数文件 myTim. c 和 myTim. h。Users 子文件夹下保存主程序 main. c 和中断处理源文件 myIT. c。

如果子文件夹下保存了头文件，那么必须打开项目的 Options for Target 对话框，在“C/C++”标签页的 Include Paths 中添加子文件夹的路径，如图 10. 14 所示。如果没有添加路径，那么编译时会提示找不到所包含的头文件。

项目 main. c 和 myIT. c 源文件保存在 Users 文件夹下，LedKey. c 和 myTim. c 以及相关头文件保存在 myHardware 文件夹下。

myTim. c 中实现与定时器相关的接口函数。这里用到了 TIM3 和 TIM7 定时器，分别设计两个接口函数完成定时器的初始化工作。

myIT. c 中实现所有的中断处理函数。在 TIM7 中断处理函数中计算频率，并且将 TIM3 的 CNT 寄存器清零。

TIM3 定时器持续对外部信号的上升沿进行加 1 计数，而 TIM7 定时器定时周期到触发中断，在中断处理函数中读出 TIM3 的 CNT 计算频率，然后将 TIM3 的 CNT 清零，

图 10.14　C/C++标签页中添加包含路径

继续计数。两者配合连续不断地检测外部信号的频率。

LedKey.c 中实现与按键显示相关的接口函数。为方便显示频率，实现了接口函数 DispUint32()，在 8 位 8 段 LED 上显示 uint32_t 类型的参数。

main.c 中实现 main()函数，先调用接口函数完成硬件模块初始化以及 NVIC 初始化，在 while(1) 循环体中只调用了 DispUint32()函数在 8 位 8 段 LED 上显示信号频率。

5. 单片机输出固定频率的方波

为测试信号频率检测功能，项目中利用 TIM6 定时器和 PC0 引脚向外输出固定频率的方波信号。TIM6 定时器定时 10μs，在 TIM6 中断处理函数中，将 PC0 引脚输出电平求反，使 PC0 引脚 10μs 输出高电平，10μs 输出低电平，产生周期 20μs 的方波信号。

将 PC0 输出的方波信号接在 TIM3_ETR(即 PD2)，作为待检测的外部信号。运行程序可以看到显示的信号频率为 50 000，即 50kHz。

这里为了输出方波信号，每 10μs 触发中断，CPU 调用一次 TIM6 中断处理函数，这就要求 TIM6 中断处理函数的执行时间必须远远小于 10μs，否则 CPU 将永远在执行 TIM6 中断处理函数。并且由于中断频率非常高，花费了大量的 CPU 执行时间，造成了性能上的浪费。

在通用定时器的 PWM 输出模式下可以编程设定信号的周期和占空比，通过定时器硬件输出指定频率和宽度的脉冲信号，无须占用 CPU 的执行时间。

10.2 通用定时器的 PWM 输出模式

教学视频

10.2.1 PWM 信号

PWM(Pulse Width Modulation)指脉宽调制，即连续输出周期固定，而高电平宽度可以调节的脉冲信号。占空比(Duty Cycle)指高电平时长与脉冲周期的比值。当占空比为50%时输出的信号即为方波,如图10.15所示。

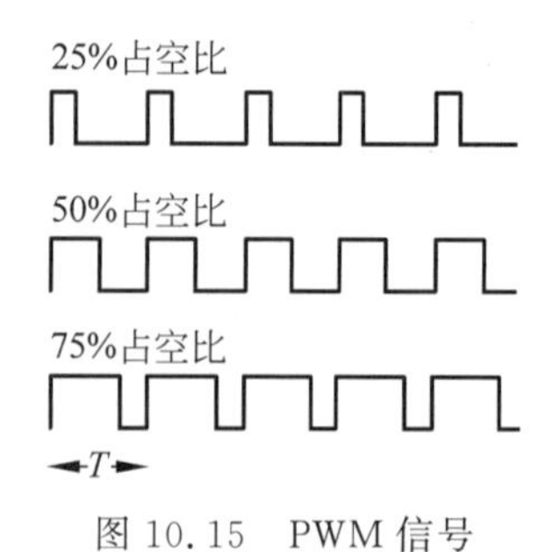

图 10.15 PWM信号

PWM信号作为控制信号,用途广泛,通过调节PWM信号的占空比,可以控制小灯的亮度、直流电动机的转速等。作为控制信号,PWM的频率需要足够高,控制小灯亮度时,如果PWM信号的频率只有1Hz,那么改变占空比,只会观察到小灯亮、灭状态时间的改变。当占空比为50%时,会看到小灯亮0.5s,灭0.5s,亮灭闪烁。当PWM信号的频率达到1kHz时,改变占空比就能够观察到小灯亮度的改变。控制直流电动机转速也是同样的,需要PWM信号频率足够高。当PWM信号频率过低时,其控制效果等同于高、低电平的控制效果,只能控制电动机转动或停止,而无法控制转速高低。

10.2.2 捕获比较通道

通用定时器中除了时基单元外,还集成了4个独立的通道,每个通道可以独立设置通道工作模式。每个通道有一个引脚,即图10.16中的引脚 TIMx_CH1~ TIMx_CH4。每个通道还有一个捕获比较寄存器,即CCR1~CCR4寄存器,可以实现输入捕获功能,或实现输出比较功能。

通用定时器通道功能可分为输入捕获(Input Capture,IC)和输出比较(Output Compare,OC)两大类。定时器的通道y设置为输出比较功能时通过CHy引脚向外输出信号,当通道y设置为输入捕获功能时通过CHy引脚输入外部信号,如图10.16所示。

图10.16中左半部分为输入捕获部分的结构,右半部分为输出比较部分的结构。当通道工作在输出比较模式时,输入捕获部分的电路无效,启用右半部分输出比较的电路,此时 TIMx_CHy 引脚工作于复用输出模式下,通过引脚向外输出信号。

当通道工作在输入捕获模式时,启用左半部分输入捕获电路,右半部分电路无效。此时 TIMx_CHy 引脚工作于输入模式,通过引脚输入外部信号。

10.2.3 PWM 输出模式

在PWM输出模式下通道输出PWM信号。PWM信号的周期由定时器的ARR寄存器决定,而占空比由通道的捕获比较寄存器CCRy决定,因此一个通用定时器最多可以输出4路周期相同、占空比各不相同的PWM信号。

PWM输出模式具体分为"边沿对齐模式"(即模式1)和"中央对齐模式"(即模式2),定时器的ARR寄存器决定PWM信号的周期,而通道的捕获比较寄存器CCRy决定脉冲宽度。本节只重点讨论"边沿对齐模式"。

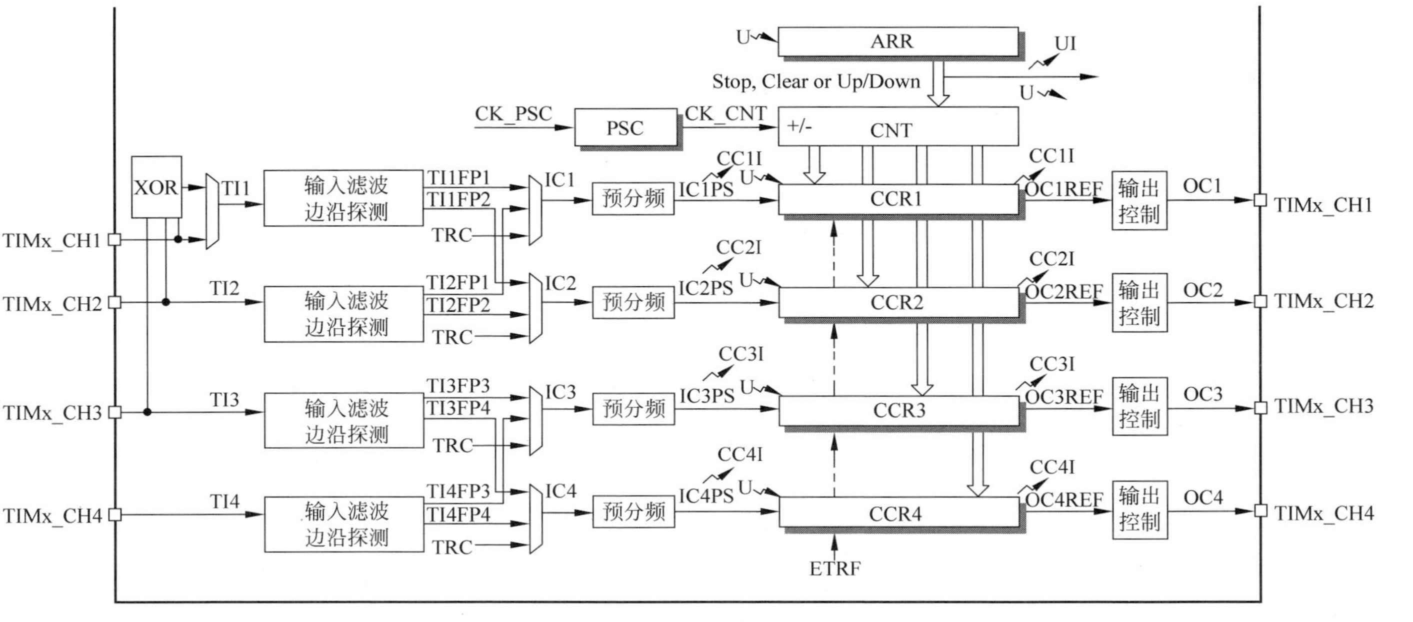

图 10.16　通道结构示意图

1. 定时器为向上计数模式时

定时器为向上计数模式时对时钟上升沿进行加1计数，计数寄存器CNT从0一直加到与ARR寄存器数值相等，为一个计数周期，也就是一个PWM信号周期。在计数过程中，当CNT＜CCRy时PWM信号输出高电平，否则输出低电平。通道的捕获比较寄存器CCRy数值就决定了输出的PWM信号的占空比，如图10.17所示。

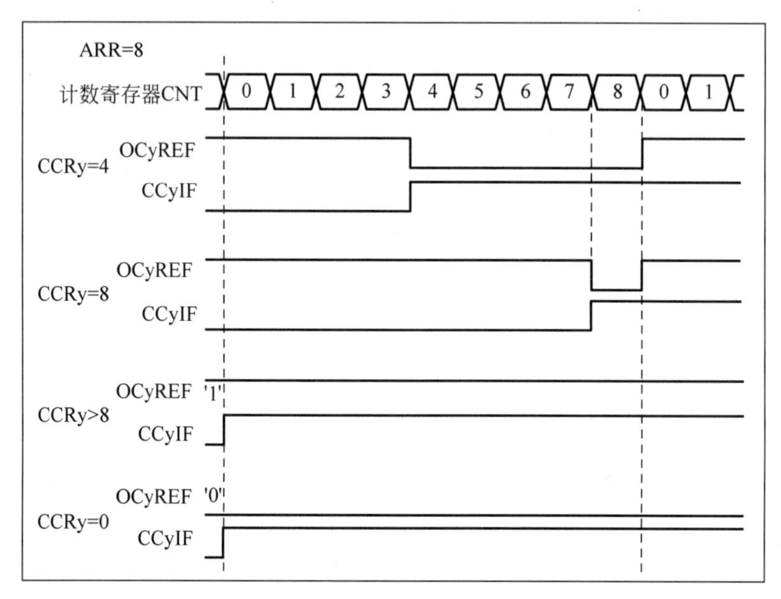

图10.17 向上计数模式下PWM1时序图

图10.17中ARR寄存器为8。在CCRy＝4的情况下，CNT＜4时信号OCyREF为高电平；而当CNT＝4时信号OCyREF为低电平。CCRy寄存器为0时信号OCyREF始终为低电平，而当CCRy数值大于ARR时信号OCyREF始终为高电平。

2. 定时器为向下计数模式时

定时器对时钟上升沿进行减1计数。在一个定时周期中首先将ARR寄存器的数值自动加载到CNT寄存器中，每次检测到时钟上升沿CNT减1，一直减到0，下一个时钟上升沿触发更新事件，开始新一轮定时。

CNT＞CCRy时OCyREF信号为低电平，当CNT≤CCRy时OCyREF为高电平。此时一个PWM周期中包含ARR＋1个时钟周期，其中ARR－CCRy个时钟周期OCyREF信号为低电平，而CCRy＋1个时钟周期OCyREF信号为高电平。

CCRy≥ARR时OCyREF始终为高电平，但是在向下计数模式下不能产生OCyREF始终为低电平的PWM信号。

OCyREF信号并不是最终输出的PWM信号，用户可以编程设置PWM信号的有效电平。如果PWM信号的有效电平为高电平，那么直接将OCyREF信号作为通道的输出信号 OCy,通过引脚 CHy 输出。如果 PWM 信号的有效电平为低电平,那么会将 OCyREF 信号反相后再输出。

准确地说,ARR 寄存器控制 PWM 信号周期,CCRy 寄存器控制 PWM 信号有效电平的占空比。

例 10.1:如果希望 TIM4 定时器的通道 1 输出频率为 1kHz,占空比为 0.05～0.95 的可调 PWM 信号,应该如何设置 TIM4 的 ARR、PSC 和 CCR1 寄存器数值?

以 72MHz 的 TIMxCLK 作为定时器的时钟信号源,PSC 寄存器为 71,分频后定时器时钟频率为 1MHz。输出信号频率为 1kHz,则 ARR 寄存器为 999,定时周期为 1ms。定时器设置为向上计数模式。

每个定时周期包含 1000 个时钟周期,占空比为 0.05,则 CCR1 数值应为 50;而占空比为 0.95,则 CCR1 数值应为 950。

TIM4 定时器的寄存器 PSC=71,ARR=999,CCR1 为 50～950。

(ARR+1)为一个周期包含的时钟周期数,CCR1 寄存器的数值加 1,则所输出的 PWM 信号有效电平时长增加一个时钟周期,占空比变化量为 1/(ARR+1)。ARR 越大,那么调节 CCR,对占空比的控制就可以越细腻,即分辨率越高。

设计时需要综合考虑 PWM 信号频率以及对占空比分辨率的要求。

10.2.4 相关寄存器

时基单元相关寄存器有 ARR、CNT 和 PSC,这些寄存器功能与基本定时器相同。与 PWM 输出功能相关的部分寄存器描述如下。

1. DMA/中断使能寄存器 TIMx_DIER

与基本定时器相同,通用定时器也有更新中断。除此之外,每个通道都有一个捕获比较中断,当发生捕获或比较事件时触发该中断。DIER 寄存器中为每个中断设置了一个控制位,以禁止或使能该中断,如图 10.18 所示。

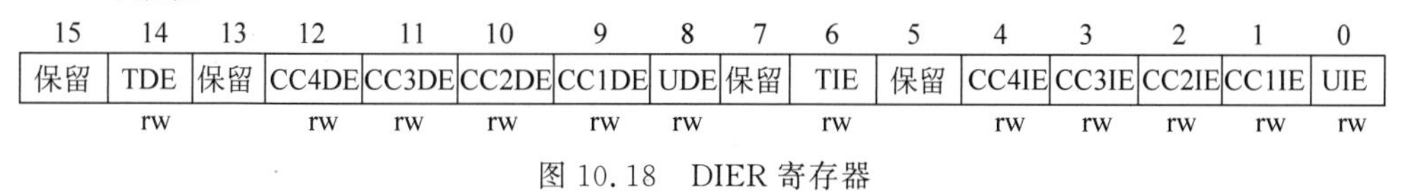

图 10.18 DIER 寄存器

UIE 为更新中断的使能控制位,CC1IE～CC4IE 分别为通道 1～通道 4 捕获比较中断的使能控制位。

2. 状态寄存器 TIMx_SR

状态寄存器如图 10.19 所示。该寄存器的标志位由硬件置位,而向寄存器的相应位写入 0 可以清除对应标志位，写 1 无效。

偏移地址：0x10
复位值：0x0000

15	14	13	12	11	10	9	8	7	6	5	4	3	2	1	0
保留			CC4OF	CC3OF	CC2OF	CC1OF	保留		TIF	保留	CC4IF	CC3IF	CC2IF	CC1IF	UIF
			rc w0	rc w0	rc w0	rc w0			rc w0		rc w0	rc w0	rc w0	rc w0	rc w0

图 10.19　状态寄存器 SR

UIF 为更新标志位。

CC1IF～CC4IF 分别为通道 1～通道 4 的捕获/比较状态标志。通道 y 工作在输出比较模式（中心对称模式除外）下，CNT 与 CCRy 匹配时硬件将 CCyIF 标志位置位。向标志位写 0 将 CCyIF 标志位清零。

通道 y 工作在输入捕获模式下，发生捕获事件时硬件将 CCyIF 标志位置位。向标志位写 0 或读 CCRy 寄存器都可以将 CCyIF 标志位清零。

CC1OF～CC4OF 分别为 4 个通道的重复捕获标志位，只有当通道配置为输入捕获功能时这些标志位才有效。CCyOF 标志位为 1 时说明通道 y 在 CCyIF 标志为 1 的情况下再次发生了捕获事件，即重复捕获。该标志由硬件置位，向标志位写 0 可以将标志位清零。

3. 捕获比较寄存器 TIMx_CCRy

CCR1～CCR4 分别是定时器 4 个通道的捕获比较寄存器。无论是输入捕获功能，还是输出比较功能，都需要利用通道的 CCR 寄存器才能实现。

通道 y 设置为 PWM 输出模式时，CCRy 寄存器决定该通道输出的 PWM 信号的占空比。CRR1～CCR4 寄存器有对应的“影子”寄存器，即预装载寄存器。在禁止预装载功能的情况下，改写 CCR 寄存器时写入的新值立即起作用。在使能预装载功能的情况下，改写 CCR 寄存器时新值写入预装载寄存器，当前 PWM 周期结束，更新事件到来时才会将预装载的值加载到 CCR 寄存器中。

4. 捕获比较模式寄存器 CCMR1 和 CCMR2

CCMR1 设定通道 1 和通道 2 的工作模式，CCMR2 设定通道 3 和通道 4 的工作模式。CCMR1 寄存器如图 10.20 所示。

偏移地址：0x18
复位值：0x0000

15	14	13	12	11	10	9	8	7	6	5	4	3	2	1	0
OC2CE	OC2M[2:0]			OC2PE	OC2FE	CC2S[1:0]		OC1CE	OC1M[2:0]			OC1PE	OC1FE	CC1S[1:0]	
IC2F[3:0]				IC2PSC[1:0]				IC1F[3:0]				IC1PSC[1:0]			
rw	rw	rw	rw	rw	rw	rw	rw	rw	rw	rw	rw	rw	rw	rw	rw

图 10.20　CCMR1 寄存器

d0～d7 位设定通道 1 的工作模式。每个通道可以工作在输入模式(捕获)或输出模式(比较)下，必须先设定通道的工作方向(输入或输出)。

CC1S[1:0]规定通道的方向，输入还是输出。

d2～d7 位的功能与通道的方向相关。当通道 1 为输出时，d2～d7 位设定输出比较的相关配置，即图 10.20 中第一行标注为 OC1xx 的相关控制位。当通道 1 为输入时，d2～d7 位设定输入捕获的相关配置，即图中第二行标注为 IC1IF[3:0]以及 IC1PSC[1:0]的控制位。

详细情况可以查阅参考手册相关章节。

5. 捕获/比较使能寄存器 CCER

CCER 寄存器如图 10.21 所示。控制通道的使能或禁止，以及通道的输入或输出信号是否反相。

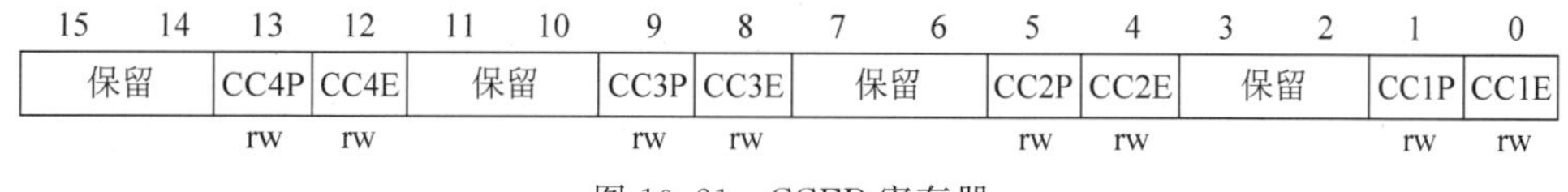

图 10.21 CCER 寄存器

CC1E：使能或禁止通道 1，为 1 使能通道 1，为 0 禁止通道 1。

CC1P：控制通道 1 信号的极性，为 0 时信号不反相，为 1 则信号反相。

CC2E～CC4E 分别使能或禁止通道 2～通道 4。

CC2P～CC4P 分别控制通道 2～通道 4 信号的极性。

10.2.5 相关库函数

定时器的库函数比较丰富，下面具体介绍 PWM 输出相关的部分库函数。

1. 输出通道初始化函数 TIM_OC1Init()～TIM_OC4Init()

由于通道输出模式初始化比较复杂，CMSIS 分别为每个通道的输出模式提供了一个初始化函数。OC1 初始化函数如图 10.22 所示。

结构体成员 TIM_OCMode 设定输出通道的工作模式，对于 PWM 输出来说，只有 PWM1 和 PWM2 两种模式，通常采用 PWM1 模式，即图 10.22 右边的 TIM_OCMode_PWM1。

结构体成员 TIM_OutputState 使能或禁止输出通道。

结构体成员 TIM_Pulse 用于初始化 CCR1，对于 PWM1 模式来说，就是设定占空比。

结构体成员 TIM_OCPolarity 设置输出极性，即输出信号是否反相。TIM_OCPolarity_

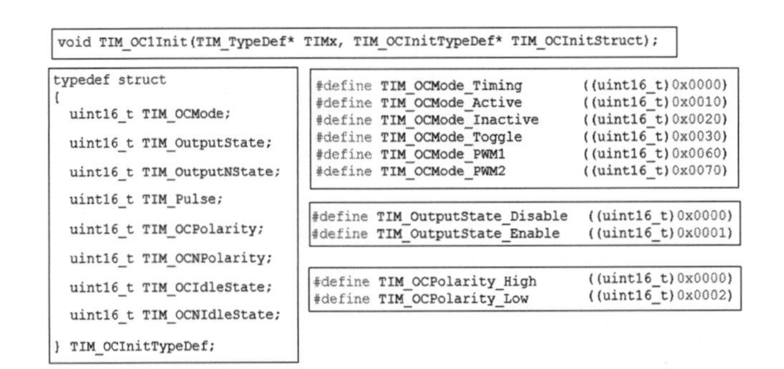

```
void TIM_OC1Init(TIM_TypeDef* TIMx, TIM_OCInitTypeDef* TIM_OCInitStruct);

typedef struct
{
  uint16_t TIM_OCMode;
  uint16_t TIM_OutputState;
  uint16_t TIM_OutputNState;
  uint16_t TIM_Pulse;
  uint16_t TIM_OCPolarity;
  uint16_t TIM_OCNPolarity;
  uint16_t TIM_OCIdleState;
  uint16_t TIM_OCNIdleState;
} TIM_OCInitTypeDef;

#define TIM_OCMode_Timing          ((uint16_t)0x0000)
#define TIM_OCMode_Active          ((uint16_t)0x0010)
#define TIM_OCMode_Inactive        ((uint16_t)0x0020)
#define TIM_OCMode_Toggle          ((uint16_t)0x0030)
#define TIM_OCMode_PWM1            ((uint16_t)0x0060)
#define TIM_OCMode_PWM2            ((uint16_t)0x0070)

#define TIM_OutputState_Disable    ((uint16_t)0x0000)
#define TIM_OutputState_Enable     ((uint16_t)0x0001)

#define TIM_OCPolarity_High        ((uint16_t)0x0000)
#define TIM_OCPolarity_Low         ((uint16_t)0x0002)
```

图 10.22　TIM_OC1Init()函数

High 设定输出信号为高电平有效，即不反相。

其他结构体成员都只针对高级定时器 TIM1 和 TIM8 才有效。调用初始化函数设定通道输出模式时，最好用默认值初始化不需要的结构体成员，CMSIS 库提供了 TIM_OCStructInit()函数，用默认值初始化结构体变量。

2. 预装载控制函数 TIM_OC1PreloadConfig()～TIM_OC4PreloadConfig()

每个通道都有自己的预装载控制函数，用于使能或禁止 CCRy 的预装载功能。

3. 强制输出函数 TIM_ForcedOC1Config()～TIM_ForcedOC4Config()

函数声明及参数宏定义如图 10.23 所示。调用该函数可以强制让通道输出固定为有效电平状态或无效电平状态。

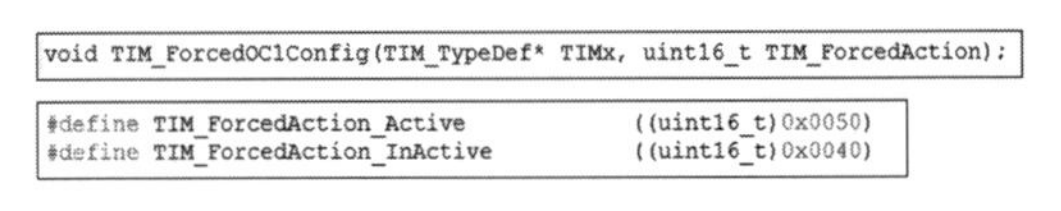

```
void TIM_ForcedOC1Config(TIM_TypeDef* TIMx, uint16_t TIM_ForcedAction);

#define TIM_ForcedAction_Active      ((uint16_t)0x0050)
#define TIM_ForcedAction_InActive    ((uint16_t)0x0040)
```

图 10.23　OC1 强制输出配置函数

4. 捕获比较通道的控制函数 TIM_CCxCmd()

捕获比较通道的控制函数如图 10.24 所示。该函数使能或禁止定时器指定通道。

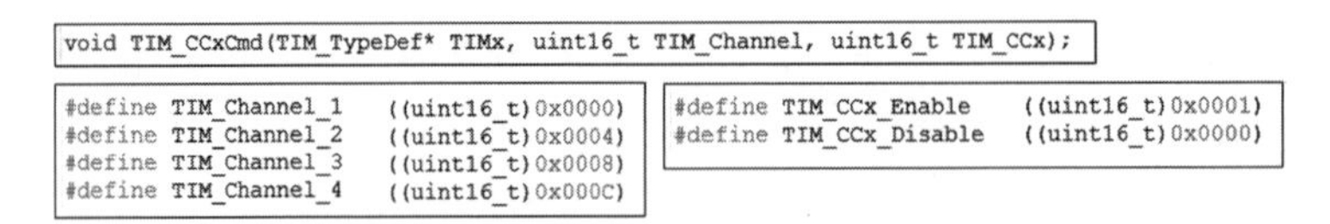

```
void TIM_CCxCmd(TIM_TypeDef* TIMx, uint16_t TIM_Channel, uint16_t TIM_CCx);

#define TIM_Channel_1    ((uint16_t)0x0000)
#define TIM_Channel_2    ((uint16_t)0x0004)
#define TIM_Channel_3    ((uint16_t)0x0008)
#define TIM_Channel_4    ((uint16_t)0x000C)

#define TIM_CCx_Enable   ((uint16_t)0x0001)
#define TIM_CCx_Disable  ((uint16_t)0x0000)
```

图 10.24　捕获比较通道的控制函数

该函数实际上就是改写定时器 CCER 寄存器中通道 y 的控制位 CCyE，使能或禁止通道 y。

例 10.2：编写程序，使定时器 TIM4 的通道 1 输出频率为 1kHz、占空比为 0.05 的 PWM 信号。

根据例10.1的分析，TIM4的寄存器PSC=71，ARR=999，CCR1=50。

(1) 硬件连接

查阅数据手册，确定TIM4_CH1的引脚为PB6，可将PB6引脚接往示波器，查看输出的PWM信号。

(2) 软件设计

引脚初始化：需要初始化PB6引脚为AF_PP模式。

TIM4时基初始化：寄存器PSC=71，ARR=999。设定定时周期1ms。

TIM4通道1初始化：PWM1模式，Pulse=50，设定为PWM模式1、占空比为0.05。

```
void Tim4CH1_PWM(void)
{   GPIO_InitTypeDef pinInitStruct;
    TIM_TimeBaseInitTypeDef timInitStruct;
    TIM_OCInitTypeDef ocInitStruct;
    //初始化 PB6 引脚,即 TIM4_CH1 引脚,设置为 AF_PP 模式
    RCC_APB2PeriphClockCmd(RCC_APB2Periph_GPIOB|RCC_APB2Periph_AFIO, ENABLE);
    pinInitStruct.GPIO_Pin = GPIO_Pin_6;
    pinInitStruct.GPIO_Mode = GPIO_Mode_AF_PP;
    pinInitStruct.GPIO_Speed = GPIO_Speed_50MHz;
    GPIO_Init(GPIOB, &pinInitStruct);
    //TIM4 时基初始化,定时 1ms
    RCC_APB1PeriphClockCmd(RCC_APB1Periph_TIM4, ENABLE);
    TIM_TimeBaseStructInit(&timInitStruct);            //用默认值初始化所有成员
    timInitStruct.TIM_Prescaler = 71;  //写入 PSC 寄存器, 分频后定时器时钟频率为 1MHz
    timInitStruct.TIM_CounterMode = TIM_CounterMode_Up; //向上计数模式
    timInitStruct.TIM_Period = 999;                 //写入 ARR 寄存器, (ARR + 1)为周期
    TIM_TimeBaseInit(TIM4, &timInitStruct);
    TIM_ARRPreloadConfig(TIM4, ENABLE);                //使能 ARR 的预装载功能
    //初始化 TIM4 的通道 1,PWM1 模式,CCR1 = 50,输出占空比 5% 的 PWM 信号
    TIM_OCStructInit(&ocInitStruct);                   //用默认值初始化所有成员
    ocInitStruct.TIM_OCMode = TIM_OCMode_PWM1;
    ocInitStruct.TIM_Pulse = 50;                       //写入 CCR 寄存器
    ocInitStruct.TIM_OCPolarity = TIM_OCPolarity_High; //有效电平为高电平
    ocInitStruct.TIM_OutputState = TIM_OutputState_Enable;
    TIM_OC1Init(TIM4, &ocInitStruct);                  //初始化 TIM4 通道 1
    TIM_OC1PreloadConfig(TIM4, TIM_OCPreload_Enable);  //使能 TIM4 通道 1 的预装载
                                                       //功能
    TIM_Cmd(TIM4, ENABLE);                             //启动定时器 TIM4
    TIM_CCxCmd(TIM4, TIM_Channel_1, TIM_CCx_Enable);   //启动 TIM4 通道 1
}
```

如果有条件，可以将PB6接往示波器，观察输出的PWM信号。如果没有示波器，可以将PB6接LED小灯，调节PWM占空比，观察PWM信号对小灯亮度的控制效果。

教学视频

10.3 电动机驱动芯片 L298N

图 10.25 为小车常用的直流减速电动机，在电动机两端施加一定的直流电压，电动机转动，电压越高，电动机的转动速度越快，相应的驱动电流也越大。改变直流电压极性，就能改变电动机转动方向。电动机全速转动时驱动电流可达上百毫安，远远超过了单片机 IO 引脚可以提供的驱动电流，因此必须通过电动机驱动模块为直流电动机提供电压和驱动电流，而 IO 引脚仅仅作为驱动模块的数字控制信号，不用为直流电动机提供驱动电流。

图 10.25 直流减速电动机

L298N 是常用的直流电动机驱动芯片。对于需要大电流的外部硬件，不能直接由单片机为其提供驱动电流，必须添加相应的驱动模块，单片机的 IO 引脚作为数字控制信号，通过驱动模块控制外部硬件的工作，由驱动模块负责为外部硬件提供电源电压和驱动电流。

10.3.1 直流电动机驱动模块 L298N

L298N 芯片中集成了桥 A 和桥 B 两个全桥驱动电路，可以分别控制一个直流电动机的运动，如图 10.26 所示。图 10.26(a)为直流电动机驱动芯片 L298N 的引脚示意图。芯片需要外部电路才能正常工作，图 10.26(b)为添加了外部电路以及输入/输出接口端子的 L298N 模块。

由于驱动直流电动机时驱动电流较大，功耗大，芯片需要散热，在 L298N 芯片上安装了散热片，即图 10.26(b)中的黑色金属栅片。

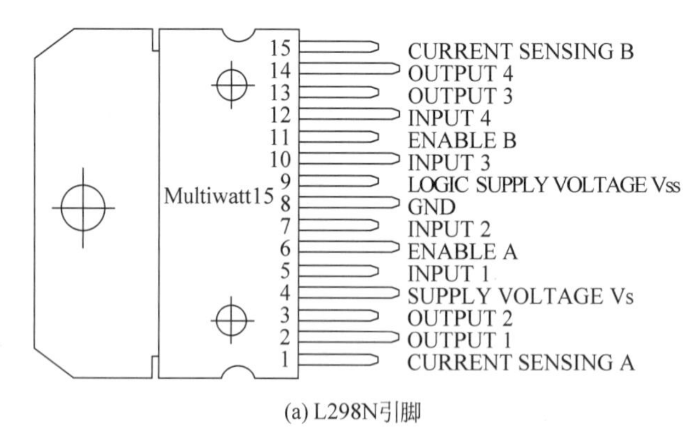

(a) L298N引脚

(b) L298N模块

图 10.26 L298N

1. L298N 的供电

L298N 内部有模拟电路部分和数字电路部分，需要分别提供电源。L298N 的数据手册将模拟电路电源称为“供电电源”(Power Supply)V_S，数字电路电源称为“逻辑电源”(Logic Supply Voltage)V_{SS}。两个电源需要“共地”，通过引脚 V_S 和 GND 向芯片提供模拟电路电源，通过引脚 V_{SS} 和 GND 向芯片提供数字电路电源。模拟电源电压通常在 5V 以上，最大额定值为 50V，长期工作的最大幅值为 46V，可稳定输出 2A 以内的电流。数字电路电源最大额定值为 7V，电压典型值为 5V。

2. L298N 的数字控制引脚

桥 A 和桥 B 是两个独立工作的全桥电路，可以分别控制它们的工作情况。引脚 Input1、Input2 和 EnableA 为桥 A 的数字逻辑控制信号；而引脚 Input3、Input4 和 EnableB 为桥 B 的数字逻辑控制信号，将引脚接高电平或低电平就能控制全桥电路。

虽然 L298N 的数字电路电源电压为 5V，但所有数字逻辑控制引脚都是 TTL 兼容的。对于输入的数字控制信号，逻辑高电平要求大于 2.3V，而逻辑低电平要求低于 1.5V，因此 3.3V 或 5V 单片机的 IO 引脚都可以控制 L298N。并且输入的控制信号为高电平时电流为 30μA 左右，为低电平时电流仅为−10μA，单片机的 IO 引脚完全可以提供控制时所需电流。L298N 芯片数据手册的电气特性表中列出了详细情况，其部分电气特性如图 10.27 所示。

电气特性(V_S=42V;V_{SS}=5V;T_j=25℃)

符号	参数	测试条件		最小值	典型值	最大值	单位
V_S	电源电压(引脚4)	Operative Condition		V_{IH}+2.5		46	V
V_{SS}	逻辑电源电压(引脚9)			4.5	5	7	V
I_S	静态电源电流(引脚4)	V_{en}=H; I_L=0	V_i=L		13	22	mA
			V_i=H		50	70	mA
		V_{en}=L	V_i=X			4	mA
I_{SS}	逻辑电源静态电流(引脚9)	V_{en}=H; I_L=0	V_i=L		24	36	mA
			V_i=H		7	12	mA
		V_{en}=L	V_i=X			6	mA
V_{IL}	输入低电平电压(引脚5、7、10、12)			−0.3		1.5	V
V_{IH}	输入高电平电压(引脚5、7、10、12)			2.3		V_{SS}	V
I_{IL}	低电平输入电流(引脚5、7、10、12)	V_i=L				−10	μA
I_{IH}	高电平输入电流(引脚5、7、10、12)	V_i=H≤V_{SS}−0.6V			30	100	μA

图 10.27 L298N 部分电气特性

桥 A 控制信号功能见表 10.6，桥 B 与之相同。

表 10.6 L298N 桥 A 控制信号

输入引脚		功能	备注
EnableA=H	Input1=H，Input2=L	正转	H 说明为高电平 L 说明为低电平 X 指与该输入引脚状态无关
	Input1=L，Input2=H	反转	
	Input1=Input2	快速制动	
EnableA =L	Input1=X，Input2=X	停止	

3. L298N 模块的接线端子

L298N 模块详情如图 10.28 所示。模块左右各有一个 2 孔的接线端子，标注为 OUT1、OUT2 和 OUT3、OUT4。OUT1、OUT2 为桥 A 电路的输出端，OUT3、OUT4 为桥 B 电路的输出端。桥 A 和桥 B 可以各自控制一个直流电动机，桥接电路的输出端分别接直流电动机的电源两端。

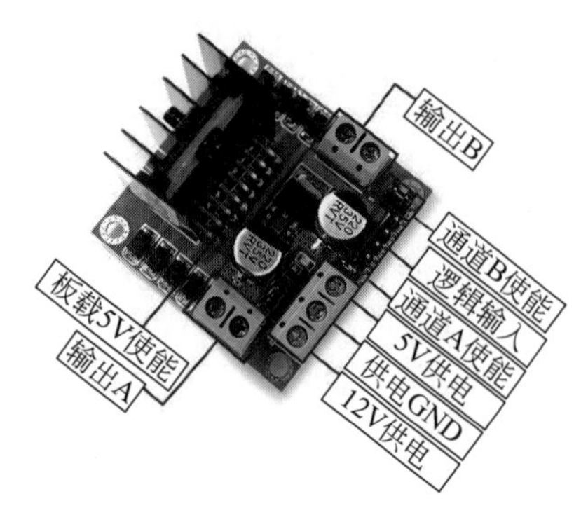

图 10.28　L298N 模块

下方有一个 3 孔的接线端子，分别标注为 +12V、GND 和 +5V，这 3 个端子分别是模拟电源 V_S 端、公共地和数字电源 V_{SS} 端。L298N 模块上设计有 5V 的稳压芯片 7805，当输入电压大于 7V 时稳压芯片可以稳定输出 5V 电压。L298N 模块上通过跳帽连接，可以将稳压芯片输出的 5V 电压作为 L298N 芯片的数字逻辑电源。

将图 10.28 中标注为“板载 5V 使能”的跳帽接上，只需要为 L298N 模块提供一个超过 7V 电压的模拟电源就可以了。此时模拟电源通过板子上的稳压芯片输出 +5V 电压，这个电压接往 L298N 的数字逻辑电源，并且通过 +5V 和 GND 端子向外输出 5V 电压，可为其他硬件模块提供 5V 电源。

L298N 模块上有一行 6 个引脚，这 6 个引脚分别是桥 A 和桥 B 的数字控制信号，即桥 A 的 ENA、IN1 和 IN2 控制信号，桥 B 的 ENB、IN3 和 IN4 控制信号。图 10.28 中 ENA 和 ENB 引脚都通过跳帽接为高电平。

10.3.2　单片机控制 L298N

通过单片机的 IO 引脚可以控制 L298N 模块的工作，以桥 A 为例，通过 IO 引脚控制 ENA、IN1 和 IN2。硬件连接时应注意单片机与 L298N 模块要共地，即需要将单片机最小系统板上的 GND 引脚与 L298N 的 GND 引脚互连。

编程控制 IO 引脚输出高、低电平，改变 IN1、IN2 的电平状态，就可以控制直流电动机的转动方向。输出 PWM 信号来控制 ENA，改变 PWM 信号的占空比就可以控制直流电动机的转速。

例 10.3：单片机控制直流减速电动机的转向和转速。

(1) 硬件连接

用 PC0 和 PC1 引脚分别连接 IN1 和 IN2，控制电动机转向。

通过 TIM3 的通道 1 输出 PWM 信号，控制电动机的转速。查阅数据手册确定 PA6 为 TIM3 的通道 1 引脚。

单片机最小板的 GND 与 L298N 的 GND 引脚互连。

(2) 软件设计

在文件 motor.c 和 motor.h 中实现直流电动机的接口函数和宏定义。接口函数有硬件模块初始化函数，主要有两部分硬件需要初始化：PC0 和 PC1 作为 GPIO 引脚，需要初始化；TIM3 通道 1 输出 PWM 信号，需要初始化。初始化程序与前面示例相似，在此不进行重复分析。

转向和转速控制的代码非常简单，在 motor.h 中定义宏实现转向和转速控制，相关代码如下。

```
//转速控制 -- TIM3 channel 1, PA6, control ENA
#define   PWM_SetRatio(x)      (TIM3->CCR1 = (x))
#define   PWM_Start()          TIM_CCxCmd(TIM3, TIM_Channel_1, TIM_CCx_Enable)
#define   PWM_Stop()           TIM_CCxCmd(TIM3, TIM_Channel_1, TIM_CCx_Disable)
#define   Motor_Start()        PWM_Start()
#define   Motor_Stop()         PWM_Stop()
#define   Motor_SetSpeed(x)    PWM_SetRatio(x)     //x in the range of [300, 900]
//转向控制
#define   Motor_Forward()      GPIO_SetBits(GPIOC, GPIO_Pin_0); \
                               GPIO_ResetBits(GPIOC, GPIO_Pin_1)
#define   Motor_Backward()     GPIO_SetBits(GPIOC, GPIO_Pin_1); \
                               GPIO_ResetBits(GPIOC,GPIO_Pin_0)
```

启动或停止 TIM3 通道 1 的 PWM 输出，就能够控制电动机的启停。改变 PWM 信号的占空比就能够改变电动机的转速，占空比过低将无法启动电动机转动，所以调节转速的占空比取值范围设定为 300～900，对应的占空比为 0.3～0.9。

改变 PC0 和 PC1 引脚输出的电平状态，就可以改变电动机的转向。宏定义中“\”为 C 语言连接符，它将本行与下一行代码连接起来，所以宏定义“Motor_Forward()”包含两行代码：第一行代码将 PC0 引脚置位，第二行代码将 PC1 引脚复位。“\”连接符后不要有任何字符，也不要有空格。

(3) 项目文件组织。

在项目文件夹下新建 Hardware 子文件夹，motor.c 和 motor.h 文件保存在 Hardware 子文件夹下。在 Keil 开发环境下，打开项目后，需要在 Settings 窗口的 C/C++ 标签页中，在 Include Paths 中添加该路径，否则编译时会有错误提示，说明“无法打开 motor.h 文件”，如图 10.29 所示。

```
Build Output
Build target 'PWMCtrlMotor'
compiling main.c...
Users\main.c(5): error:  #5: cannot open source input file "motor.h": No such file or directory
  #include  "motor.h"
Users\main.c: 0 warnings, 1 error
```

图 10.29 编译时的错误提示信息

(4) 例程实验现象。

main()函数中,首先调用接口函数完成硬件初始化,然后将电动机设定为正转,启动电动机。在 while(1)中改变占空比,从 300 逐步增加到 900,观察占空比变化对电动机转速的影响。

详细程序见本书配套资料的参考实例"ChpExp10_PWMCtrlMotor"。

10.4 应用实例——小车设计

现在就可以初步完成小车设计了。这一阶段的设计目标是通过单片机控制小车运动,能够控制小车前进、后退、左转或右转。

确定小车基本功能后,首先应该完成硬件设计,然后才能进行软件设计。完成硬件设计时需要将硬件模块安装在小车车体上,此时应注意预留出一些空间,以方便将来拓展其他功能。完成软件设计时要有模块化设计的思想,掌握调试程序的方法。

教学视频

10.4.1 小车的硬件设计

可以直接购买小车套件,按照提供的图纸组装小车车体,如图 10.30 所示。

图 10.30 组装前、后的小车

1. 硬件选型

硬件设计时首先应该完成硬件选型。即根据功能要求,综合考虑性能、成本、模块尺寸大小等因素,选择合适的硬件实现功能。目前小车的功能较为简单,所需硬件模块很少,只需要一个 L298N 模块、一块单片机最小系统板以及小车。

2. 供电方案

规划供电方案时应该先分析各硬件模块的供电需求,然后再讨论供电方案。目前小车的硬件模块只有单片机最小系统板和 L298N 模块。

1) 单片机最小系统板供电需求

最小系统板通过 USB 口供电,最小系统板电源模块如图 10.31 所示。从 USB 口输入的+5V 电压,经过二极管 B5819W,作为稳压芯片 LM1117-3.3V 的输入电压,稳压后输出 3.3V 电压，提供给 STM32F103VE 芯片。

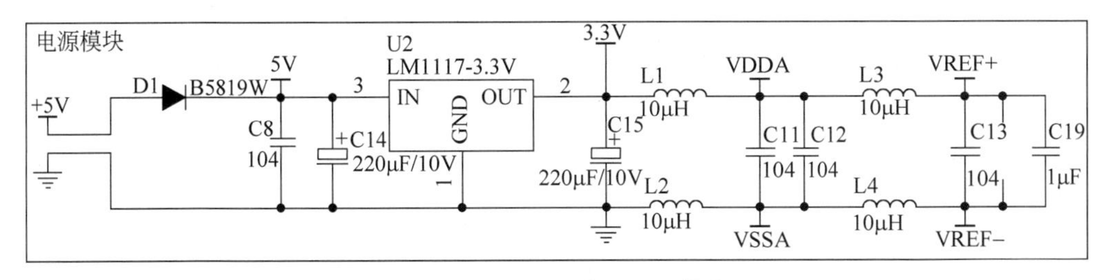

图 10.31 最小系统板电源模块

经万用表测试确定，最小系统板上标注为+5V 的引脚与 LM1117-3.3V 稳压芯片的引脚 3 导通，即稳压芯片的输入引脚。可以直接将外部 5V 电源的正极接到最小板的+5V 引脚，负极接到最小板的 GND 引脚，就可以不通过 USB 接口直接为最小板供电，而最小板产生的 3.3V 电源可以用于为小车设计中的其他硬件模块供电。

最小系统板需要 5V 直流电源，可以向外提供 3.3V 电源。

2）L298N 模块供电需求

L298N 需要 2 个电源，模拟电源需要能够提供大电流，驱动电动机转动。此外还需要 5V 的数字电路电源。模块上有稳压芯片 7805，能够将模拟电源降压稳定输出 5V 电压。通过跳帽连接可以选择使用板载 5V，或者拔下跳帽外接 5V 电源。如果用板载的 5V 电源，那么模拟电源电压最好在 7V 以上。如果是双电源供电，那么模拟电源电压只需要 5V 以上即可。

单电源时，L298N 模块需要一个 7V 以上直流电源，并且可以向外提供 5V 电源。

双电源时，L298N 模拟电源电压需要 5V 以上，数字逻辑电源需要 5V。可以用一个 5V 的直流电源为模拟电源和数字电源供电，但电动机转动时的大电流会对 5V 直流电源造成影响，有可能会降低系统的稳定性。

小车面积有限，需要安装 L98N 模块、最小系统板和供电模块，还需预留一定的空间，以方便将来扩展小车功能。与双电源相比，单电源供电方案所占面积明显更小，并且成本更低，因此确定采用单电源供电。

7V 以上的单电源供电，作为 L298N 的模拟电源，采用板载 5V 作为数字逻辑电源，并且 L298N 输出的 5V 电源，为最小系统板供电。

3）小车供电方案一：5 号电池供电

小车套件中包含一个 4 节 5 号电池的电池盒。5 号碱性干电池满电量时电压为 1.7～1.8V，4 节电池串联后电压基本能够为 L298N 供电。但是电池电量有限，而直流电动机耗电量较大，需要频繁更换新电池，运行成本较高。

5 号充电锂电池，标称电压 1.5V，4 节电池串联，电压低于 7V，无法实现单电源供电。

4）小车供电方案二：18650 锂电池供电

18650 锂电池标称电压为 3.7V，充满时电压可达 4.2V，2 节 18650 锂电池串联即可满足供电要求。锂电池为充电电池，2 节 1700 毫安锂电池和充电器价格为 40～50 元，可反复充电使用。而 2 节 18650 电池的电池盒价格不到 2 元，并且面积也相对较小。

综合考虑成本和所占面积，可选择 2 节 18650 锂电池供电。2 节 18650 电池串联为 L298N 模块提供模拟电源，L298N 模块接上跳帽，采用板载 5V 电压，同时通过＋5V 和 GND 引脚向外输出 5V 电源。L298N 为单片机提供 5V 电源，而单片机向外提供 3.3V 电源。

2 节 18650 电池盒为 L298N 模块提供模拟电源，红色导线接 L298N 模块＋12V 引脚，黑色导线接 L298N 模块 GND 引脚。将 L298N 模块的 5V 接到单片机最小板的＋5V 引脚，L298N 模块的 GND 同时接单片机最小板 GND 引脚以及电池盒黑色导线，即两者共地。

5）小车供电方案三：充电宝供电

大多数人都有充电宝，那么从节约成本，重复利用已有元器件的角度考虑，也可以用充电宝为小车供电。充电宝通常为 USB 接口，向外输出 5V 电压。可以将充电宝输出的 5V 电压为最小系统板供电，同时为 L298N 的模拟电源和数字逻辑电源供电。

由于充电宝输出电压为 5V，因此必须将 L298N 上的跳帽拔掉，不再采用板载 5V 供电。如果充电宝有两个输出口，那么可以将一个输出为 L298N 的模拟电源供电，而另一个输出为最小系统板和 L298N 的数字逻辑电源供电。

3. 硬件安装

电池盒可通过热熔胶固定在小车上。充电宝可以通过一次性的扎带固定，将扎带剪断就能取下；或者以用强力背胶魔术贴，可以重复贴上固定或撕开取下。图 10.32 为热熔胶枪、扎带和魔术贴，这 3 种工具的价格都很便宜。

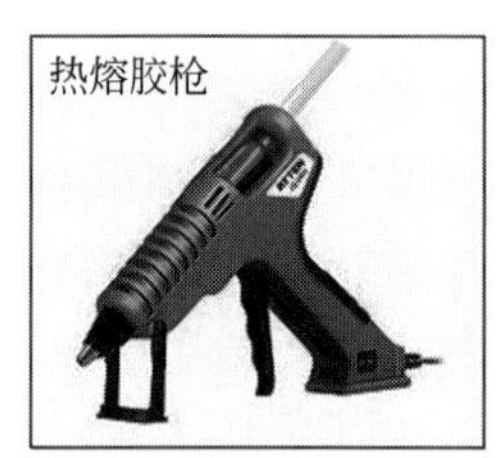

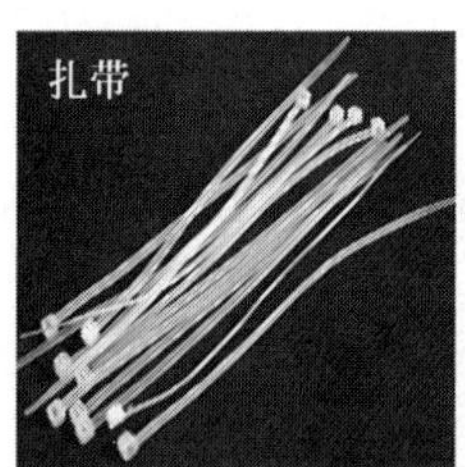

图 10.32　常用工具

小车底盘上有一些定位孔，可以通过 M3 螺钉和螺母将硬件模块固定在小车上，也可用热熔胶固定硬件模块。安装时需要注意螺钉、螺母、铜柱等连接部件都是导电的，必要时可缠绕绝缘胶布，以免发生意外。

4. 硬件连接

最小系统板通过 IO 引脚控制外部的硬件模块，分配 IO 引脚时既要注意方便硬件连接，又要避免单片机资源浪费，为将来拓展其他功能时留出更多的硬件资源。

目前小车功能较为简单，只需要通过 6 个 IO 引脚控制 L298N 的两个通道，通道 A

引脚为 ENA、IN1、IN2，通道 B 引脚为 ENB、IN3 和 IN4。

选择用 TIM4 的通道 3 和通道 4，即引脚 PB8 和 PB9，分别控制 ENA 和 ENB。用 PB10、PB11 连接 IN1、IN2，PB12、PB13 连接 IN3、IN4。

10.4.2 小车的软件设计

目前智能小车只具备基本的运动控制功能，只有一个 L298N 模块需要控制。虽然可以在 main.c 文件中编写所有程序，但这种组织代码的方式是不可取的，因为这种方式不利于程序调试、重复利用和移植。后续会逐步为小车设计更多的功能，拓展其他硬件模块。开发软件时，在组织结构上需要做到层次分明、模块化的程序设计。

1. 项目开发的步骤

首先应该为项目中的每个硬件模块设计接口函数，新建 xxx.c 和 xxx.h 文件实现硬件模块的接口库函数。新建项目，测试硬件模块的接口库，边测试边完善硬件模块的接口库函数。

若项目中用到多个硬件模块，则应逐一完成每个硬件模块接口库的设计与测试，保留每个硬件模块的测试项目。在开发智能小车的过程中，很可能遇到硬件或软件故障，这时可以下载硬件模块的测试项目，逐一排查故障位置。

然后逐步实现智能小车设计。从最基本的功能开始，将测试后的接口库文件复制到小车项目文件夹下，调用库函数，逐步实现智能小车的功能。存放文件时应该在项目文件夹下新建子文件夹，存放各个硬件模块的文件，以硬件模块或功能模块的名字来命名接口库文件。

由于项目开发周期长，难度大，所以在添加新功能的过程中很可能发生故障，添加新功能的代码后程序无法正常运行，原来已实现的功能都不正常了。项目开发过程中需要做好项目备份工作，每次成功实现了一个新功能后，都应该将整个项目文件夹复制保存下来，可以修改备份文件夹名称，按日期备份。开发过程中发生故障时可以回退到最后的正常版本。

项目开发过程中应撰写开发日志，记录进展和问题。编写硬件设计文档，记录下各个硬件模块使用的单片机资源。编写库函数说明文档，方便查阅接口函数功能。

2. 项目文件的组织结构

首先，新建项目文件夹 PrjSmartCar，并在 PrjSmartCar 文件夹下新建 Hardware 和 Users 子文件夹。所有硬件模块相关的库函数文件全部保存在 Hardware 子文件夹下，Users 子文件夹下保存主程序文件 main.c 和中断函数文件 myIT.c。

在 Hardware 文件夹下新建子文件夹 Motor，将电动机驱动接口库文件 motor.c 和 motor.h 复制到 Motor 子文件夹下，所有与电动机控制相关的函数和宏定义全部在这两个文件中。

运行Keil并新建项目后，在Project窗口中新建两个组，并命名为USERS和HARDWARE，硬件模块驱动程序xxx.c文件添加在HARDWARE组中。由于硬件模块驱动程序存放在Hardware文件夹下的各个子文件夹中，所以在Options for Target对话框的C/C++标签页中，需要将每个子文件都添加到Include Paths中。

PrjSmartCar的项目文件存放以及项目配置情况如图10.33所示。

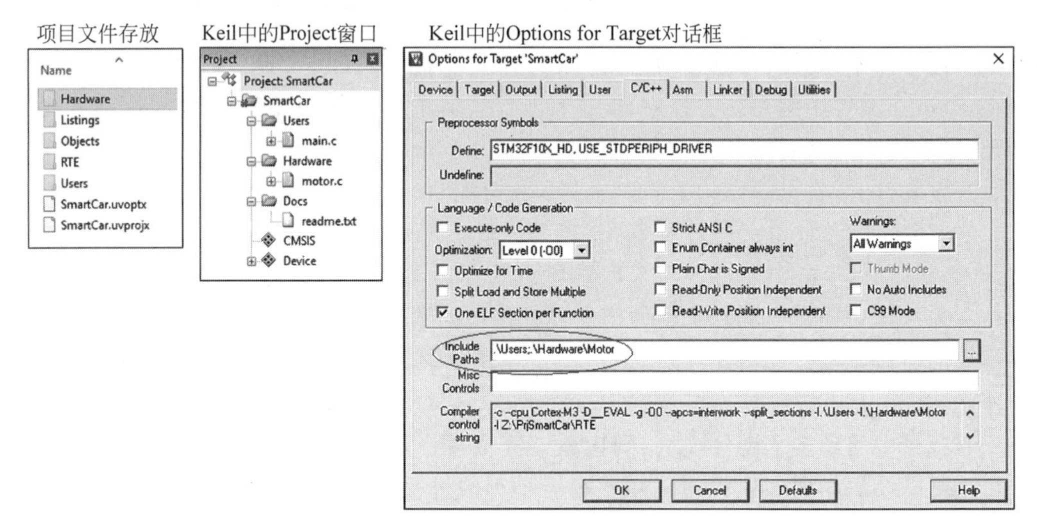

图10.33　智能小车项目的文件组织结构

3. 硬件模块的驱动程序

为每个硬件模块编写接口函数，用模块名来命名驱动程序文件xxx.c和xxx.h。所有接口函数定义都在xxx.c中，而xxx.h中只包含函数声明、数据结构定义、宏定义等。如果在xxx.c中定义的函数只在当前文件中被调用，而不希望其他文件调用它，那么应该将函数定义为静态函数，并且xxx.h中不应有静态函数的函数声明。

智能小车项目中的motor.c和motor.h文件就是直流减速电动机的驱动程序。motor.c中定义了初始化函数Car_Init()。电动机初始化分为通用目的IO引脚初始化函数Motor_PinInit()和定时器PWM初始化函数TIM4OC34_Init()，这两个函数都定义为静态函数，Car_Init()函数调用它们完成小车的初始化。motor.h头文件中只包含Car_Init()函数声明，不向外提供底层的两个初始化函数。

电动机控制以及小车运动控制代码很简单，在motor.h头文件中用宏定义实现相关控制。首先分别为控制电动机1和电动机2定义宏，然后才定义实现小车运动控制的宏。

motor.h头文件

```
#ifndef     __MOTOR_H
#define     __MOTOR_H
```

```
#include "stm32f10x.h"
/********************************** 硬件连接 ************************
  motor 1 : ENA -- PB8(TIM4_CH3), IN1 -- PB10, IN2 -- PB11
  motor 2 : ENB -- PB9(TIM4_CH4), IN3 -- PB12, IN4 -- PB13
**************** motor 1 control ************************/
//motor1 speed
#define  Motor1_SetSpeed(x)      (TIM4->CCR3 = (x))
#define  Motor1_Start()          TIM_CCxCmd(TIM4, TIM_Channel_3, TIM_CCx_Enable)
#define  Motor1_Stop()           TIM_CCxCmd(TIM4, TIM_Channel_3, TIM_CCx_Disable)
//motro1 direction
#define  Motor1_Forward()        { GPIO_SetBits(GPIOB, GPIO_Pin_10);\
                                 GPIO_ResetBits(GPIOB, GPIO_Pin_11); }
#define  Motor1_Backward()       { GPIO_SetBits(GPIOB, GPIO_Pin_11);\
                                 GPIO_ResetBits(GPIOB, GPIO_Pin_10); }
#define  Motor1_Brake()          { GPIO_ResetBits(GPIOB, GPIO_Pin_10|GPIO_Pin_10); }
//***************** motor 2 control ************************
//motor2 speed
#define  Motor2_SetSpeed(x)      (TIM4->CCR4 = (x))
#define  Motor2_Start()          TIM_CCxCmd(TIM4, TIM_Channel_4, TIM_CCx_Enable)
#define  Motor2_Stop()           TIM_CCxCmd(TIM4, TIM_Channel_4, TIM_CCx_Disable)
//motro2 direction
#define  Motor2_Forward()        { GPIO_SetBits(GPIOB, GPIO_Pin_12);\
                                 GPIO_ResetBits(GPIOB, GPIO_Pin_13); }
#define  Motor2_Backward()       { GPIO_SetBits(GPIOB, GPIO_Pin_13);\
                                 GPIO_ResetBits(GPIOB, GPIO_Pin_12); }
#define  Motor2_Brake()          { GPIO_ResetBits(GPIOB, GPIO_Pin_12|GPIO_Pin_13); }
//************* Car Control ******************************
#define  Car_SetSpeed(x)         { Motor1_SetSpeed(x);  Motor2_SetSpeed(x);}
#define  Car_Forward()           { Motor1_Forward();    Motor2_Forward();  }
#define  Car_Backward()          { Motor1_Backward();   Motor2_Backward(); }
#define  Car_TurnLeft()          { Motor1_Brake();      Motor2_Forward();  }
#define  Car_TurnRight()         { Motor1_Forward();    Motor2_Brake();    }
#define  Car_Start()             { Motor1_Start();      Motor2_Start();    }
#define  Car_Stop()              { Motor1_Stop();       Motor2_Stop();     }
//****************** 接口函数声明 ******************************
void Car_Init(void);
#endif
```

分层次逐步实现控制接口，方便测试和修改硬件连接。在开发过程中应该先单独测试电动机 1 和电动机 2 的控制，然后才测试小车运动控制。

第 10 章的配套例程 PrjSmartCar 实现智能小车的运动控制，小车具备了基本的运动功能。后续章节将在此基础上，为它添加更多的硬件模块，不断丰富完善智能小车的功能。

实践篇

第11章 避障小车——超声波测距

在小车上添加传感器模块，使小车可以在一定程度上感知周围的环境，进而自动调整自己的行进方向、运动速度等。通过测距模块，小车检测到前方有障碍物时，可以主动改变行进方向，避开前方的障碍物，使小车具备一点“智能”。

为实现避障功能，小车需要能够感知前方是否存在障碍物，检测小车与障碍物之间的距离。根据检测原理，常用的测距传感器有红外测距、激光测距和超声波测距。其中，超声波测距传感器具有价格低、测距范围广、测量精度高等优点，常常用在智能小车的设计中。

教学视频

11.1 超声波测距原理

常见的超声波测距模块有 HC-SR04、HY-SRF05、US-015 等，它们性能相近，价格较低，非常适合用于智能小车的设计。超声波测距模块的硬件连接和软件设计都完全一样，可以无差别地互相替换使用。

11.1.1 基本原理

超声波测距模块如图 11.1 所示，模块上的两个圆形器件分别是超声波发射器和接收器。发射器发出的超声波在空气中传播，遇到障碍物时会反弹，而接收器接收反弹回的超声波，如图 11.2 所示。

图 11.1 超声波测距模块

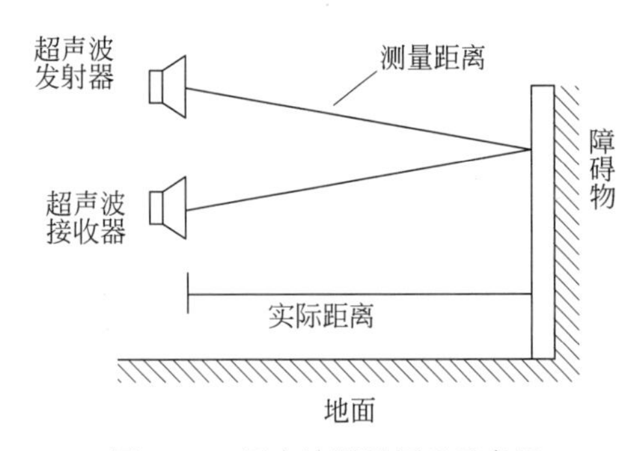

图 11.2 超声波测距原理示意图

声波在空气中的传播速度为 340m/s，从发出超声波到收到反弹回的超声波之间的时间为 T，超声波模块与障碍物之间的距离为

$$D = T \times \text{Speed}/2 \tag{11.1}$$

当距离以 cm 为单位，而传播时间以 μs 为单位时，式(11.1)可简化为

$$D = T/58.82 \tag{11.2}$$

11.1.2 HC-SRF05 测距模块

常见超声波测距模块 HC-SR04、HY-SRF05、US-015 的性能指标基本一致，详情见表 11.1。

表 11.1 测距模块性能指标

模块名称	工作电压/V	工作电流/mA	测量距离	测量角度	测量精度/mm
HY-SRF05	5	15	2cm～4.5m	15°	3
HC-SR04	5	15	2cm～4m	15°	3
US-015	5	2.2	2cm～4m	15°	1

测距模块的测量距离有限，障碍物过近或过远都会导致测距失败。测量角度为15°，障碍物与测距模块之间的偏角过大，测距模块接收不到反弹的超声波，测距也会失败。测量精度指测距模块的分辨率，距离变化量小于3mm时，测距模块的输出不会改变，无法分辨出这么小的变化量。

测距模块工作电压为5V，模块上的5个引脚分别是VCC、GND、trig、echo以及OUT引脚，其中VCC和GND分别接5V直流电源的正极和负极。OUT引脚是模块输出的开关量，可以用于外接报警模块。与测距功能相关的引脚为trig和echo。trig为输入引脚，接收外部发给模块的触发信号，启动测距。echo为输出引脚，模块向外发出的测距电平，如图11.3所示。

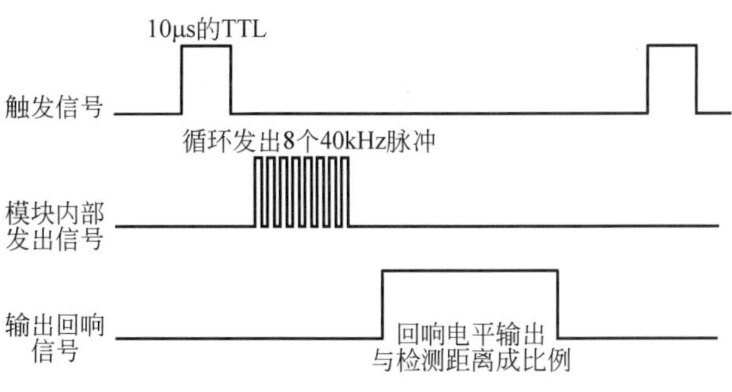

图 11.3 超声波测距时序图

通过trig引脚向测距模块发出正脉冲，就能触发一次测距。启动测距后，测距模块内部会发出40kHz频率的方波，然后测距模块的输出引脚echo输出高电平，直到接收到反弹回的超声波信号后，测距模块才将echo引脚拉低到低电平。也就是说，echo引脚上输出高电平的时间，就是超声波在空气中传播的时间。

启动测距后，只需要检测出echo引脚上正脉冲的时间长度，就可以根据式(11.2)计算距离了。超声波传感器将测量距离，转变为检测echo引脚上正脉冲的时间长度。

由图11.3可知，trig引脚上的触发信号高电平时长≥10μs，并且脉冲信号要符合TTL电平要求，即触发信号接收到的高电平电压幅值≥2V。单片机IO引脚都满足TTL电平要求，可以直接用单片机控制超声波测距模块。

11.1.3 单片机控制超声波测距模块

单片机与超声波测距模块之间的硬件连接如图11.4所示。单片机通过IO引脚输出控制 trig，输入 echo 信号。

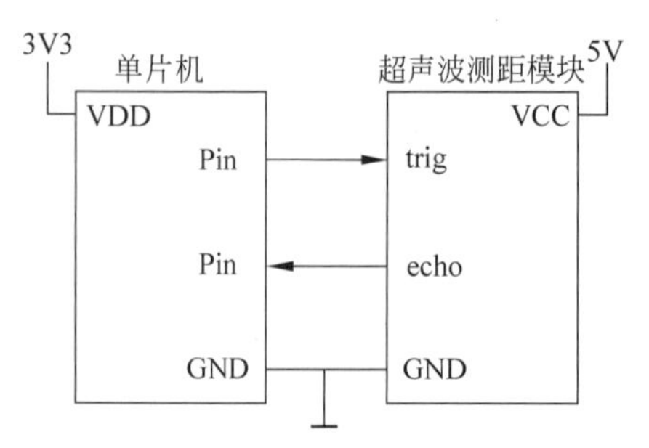

图 11.4　硬件连接示意图

单片机发出触发信号后，只需要检测 echo 引脚上高电平的时间长度，就能根据式(11.2)，计算得到超声波模块与前方障碍物之间的距离了。测量 echo 引脚上高电平的时间长度，即测量脉冲宽度，这需要用到定时器的功能。

设计思路：echo 信号的电平状态控制定时器的启停。

通用定时器具有从模式功能，在从模式的门控方式下，门控信号的电平状态可以控制定时器的启停。初始化后将定时器的 CNT 寄存器清零，echo 引脚为高电平时启动定时器，为低电平时停止定时器，此时读出定时器 CNT 寄存器的计数值，就可以计算距离。

为避免查询 echo 引脚状态，可以用 echo 的下降沿触发 EXTI 外部中断，在 EXTI 中断处理函数中读定时器 CNT 寄存器，计算距离，然后将 CNT 寄存器清零，为下一次测距做好准备。

例 11.1：利用单片机定时器 TIM4 实现测距。

(1) 硬件连接

单片机 PA0 引脚接测距模块 trig，PE0(TIM4_ETR)接 echo，同时将 echo 与 PA1 相连。

单片机最小系统板可以输出 5V 电压，将最小板上标注为+5V 和 GND 的引脚分别与测距模块的 VCC 和 GND 引脚相连，通过最小系统板为测距模块供电。

测距模块输出引脚 echo 同时作为 TIM4 的 ETR 输入以及 EXTI1 的触发信号。

(2) 软件设计

程序主要分为两部分，echo 信号作为定时器的门控信号，控制定时器 TIM4 的启停。echo 为高电平时定时器计数，检测高电平的时长。echo 信号的下降沿触发 EXTI1 中断，在中断处理函数中计算距离，并且将 TIM4 的 CNT 计数器清零，为下一次测距做好准备。

myIT.c 中实现中断处理函数，echo.c 和 echo.h 文件中实现接口函数，包括 trig 引脚初始化函数、EXTI1 初始化函数以及定时器 TIM4 初始化函数等。前面详细分析了 IO 引脚以及 EXTI 初始化函数，此处不再赘述，这里重点分析 TIM4 初始化函数功能。

脉冲宽度检测的时间单位为 μs，这意味着定时器的输入时钟频率应大于或等于 1MHz，为计算简便，将定时器时钟频率设为 1MHz，向上计数模式。启动定时器后，CNT 寄存器计数值每增加 1，就意味着时间增加了 1μs。

16 位定时器计数值范围为 1～65 535，而超声波模块的测距范围是 2～400cm，对应的高电平时长为 105～21 128μs，计数器的计数范围完全满足要求。

TIM4 定时器需要在 ETR 引脚的控制下实现计时，需要完成时基初始化、PE0 引脚初始化、ETR 初始化以及从模式门控。TIM4 初始化函数基本流程如下：

```
void  TIM4_Init()
{    ① 调用 TIM_TimeBaseInit()函数完成时基初始化,PSC = 71,ARR = 65535,向上计数模式;
     ② 调用 GPIO_Init()函数完成 PE0 引脚初始化,输入浮空模式;
     ③ 调用 TIM_ETRConfig()函数完成 ETR 信号初始化,高电平有效,关闭预分频,不滤波;
     ④ 调用 TIM_SelectInputTrigger()选择 ETRF 作为 TRGI 信号;
     ⑤ 调用 TIM_SelectSlaveMode()函数将从模式设置为门控模式;
     ⑥ 调用 TIM_Cmd()函数启动定时器.
}
```

TIM4 初始化函数程序如下:

```
static void TIM4_Init(void)
{   GPIO_InitTypeDef pinInitStruct;
    TIM_TimeBaseInitTypeDef timInitStruct;
    RCC_APB2PeriphClockCmd(RCC_APB2Periph_GPIOE, ENABLE);
    //初始化 PE0(ETR) -- IN_FLOATING
    pinInitStruct.GPIO_Pin = GPIO_Pin_0;
    pinInitStruct.GPIO_Mode = GPIO_Mode_IN_FLOATING;
    pinInitStruct.GPIO_Speed = GPIO_Speed_2MHz;
    GPIO_Init(GPIOE, &pinInitStruct);
    //TIM4 时基初始化 - 1MHz 时钟, 向上计数模式
    RCC_APB1PeriphClockCmd(RCC_APB1Periph_TIM4, ENABLE);
    TIM_TimeBaseStructInit(&timInitStruct);        //以默认值初始化结构体成员
    timInitStruct.TIM_CounterMode = TIM_CounterMode_Up;
    timInitStruct.TIM_Prescaler = 71;
    timInitStruct.TIM_Period = 65535;
    TIM_TimeBaseInit(TIM4, &timInitStruct);
    //ETR 初始化 - 关闭预分频, 高电平或上升沿有效, 滤波系数为 0
    TIM_ETRConfig(TIM4, TIM_ExtTRGPSC_OFF, TIM_ExtTRGPolarity_NonInverted, 0x00);
    //选择 ETRF 作为 TRGI 信号
    TIM_SelectInputTrigger(TIM4, TIM_TS_ETRF);
    //选择从模式 - 门控模式
    TIM_SelectSlaveMode(TIM4, TIM_SlaveMode_Gated);
    //CNT 寄存器清零, CEN 控制位置位
    TIM4 -> CNT = 0x0;
    TIM_Cmd(TIM4, ENABLE);
}
```

在使能了定时器的门控模式后,定时器的启停受 CR1 寄存器中的 CEN 控制位和 GATE 门控信号的双重控制。调用 TIM_Cmd()函数将 CR1 的 CEN 置位后,GATE 信号的高低电平可以控制定时器的启动和停止。而前面选择了 ETRF 作为 TRGI 信号,所以 ETR 为高电平时启动定时器进行计数,ETR 为低电平时定时器暂停计数。

EXTI1 的中断处理函数代码如下:

```
void EXTI1_IRQHandler(void)
{    __IO uint16_t cnt;
```

```
        if(EXTI_GetITStatus(EXTI_Line1) == SET)
        {   cnt = TIM4 -> CNT;                        //读出计数值
            distance  = cnt/58.82;                    //计算距离
            TIM4 -> CNT  =  0;                        //CNT 寄存器清零, 为下一次测距做准备
            EXTI_ClearITPendingBit(EXTI_Line1);       //EXTI1 标志清零
        }
    }
```

主程序的 while(1)循环体中只需要向 trig 引脚发出正脉冲,触发测距。测距模块接收到触发信号后,将 echo 引脚拉为高电平。echo 的高电平状态启动 TIM4 定时器开始计数,而 echo 的下降沿触发 EXTI1 中断,在中断处理函数中计算距离,并且将 TIM4 定时器的 CNT 寄存器清零。

进入 Debug 调试环境,在 Watch 窗口中观察 distance 变量,可以看到测距结果,如图 11.5 所示。

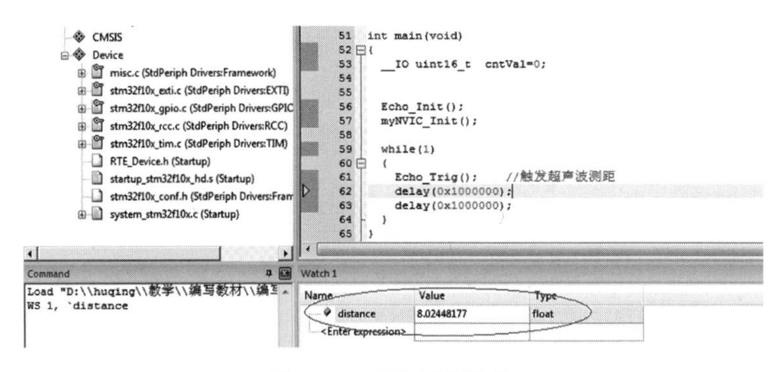

图 11.5　观察测距结果

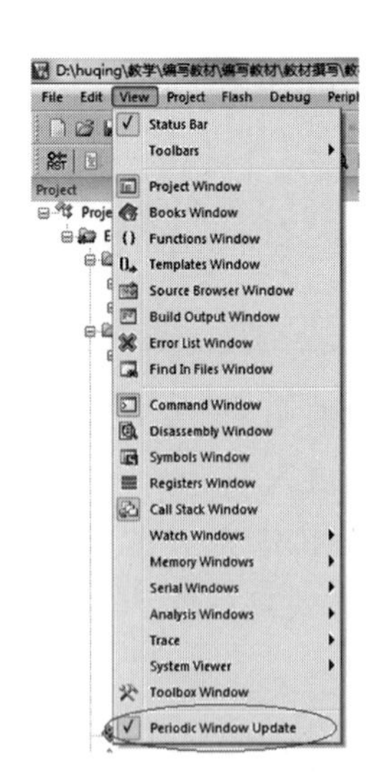

图 11.6　周期更新窗口显示

main()函数每隔一定时间会发出触发信号,启动一次测距。进入 Debug 调试环境后,可以设置断点观察程序的执行情况,也可以按 F5 键,连续运行程序。连续运行程序时,应该选中 View 菜单下的 Periodic Window Update 选项,这样 Keil 软件才会定期刷新窗口的显示,才会更新测距结果,如图 11.6 所示。

上述解决方案中使用了通用定时器以及 EXTI 外部中断。实际上,利用通用定时器的输入捕获功能,捕获下降沿时刻的计数值,可以不借助 EXTI 外部中断,利用一个通用定时器实现测距功能。

echo 引脚的上升沿启动定时器开始计时,捕获 echo 下降沿,记录下降沿时刻定时器的当前计数值,根据捕获到的计数值,就能计算得到距离了。

11.2 通用定时器的输入捕获功能

通用定时器内部集成有一个16位的定时器和4个独立的捕获比较通道，如图11.7所示。每个通道具有输入捕获功能或输出比较功能，可以单独配置各个通道的工作模式。由于内部只有一个定时器，所以4个通道捕获的数据都来自于定时器的计数寄存器CNT。

每个通道只能配置为输入通道或者输出通道。当启用输入捕获功能时，图11.7中右半部分关于输出的电路功能将被禁止，这时通道引脚TIMx_CHy作为输入引脚，将外部信号输入定时器。当通道配置为输出模式时，图11.7中左半部分输入相关的电路功能将被禁止，这时通道引脚TIMx_CHy作为输出引脚，可以向外输出PWM信号等。

11.2.1 输入捕获的基本原理

以通道1为例说明输入捕获功能。通道1配置为输入捕获功能后，IC1PS作为待捕获的输入信号。IC1PS信号的上升沿触发通道1的捕获事件，将定时器计数寄存器CNT数值保存到通道1的捕获比较寄存器CCR1中。

图11.8为通道1输入捕获信号IC1PS的结构示意图。来自于IC1的信号，经过预分频后就是IC1PS。预分频系数可以是1、2、4或8，系数1也就意味着不分频。

IC1信号是一个三选一开关的输出，3个输入信号分别是TI1FP1、TI2FP1和TRC，其中TRC来自从模式控制器，多个定时器协同工作时才会用到这个功能，这里不讨论。其他两个输入信号分别来自定时器通道1的信号TI1FP1和通道2的信号TI2FP1。

TI1FP1信号示意图如图11.9所示，TI2FP1信号与之类似。输入的TI1信号经过输入滤波和边沿检测电路后，得到信号的上升沿TI1F_Rising和下降沿TI1F_Falling。它们作为二选一开关的输入信号，二选一开关的输出信号就是TI1FP1信号。从图11.9中可以看到，二选一开关受定时器CCER寄存器中的CC1P位控制，CC1P位为0时选择上升沿TI1F_Rising，为1时选择下降沿TI1F_Falling作为TI1FP1信号。

从图11.7可以看出，TI1信号是一个二选一开关的输出，两个输入信号分别来自于TIMx_CH1引脚和异或门XOR，而异或门XOR的3个输入信号分别来自CH1、CH2和CH3。

若希望定时器通道1捕获TIMx_CH1引脚下降沿，相关配置如下。

首先，需要将CR2寄存器中的TI1S控制位设置为0，选择TIMx_CH1引脚作为TI1输入信号，这也是默认选择。只有高级定时器中采用霍尔传感器接口时才会选择将CH1～CH3异或结果作为TI1输入信号。

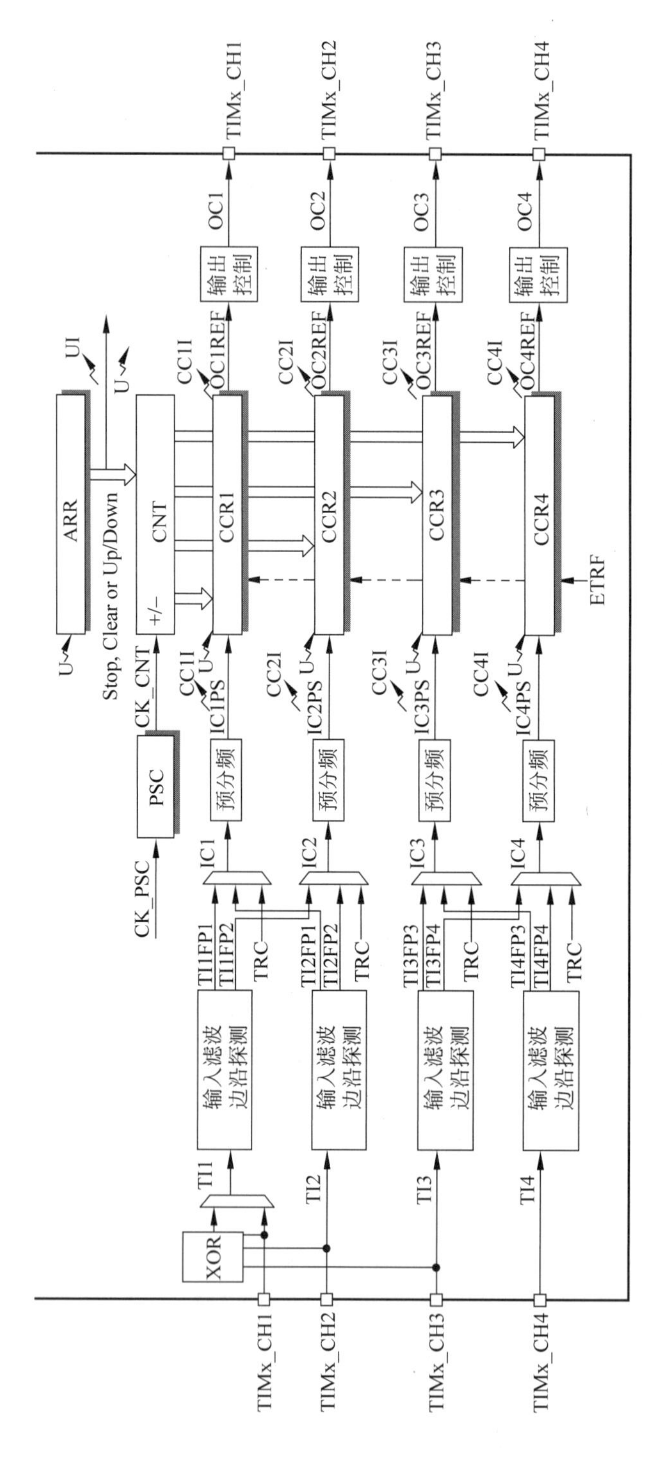

图 11.7　通用定时器内部的 4 个通道

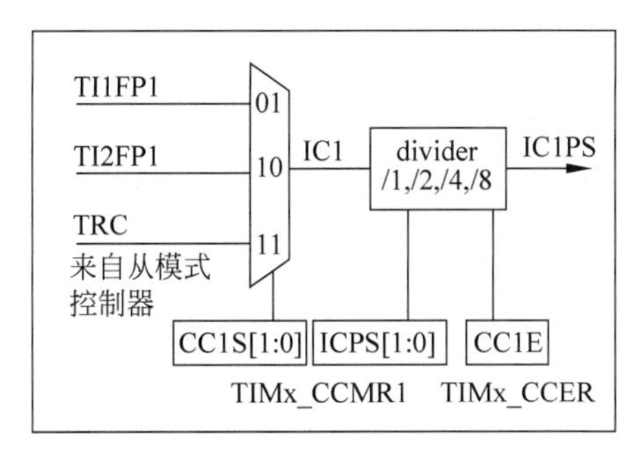

图 11.8　通道 1 的输入捕获信号 IC1PS

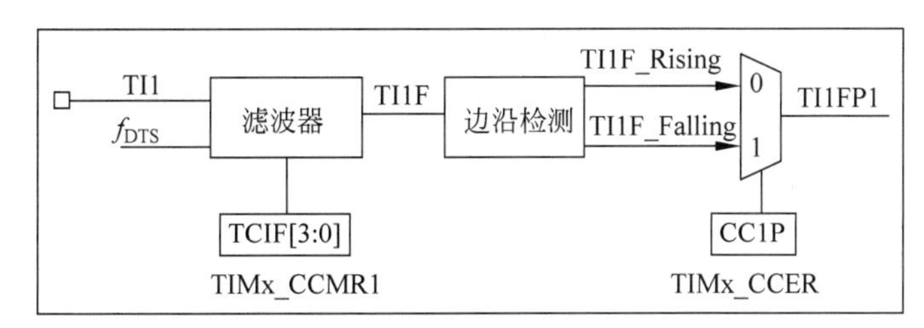

图 11.9　TI1FP1 信号

接着，配置 CCMR1 寄存器，将 CC1S[1：0]控制位设置为 01，选择 TI1FP1 作为 IC1 信号；IC1F[3：0]控制位设置对 IC1 信号的滤波器，将 IC1F[3：0]设置为 0000，关闭滤波器；IC1PSC[1：0]控制位设置 IC1 的预分频系数，将其设置为 00，无预分频。

最后，将 CCER 寄存器中的 CC1P 控制位设置 1，IC1 信号反相后作为捕获信号，即捕获 IC1 信号的下降沿。

配置好后，TIMx_CH1 引脚上的每个下降沿都会触发通道 1 捕获。发生捕获事件时将计数寄存器 CNT 数值保存到 CCR1 寄存器中。捕获事件发生后，定时器不会停止计数，继续对时钟信号 CK_CNT 进行计数。

发生捕获事件时，定时器自动将捕获比较中断标志位 CC1IF 置位。如果 CC1IF 标志为 1 并且再次发生了捕获事件，那么定时器会将重复捕获标志 CC1OF 标志置位。

CC1IF 和 CC1OF 标志都是硬件置位，软件复位的标志。向标志位写入 0，可以清除标志。此外读 CCR1 寄存器也能将 CC1IF 标志清零。

11.2.2　相关寄存器

与输入捕获功能配置相关的寄存器有 CR2、CCMR1、CCMR2 以及 CCER 寄存器，而 SR 寄存器中包含定时器所有的标志位，包括捕获相关的中断标志位。

1. 控制寄存器 CR2

CR2 寄存器如图 11.10 所示，其中 MMS[2：0]控制位用于选择主模式，而 CCDS 控制位用于 DMA 请求,在此不做详细介绍。

偏移地址：0x04
复位值：0x0000

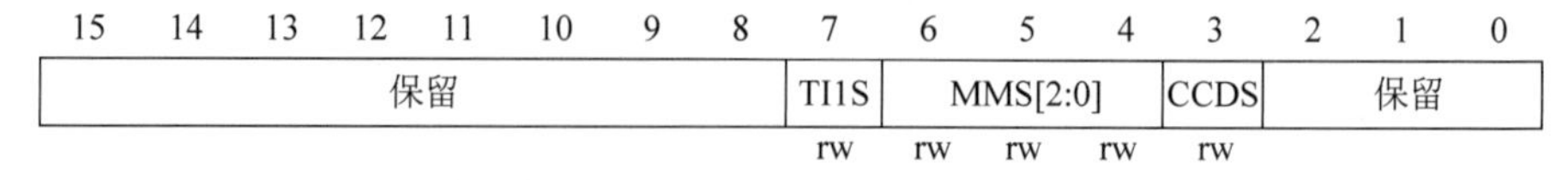

图 11.10　CR2 寄存器

TI1S(d7 位)——选择 TI1 信号,为 0 时将 TIMx_CH1 连接到 TI1,为 1 时将 TIMx_CH1～ TIMx_CH3 异或后的信号连接到 TI1。

2. 捕获比较模式寄存器 CCMR1 和 CCMR2

CCMR1 寄存器如图 11.11 所示,CCMR1 寄存器配置通道 1 和通道 2 的工作模式。CCMR2 寄存器与之类似,配置通道 3 和通道 4 的工作模式。

偏移地址：0x18
复位值：0x0000

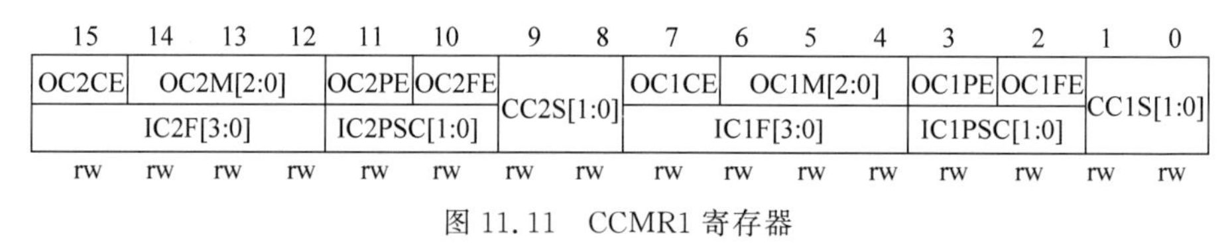

图 11.11　CCMR1 寄存器

每个通道都可以配置为输入模式或输出模式。对于通道 1 来说,当通道 1 配置为输入模式时,CCMR1 寄存器的 d2～d7 位控制输入信号的滤波和预分频系数,即作为 IC1F[3:0]和 IC1PSC[1:0]控制位。

CC1S[1:0](d1～d0 位)——控制通道 1 方向。CC1S[1:0]为 00 时输出通道,为 01、10 和 11 时通道 1 作为输入通道,分别选择 TI1、TI2 和 TRC 作为通道 1 输入信号 IC1。

IC1PSC[1:0](d3～d2 位)——设置 IC1 的预分频系数,IC1PSC[1:0]为 00、01、10、11 时预分频系数分别为/1、/2、/4 和/8。

IC1F[3:0](d7～d4 位)——设置 IC1 的滤波器,IC1F[3:0]为 0000 时关闭滤波器。

3. 捕获/比较使能寄存器 CCER

CCER 寄存器如图 11.12 所示。本节只介绍当通道配置为输入模式时 CCER 寄存器的作用,通道配置为输出模式时 CCER 寄存器作用请参见第 10 章的相关内容。

偏移地址：0x20
复位值：0x0000

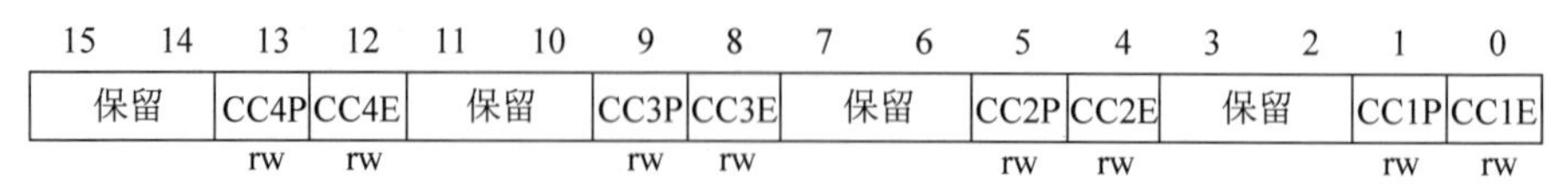

图 11.12　CCER 寄存器

针对每个通道有两个控制位：CCxE 和 CCxP，其中 x 为 1～4。下面以通道 1 的控制位为例，说明这两个控制位的作用。

CC1E(d0 位)：使能/禁止通道 1 工作。为 1 时使能，为 0 时禁止。

CC1P(d1 位)：通道 1 作为输入通道时，该位配置输入信号极性。为 0 时从 IC1 输入的信号不反相，作为捕获信号，即捕获 IC1 信号的上升沿。为 1 时 IC1 信号反相后作为捕获信号，即捕获 IC1 信号的下降沿。

4. 状态寄存器 SR

SR 寄存器如图 11.13 所示，可以读，可以写 0，写 1 无效。写 0 可将对应标志位清零，这些标志位由硬件置位。

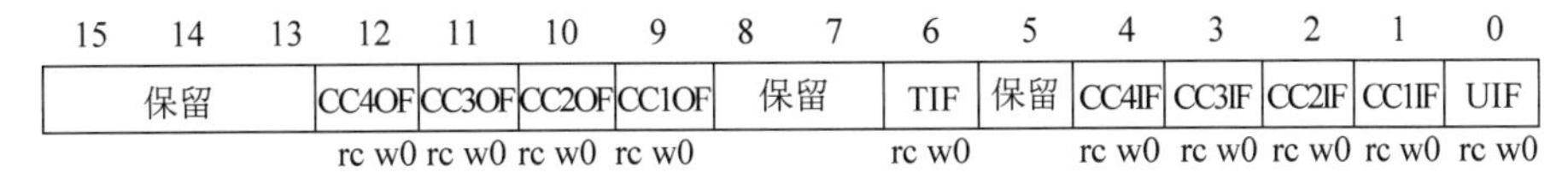

图 11.13 状态寄存器

UIF(d0 位)——更新中断标志。当计数器一次计数过程结束，开始新一轮计数时，硬件将 UIF 标志置位。

CC1IF(d1 位)——通道 1 配置为输入模式时，发生捕获事件时硬件将该标志置位。写 0 清除标志，读 CCR1 寄存器也能将 CC1IF 标志位清零。

CC2IF～CC4IF 与之类似。

CC1OF(d9 位)——当通道 1 配置位输入模式时，若发生捕获事件时 CC1IF 标志位已经为 1，即发生了重复捕获事件，此时硬件将 CC1OF 标志置位。写 0 可清除该标志。

CC2OF～CC4OF 与之类似。

5. 中断使能寄存器 DIER

DIER 寄存器如图 11.14 所示。寄存器中的每个二进制位控制一个中断，为 1 时使能中断，为 0 时禁止中断。

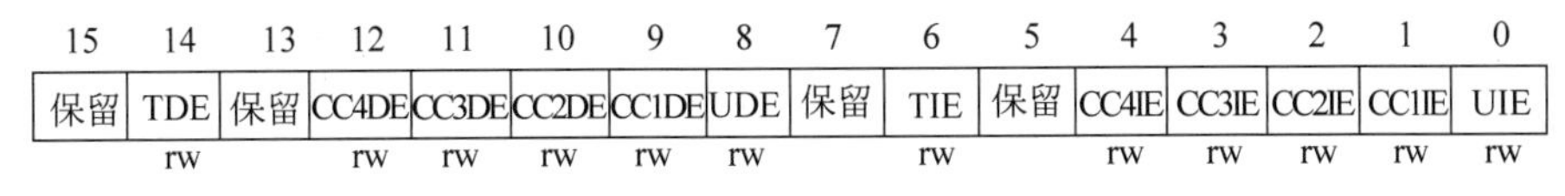

图 11.14 中断使能寄存器

UIE(d0 位)——更新中断控制位。为 1 使能更新中断，为 0 禁止更新中断。

CC1IE～CC4IE(d1～d4 位)——捕获比较通道 1～通道 4 的中断控制位。

其他中断控制位与本章内容无关，不在此讨论。

11.2.3 相关库函数

与输入捕获功能相关的库函数有初始化函数 TIM_ICInit()、TIM_GetCapture1()～TIM_GetCapture4()，TIM_SetIC1Prescaler() ～TIM_SetIC4Prescaler()等。

1. 输入捕获初始化函数 TIM_ICInit()

TIM_ICInit()函数用于对指定定时器的指定通道进行初始化，设定通道的输入捕获模式。函数参数见图 11.15。

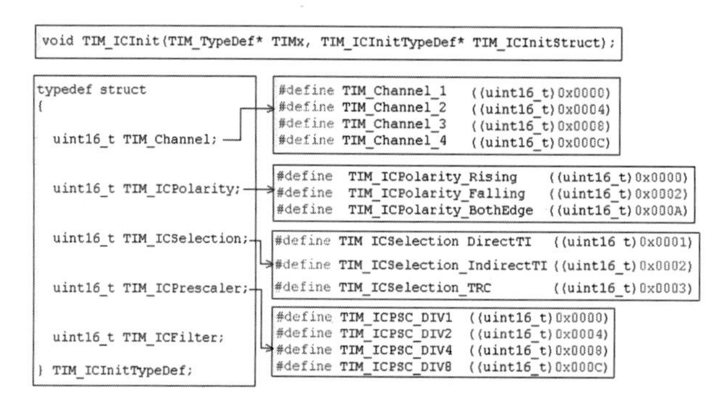

图 11.15 TIM_ICInit()函数

当需要初始化多个通道时，应该为每个通道单独调用一次 TIM_ICInit()函数，完成该通道的初始化。

函数有两个参数，TIMx 和 TIM_ICInitStruct。其中，TIMx 参数指定定时器。只有高级定时器和通用定时器才有输入捕获功能，因此只能为 TIM1、TIM8，或 TIM2～TIM5。

TIM_ICInitStruct 参数为结构体指针。结构体定义如图 11.15 所示，结构体成员说明如下：

TIM_Channel 指定通道，可以是通道 1～通道 4 中的任意一个，不可以一次指定多个通道。

TIM_ICPolarity 指定需要捕获信号的极性，即捕获信号的上升沿，还是下降沿，也可以指定为双边沿。

TIM_ICSelection 指定待捕获输入信号的来源，可以赋值为 TIM_ICSelection_DirectTI、TIM_ICSelection_IndirectTI 或 TIM_ICSelection_TRC。

- TIM_ICSelection_DirectTI 指各通道的输入信号来自自己的通道引脚，即通道 1 的信号来源于 IC1 引脚，以此类推。
- TIM_ICSelection_IndirectTI 指通道 1 和通道 2 的输入互换，通道 3 和通道 4 的输入互换，即通道 1 的信号来自 IC2 引脚，而通道 2 的信号来自 IC1 引脚，通道 3 和通道 4 也如此互换。

• TIM_ICSelection_TRC 取值仅用于在选中了内部触发器输入时。对于捕获外部信号来说，不会采用这个取值。

TIM_ICPrescaler 参数指定预分频系数，当设置为 TIM_ICPSC_DIV1 时，意味着输入信号每发生一次指定的跳变，就触发一次捕获。若设置为 TIM_ICPSC_DIV2，则每 2 次跳变才触发一次捕获，以此类推。

TIM_ICFilter 参数指定滤波器系数，该参数可以设置为 0～15 的任意数值。当外部信号有抖动时可以通过滤波消除抖动的影响，连续采样多次，确定一次真实的跳变。

2. 获取捕获值函数 TIM_GetCapture1()～TIM_GetCapture4()

库函数中为 4 个通道分别提供了一个获取捕获值的函数，函数直接返回通道 y 捕获比较寄存器 CCRy 数值。

不建议调用这些库函数，直接读写定时器 CCRy 寄存器更方便快捷。

3. 通道 1～通道 4 设置预分频系数函数 TIM_SetIC1Prescaler()～TIM_SetIC4Prescaler()

针对 4 个通道分别提供了 4 个函数，调用函数可以设置对应通道的预分频系数，参数取值为 TIM_ICPSC_DIV1～TIM_ICPSC_DIV8。

函数实质就是改写了定时器 CCMR1 或 CCMR2 寄存器中通道的预分频 ICxPSC[1:0]。

教学视频

11.2.4 应用实例——捕获方式实现测距

由于超声波测距模块触发一次测距时，将测量距离转变成了测量 echo 引脚上高电平的时长，如图 11.3 所示。

echo 信号的上升沿启动定时器后，只需要捕获 echo 引脚下降沿，记录下下降沿时刻定时器的当前计数值，就可以根据距离(cm)＝时长(μs)/52.82，计算得到超声波模块与前方障碍物之间的距离。

利用通用定时器 TIM4 的通道 1，实现超声波测距。定时器从模式选择触发模式，实现上升沿启动定时器功能，而通道 1 设置为输入捕获功能，捕获 echo 信号的下降沿。

(1) 硬件连接

单片机最小系统板为超声波模块供电，最小板＋5V 引脚连接超声波模块 VCC，最小板 GND 引脚与超声波模块的 GND 引脚相连。

控制信号有 3 个，最小板 PA0 引脚接超声波模块的 trig，TIM4_CH1(PB6)接超声波模块的 echo 引脚，同时 echo 引脚与 TIM4_ETR(PE0)引脚相连。

(2) 软件设计

软件功能主要分为两部分：一个是定时器初始化部分；另一个是中断处理部分。

• 定时器 TIM4 初始化。

定时器 TIM4 的初始化工作包括时基初始化、从模式-触发模式初始化，以及通道 1

输入捕获初始化。

时基初始化：定时器预分频系数为71，输入时钟频率1MHz；向上计数模式，ARR设定为65 535。

输入捕获功能分析：由于超声波模块输出的波形没有抖动或毛刺，因而无须滤波。每启动一次测距，echo引脚上就会输出一个正脉冲，需要记录下这个正脉冲下降沿时刻的时间，因此，输入捕获需要设置为捕获下降沿，预分频系数为1，即每个下降沿都触发捕获，无滤波。信号输入方式可选择直接对应，即通过各通道引脚，对应输入各通道信号。

从模式-触发模式：在触发模式下echo信号的上升沿将定时器的CEN控制位置位，启动定时器开始计数。在触发模式下硬件只能启动定时器，无法停止定时器，必须执行代码，通过软件停止定时器。

• 中断处理函数功能。

每次发生捕获后，都应该立即读出当前捕获的计数值，计算距离。因此需要使能通道1的捕获比较中断，即CC1中断，在中断处理函数中完成距离的计算。

每个通用定时器作为一个中断源，在NVIC中分配有一个中断类型号，在中断向量中定义了对应中断处理函数的名字。例如，TIM4的中断类型号为30，在启动文件中定义的中断向量表中，TIM4中断处理函数的名字为TIM4_IRQHandler。

然而通用定时器内的中断源包括更新中断、通道1～通道4的捕获比较中断CC1～CC4等，因此在中断处理函数中必须判断具体的中断标志，确定触发中断的原因，然后执行相应的代码。

• 项目文件架构。

在项目中为超声波测距模块新建echo.c和echo.h文件。在echo.c中实现超声波模块相关的接口函数，在main.c中完成NIVC初始化，在myIT.c中实现中断处理函数。

TIM4的通道1引脚为PB6。TIM4通道1的输入捕获功能初始化步骤如下：

```
void  TIM4_CH1CapInit(void)
{   ① 开启 GPIOB、TIM4 时钟;
    ② 调用 GPIO_Init()函数完成 PB6 初始化,模式为输入浮空;
    ③ 调用 TIM_TimeBaseInit()函数完成 TIM4 时基初始化,PSC = 71,ARR = 65535,向上计数模式;
    ④ 调用 TIM_ICInit()函数完成 TIM4 通道 1 的输入捕获模式初始化,通道为 TIM_Channel_1,滤波器 = 0,极性为 TIM_ICPolarity_Falling,预分频为 TIM_ICPSC_DIV1,信号选择为 TIM_ICSelection_DirectTI;
    ⑤ 清除 CC1IF 标志,使能 CC1 中断;
    ⑥ 使能 TIM4 的通道 1,停止 TIM4 定时器.
}
```

TIM4从模式初始化函数如下：

```
void  TIM4_SlaveTrigInit(void)
{   ① 开启 GPIOE、TIM4 时钟;
    ② 调用 GPIO_Init()函数完成 PE0 初始化,模式为输入浮空;
    ③ 调用 TIM_ETRConfig()函数完成 ETR 信号初始化,高电平有效,关闭预分频,不滤波;
```

```
    ④ 调用 TIM_SelectInputTrigger()选择 ETRF 作为 TRGI 信号;
    ⑤ 调用 TIM_SelectSlaveMode()函数将从模式设置为触发模式;
    ⑥ CNT 清零,CEN 控制位复位,停止定时器.
}
```

TIM4 中断处理函数流程如下：

```
void  TIM4_IRQHandler(void)
{  if(TIM_GetITStatus(TIM4,TIM_IT_CC1) = = SET)
   {① 读 TIM4 的 CCR1 寄存器,将 CC1 标志复位;
    ② 计算距离;
    ③ 停止 TIM4 定时器;
    ④ CNT 清零.
   }
}
```

在主程序的 while(1)循环体中只需要每隔一定时间调用接口函数,向 trig 引脚发出正脉冲,触发测距,主要功能由定时器 TIM4 以及中断处理函数完成。在 Debug 调试环境下运行程序,观察 distance 变量,可以观测到测距的结果。

11.3 嘀嗒定时器实现定时测距

实时控制中常常需要以一定频率完成检测和控制,用超声波模块实现小车避障功能时希望能够以 50Hz 频率检测小车与前方障碍物之间的距离,距离过近时及时控制小车转向,避免撞上前方的障碍物。

检测控制周期与被控对象相关,对于小车避障功能来说,触发超声波测距,根据距离改变 PWM 占空比控制小车运动,到小车运动发生改变需要时间,经过实际测试认为 10～50Hz 的控制频率比较适合。

可以用单片机内部的基本定时器实现定时测距功能,也可以利用内核的嘀嗒定时器实现基本的定时或精确的延时功能。

11.3.1 嘀嗒定时器

Cortex-M3 内核中集成了一个 24 位的系统定时器,称为“嘀嗒定时器”(SysTick Timer)。嘀嗒定时器是为运行操作系统而集成的,在单片机上运行嵌入式操作系统时,操作系统可以利用内核的嘀嗒定时器定时产生中断,设定系统运行的节拍。在没有运行操作系统的情况下,嘀嗒定时器可以当作一个基本定时器来使用,实现定时中断,或者利用它实现精确延时。

作为内核中集成的外设,Cortex-M3 编程手册中介绍了嘀嗒定时器。嘀嗒定时器有两个时钟源,一个是处理器时钟,即 AHB 总线时钟；另一个是对 AHB 时钟 8 分频后的时钟。Cortex-M3 内核全速运行时 AHB 时钟频率为 72MHz,8 分频后的时钟频率为 9MHz。

嘀嗒定时器是 24 位的减 1 计数器。VAL 寄存器中为当前计数值，对时钟脉冲进行减 1 计数，减为 0 时一个定时周期结束，从 LOAD 寄存器中重新加载计数初值，开始新一轮定时。

定时时间到，重新加载计数初值时，嘀嗒定时器可以提出中断请求。作为内核中的部件，它触发中断，称为“异常”(Exception)。stm32f10x. h 头文件中定义的 IRQn 枚举数据类型中定义了嘀嗒定时器的异常号为－1，而启动文件中定义的中断向量表，其中定义了嘀嗒定时器中断处理函数名为 SysTick_Handler。

11.3.2 嘀嗒定时器的寄存器

嘀嗒定时器中有 4 个寄存器，其中当前值寄存器 VAL 保存当前计数值，重载寄存器 LOAD 数值设定定时周期，这两个寄存器都是可读写的 32 位寄存器，但只有低 24 位有效，高位为保留位。

校准值寄存器 CALIB 为只读寄存器，给出了以 HCLK 最大值/8 作为外部时钟时的校准值。当校准值为 9000，而定时器时钟频率设定为 9MHz 时，嘀嗒定时器产生 1ms 时基。

控制寄存器 CTRL 如图 11.16 所示，复位值为 0x0000 0004。

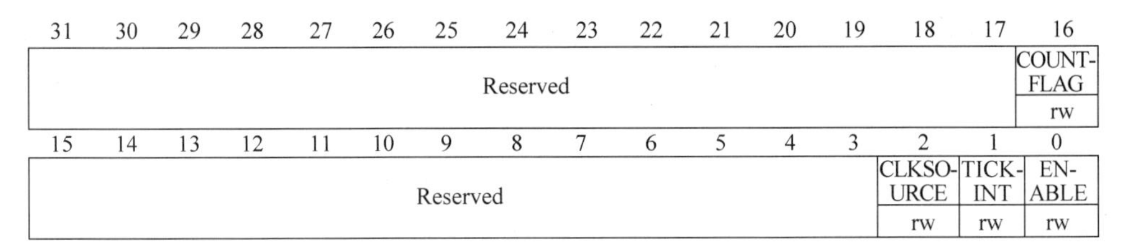

图 11.16　CTRL 寄存器

ENABLE(d0 位)——使能或禁止定时器，为 0 禁止，为 1 使能。

TICKINT(d1 位)——使能或禁止定时器中断，为 0 禁止，为 1 使能定时器的异常请求。

CLKSOURCE(d2 位)——定时器时钟源选择位，为 0 选择 AHB/8，为 1 选择 AHB。

COUNTFLAG(d16 位)——计数标志位，如果从上次读 CTRL 寄存器之后计数器减为 0，该位为 1。

11.3.3 相关库函数

头文件 core_cm3. h 给出了内核外设的相关定义，包括 SysTick 模块寄存器的结构体数据类型定义以及相关宏定义，如图 11.17 所示。然后通过宏定义给出了内核外设模块的基地址，并通过强制类型转换，将基地址转换成对应的结构体指针，如图 11.18 所示。通过结构体指针就能够访问内核外设的寄存器了。

```
typedef struct
{
  __IO uint32_t CTRL;
  __IO uint32_t LOAD;
  __IO uint32_t VAL;
  __I  uint32_t CALIB;
} SysTick_Type;

/* SysTick Control / Status Register Definitions */
#define SysTick_CTRL_COUNTFLAG_Pos          16
#define SysTick_CTRL_COUNTFLAG_Msk          (1UL << SysTick_CTRL_COUNTFLAG_Pos)

#define SysTick_CTRL_CLKSOURCE_Pos           2
#define SysTick_CTRL_CLKSOURCE_Msk          (1UL << SysTick_CTRL_CLKSOURCE_Pos)

#define SysTick_CTRL_TICKINT_Pos             1
#define SysTick_CTRL_TICKINT_Msk            (1UL << SysTick_CTRL_TICKINT_Pos)

#define SysTick_CTRL_ENABLE_Pos              0
#define SysTick_CTRL_ENABLE_Msk             (1UL << SysTick_CTRL_ENABLE_Pos)

/* SysTick Reload Register Definitions */
#define SysTick_LOAD_RELOAD_Pos              0
#define SysTick_LOAD_RELOAD_Msk             (0xFFFFFFUL << SysTick_LOAD_RELOAD_Pos)

/* SysTick Current Register Definitions */
#define SysTick_VAL_CURRENT_Pos              0
#define SysTick_VAL_CURRENT_Msk             (0xFFFFFFUL << SysTick_VAL_CURRENT_Pos)

/* SysTick Calibration Register Definitions */
#define SysTick_CALIB_NOREF_Pos             31
#define SysTick_CALIB_NOREF_Msk             (1UL << SysTick_CALIB_NOREF_Pos)

#define SysTick_CALIB_SKEW_Pos              30
#define SysTick_CALIB_SKEW_Msk              (1UL << SysTick_CALIB_SKEW_Pos)

#define SysTick_CALIB_TENMS_Pos              0
#define SysTick_CALIB_TENMS_Msk             (0xFFFFFFUL << SysTick_CALIB_TENMS_Pos)
```

图 11.17　SysTick 结构体定义

```
/* Memory mapping of Cortex-M3 Hardware */
#define SCS_BASE            (0xE000E000UL)
#define ITM_BASE            (0xE0000000UL)
#define DWT_BASE            (0xE0001000UL)
#define TPI_BASE            (0xE0040000UL)
#define CoreDebug_BASE      (0xE000EDF0UL)
#define SysTick_BASE        (SCS_BASE +  0x0010UL)
#define NVIC_BASE           (SCS_BASE +  0x0100UL)
#define SCB_BASE            (SCS_BASE +  0x0D00UL)

#define SCnSCB              ((SCnSCB_Type    *)     SCS_BASE      )
#define SCB                 ((SCB_Type       *)     SCB_BASE      )
#define SysTick             ((SysTick_Type   *)     SysTick_BASE  )
#define NVIC                ((NVIC_Type      *)     NVIC_BASE     )
#define ITM                 ((ITM_Type       *)     ITM_BASE      )
#define DWT                 ((DWT_Type       *)     DWT_BASE      )
#define TPI                 ((TPI_Type       *)     TPI_BASE      )
#define CoreDebug           ((CoreDebug_Type *)     CoreDebug_BASE)
```

图 11.18　内核外设结构体指针定义

通过 SysTick 结构体指针能够访问 SysTick 模块的寄存器。为了方便操作寄存器中的控制位，在头文件中为每个控制位定义了两个宏，例如，CTRL 寄存器 ENABLE 控制位的 2 个宏定义如下：

```
#define SysTick_CTRL_ENABLE_Pos    0    /*!< SysTick CTRL: ENABLE Position */
#define SysTick_CTRL_ENABLE_Msk    (1UL << SysTick_CTRL_ENABLE_Pos)
```

XXX_Pos 宏说明控制位在寄存器中的位序号，ENABLE 是 CTRL 寄存器的 d0 位。XXX_Msk 宏定义了一个立即数，只有控制位为 1，其他二进制位全部为 0。利用 XXX_Msk 宏可以方便地判断控制位，以及将控制位置位或清零。

core_cm3.h 头文件定义了内核接口函数，所有接口函数都定义为“static inline”函数，其中包括 SysTick 模块配置函数 SysTick_Config()。此外 misc.c 中为 SysTick 模块定义了时钟源配置函数 SysTick_CLKSourceConfig()。

1. 时钟源配置函数 SysTick_CLKSourceConfig()

调用该函数选择嘀嗒定时器的时钟源，带有一个参数，参数值可以为 SysTick_CLKSource_HCLK_Div8 或 SysTick_CLKSource_HCLK。前者选择 AHB/8 作为时钟源，后者选择 AHB 作为时钟源。

2. SysTick 模块配置函数 SysTick_Config()

函数定义如下，该函数只有一个参数 ticks，返回值为 1 说明配置失败，为 0 说明配置成功。调用函数成功，将设定嘀嗒定时器的定时周期，选择 AHB 作为时钟源，并且使能中断以及定时器。

```
__STATIC_INLINE uint32_t SysTick_Config(uint32_t ticks)
{
  if ((ticks - 1) > SysTick_LOAD_RELOAD_Msk) return (1); /* Reload value impossible */

  SysTick->LOAD = ticks - 1;                              /* set reload register */
  NVIC_SetPriority (SysTick_IRQn, (1 <<__NVIC_PRIO_BITS) - 1);
                                                    /* set Priority for Systick Interrupt */
  SysTick->VAL = 0;                   /* Load the SysTick Counter Value */
  SysTick->CTRL = SysTick_CTRL_CLKSOURCE_Msk |
                  SysTick_CTRL_TICKINT_Msk |
                  SysTick_CTRL_ENABLE_Msk; /* Enable SysTick IRQ and SysTick Timer */
  return (0);                         /* Function successful */
}
```

例 11.2：初始化嘀嗒定时器实现 1ms 定时。

STM32F103 单片机全速工作时 AHB 时钟频率为 72MHz，定时 1ms 需要 72 000 个时钟周期，24 位定时器可以实现，直接调用 SysTick_Config() 函数就能完成 SysTick 模块的初始化。

```
SysTick_Config(72000);          //选择 72MHz 的 AHB 作为时钟源，使能中断并启动定时器
SysTick->CTRL &= ~ SysTick_CTRL_TICKINT_Msk;      //禁止定时器中断
```

选择 AHB/8 作为时钟源，实现 1ms 定时，程序段如下：

```
SysTick_CLKSourceConfig(SysTick_CLKSource_HCLK_Div8);        //选择时钟源
SysTick->LOAD = 9000-1;                                      //设定定时周期
SysTick->CTRL |= SysTick_CTRL_ENABLE_Msk;                    //启动定时器
```

11.3.4 嘀嗒定时器实现定时测距

前面实现了超声波测距功能，在 main()函数的 while(1)循环体中调用 delay()函数延时，每隔一段时间触发超声波模块进行测距，这样的触发机制不能保证严格按照固定时间间隔触发测距。

现在在 11.2.4 应用实例基础上，修改测距触发机制，利用嘀嗒定时器实现 1ms 定时中断，在中断处理函数中对中断次数进行计数，每隔 1s 触发一次测距。

1. SysTick 初始化

选择 72MHz 的 AHB 作为嘀嗒定时器时钟源，LOAD=72 000-1，使能 TICKINT 中断，并且启动嘀嗒定时器。

内核异常号为负数，NVIC 可以设置异常的优先级，但不能禁止内核异常，所以只要嘀嗒定时器使能了 TICKINT，那么当计数翻转时就会提出中断请求，调用对应的中断处理函数。

2. SysTick 中断处理函数

中断处理函数中，判断 COUNTFLAG 标志位。读 CTRL 寄存器可以将 COUNTFLAG 标志位清零。利用静态局部变量实现计数，计数 1000 次就意味着定时 1s，此时调用接口函数启动一次测距，相关代码如下：

```
void SysTick_Handler(void)
{   static uint32_t cunt = 0;
    if(SysTick->CTRL & SysTick_CTRL_COUNTFLAG_Msk)
    {   cunt++;
        if(cunt >= 1000)
        {   cunt = 0;
            Echo_Trig();
        }
    }
}
```

在中断处理函数指令旁设置断点，可以观察中断响应情况。在 Watch 窗口中添加 SysTick 指针，观察 SysTick 模块寄存器情况，如图 11.19 所示。

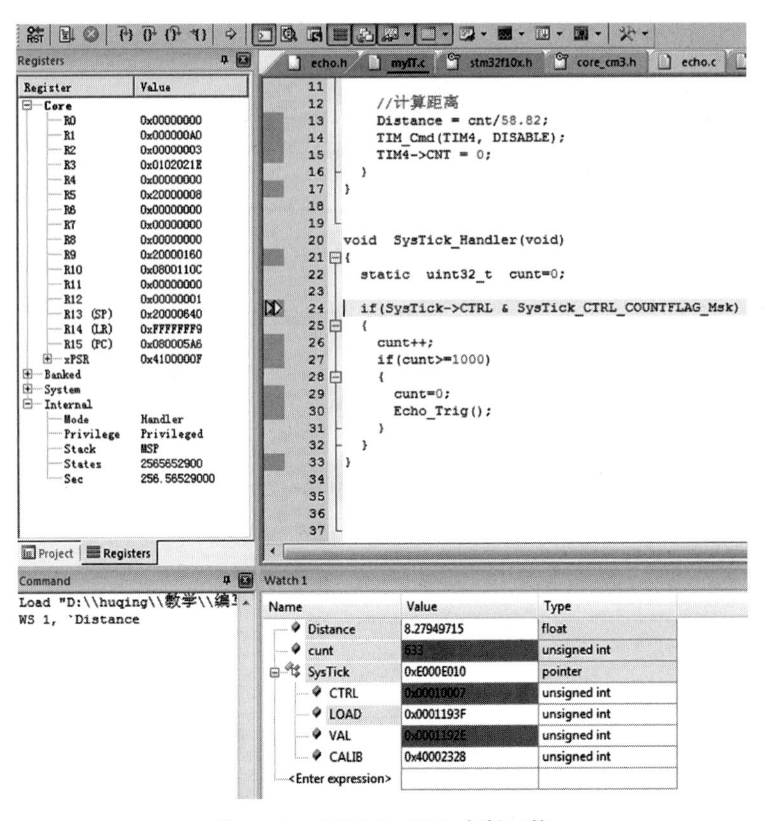

图 11.19　调试 SysTick 中断函数

第12章 遥控小车——蓝牙遥控

12.1 蓝牙技术

12.1.1 发展历史

蓝牙技术最初由爱立信公司创立,爱立信公司研究在移动电话和其他配件间进行低功耗、低成本无线通信连接的方法,希望创造一个标准化协议,实现在互不兼容的移动电子设备之间进行无线通信。

1998 年 5 月,爱立信、诺基亚、东芝、IBM 和 Intel 公司 5 家著名厂商联合成立了蓝牙组织 SIG(Special Interest Group),负责制定蓝牙技术标准,进行产品测试、技术推广等,其中 Intel 公司负责开发半导体芯片和传输软件,爱立信公司负责开发无线射频和移动电话软件,IBM 和东芝公司负责开发笔记本电脑接口规格。

蓝牙是一种短距离、低成本的无线传输技术,工作频段为全球统一开放的 2.4GHz ISM(Industrial,Scientific and Medical)频段。

1999 年,发布了蓝牙 1.0 和 1.0B 版本。

2002 年,发布蓝牙 1.1 规范,传输率为 748~810kb/s,但容易受同频段其他产品干扰,影响通信质量。

2004 年,发布蓝牙 2.0+EDR 规范。EDR(Enhanced Data Rate)是有关数据传输加速的技术。没有 EDR 技术的蓝牙 2.0 设备,其传输速率为 1.8~2.1Mb/s,而增加了+EDR 的蓝牙 2.0 设备,其数据传输速率提升到了近 3Mb/s。此外,2.0 版本还增加了双工模式,在语音通信的同时可以传输文档或图片。

2007 年 8 月,发布蓝牙 2.1+EDR 规范。添加了安全简单配对协议,待机时间有所提高。

2009 年 4 月,发布蓝牙 3.0+HS 规范。HS(High Speed)指高速传输,采用了 Wi-Fi 的 Generic Alternate MAC/PHY (AMP)以及 IEEE 802.11 协议配接层(PAL),利用 Wi-Fi 的射频技术,可让蓝牙达到接近 Wi-Fi 的传输速率。HS 蓝牙设备的数据传输速率可以达到 24Mb/s,是 EDR 蓝牙设备数据传输速率的 8 倍,但传输距离限制在 10m 以内。

2010 年 7 月,发布蓝牙 4.0+LE 规范。LE(Low Energy)指低功耗,数据传输速率最高依然是 24Mb/s,但传输距离从之前的 10m,扩大到 100m。

从 4.0 开始,蓝牙规范分成了传统蓝牙、高速蓝牙 HS 和低功耗蓝牙 LE。传统蓝牙标准主要以信息传递、设备联机为目标,传输速率为 1~3Mb/s,传输距离为 10m 或 100m。高速蓝牙数据传输速率最高可达 24Mb/s,为传统蓝牙的 8 倍。低耗电蓝牙则是针对穿戴式设备,如手表、体育健身产品、医疗保健产品,以及工业自动化的低耗电需求,数据传输速率为 1Mb/s,传输距离在 30m 以内。

2013 年 12 月,发布了蓝牙 4.1 规范,支持 IPv6,简化了设备连接,降低了与 LTE 网络的干扰。LTE 是一个 4G 移动通信标准。

2014 年 12 月,发布蓝牙 4.2 规范,改善了数据传输速度和隐私保护,蓝牙设备可直接通过IPv6和6LowPAN接入互联网。6LowPAN是基于IPv6的低速无线个域网标准。

2016年6月，发布蓝牙5.0规范。蓝牙5.0设备的数据传输速率为2Mb/s，是之前4.2 LE的两倍。传输距离更远，理论上有效工作距离可达300m。

12.1.2 基本特性

蓝牙是一种短距离(一般在10m以内)、低功耗、低成本的无线传输技术，能够在传输语音的同时传输文档或图片数据，具有无线、低功耗、抗干扰性强、安全性高、体积小、价格便宜等优点，因而获得了广泛的应用。很多数字电子设备中都集成有蓝牙模块，如手机、个人计算机、平板电脑、蓝牙键盘和蓝牙鼠标等，蓝牙图标见图12.1。

蓝牙通信的工作频段为2.54GHz的ISM频段。采用高速跳频扩展技术(Frequency Hopping Spread Spectrum，FHSS)，提高其抗干扰能力，跳频速度为每秒1600跳。

图12.1 蓝牙图标

蓝牙地址为符合IEEE 802标准的48位地址，每个蓝牙设备都有一个全球唯一的地址码。蓝牙以无线局域网标准IEEE 802.11为基础，实现了“即连即用”。任何一个蓝牙设备一旦搜寻到另一个蓝牙设备，马上可以配对，建立连接，进行通信。

多个蓝牙设备可以组成网络，网络中所有设备的地位是平等的。首先提出通信请求的设备称为“主设备”(Master)，被动进行通信的设备称为“从设备”(Slave)。一个主设备最多可同时与7个从设备进行通信，并最多与256个从设备保持同步但不通信的状态。

一个主设备与多个从设备构成的蓝牙网络称为“微微网”(Piconet)。如果多个微微网之间具有重叠覆盖，即不同微微网之间存在设备通信，就构成了蓝牙的“分散网络”(Scatter net)。

12.2 HC-05蓝牙模块

教学视频

12.2.1 功能概述

HC-05蓝牙模块是基于2.0+EDR蓝牙协议的数传模块，提供串口通信接口，如图12.2所示。该模块最大发射功率为4dBm，接收灵敏度为−85dBm，板载PCB天线，可以实现10m距离通信，数据传输速率可达2Mb/s。

图12.2 HC-05蓝牙模块

HC-05蓝牙模块采用CSR公司生产的BC417芯片，电源电压为3.3V，通信电流达到40mA，通信接口为UART串口，兼容TTL电平，支持AT指令。通过串口向蓝牙模块发送AT指令，可设置蓝牙模块的工作模式，更改设备名称、串口波特率等，使用方便灵活。

12.2.2 工作原理

主机通过串口控制蓝牙模块的工作情况，蓝牙模块与其他数字电子设备的蓝牙之间配对连接成功后，就可以通过蓝牙实现无线数据传输，如图 12.3 所示。与之配对的蓝牙模块可以是手机、计算机或者另一个单片机控制的蓝牙模块。由于大多数字电子设备中都集成了蓝牙模块，因此，通过蓝牙模块单片机可以实现与其他数字电子设备的通信。

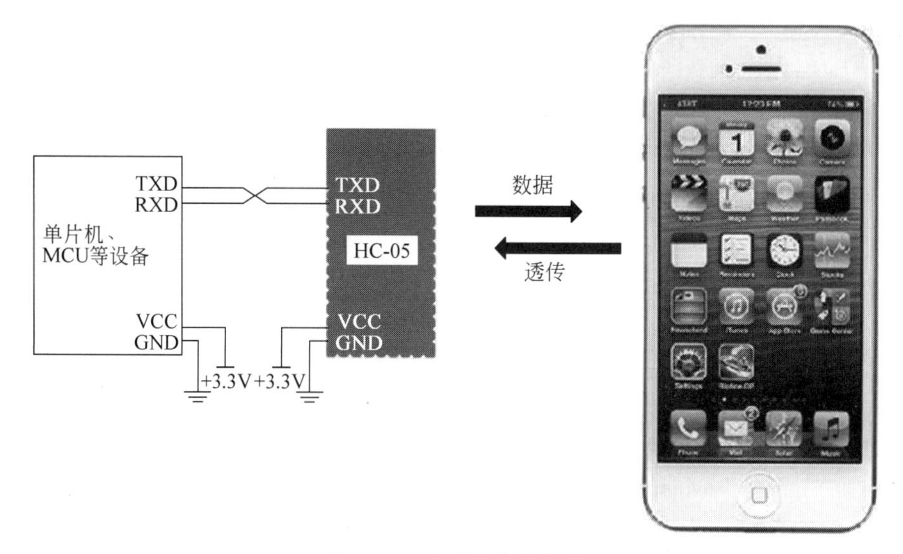

图 12.3 蓝牙通信示意图

HC-05 蓝牙模块具有两种工作模式：自动连接工作模式和命令响应工作模式。在自动连接工作模式下，HC-05 模块的工作模式可分为主（Master）、从（Slave）和回环（Loopback）3 种。在主模式下，HC-05 蓝牙模块会主动搜索周边的蓝牙设备，并发起连接。在从模式下，HC-05 模块被动响应配对请求。在回环模式下，HC-05 模块被动响应配对请求，建立连接后，会将接收到的数据发回发送方。

在命令响应工作模式下，模块能响应 AT 命令。此时用户可以通过串口向 HC-05 模块发送 AT 命令，设定模块的工作方式，改变模块的设定参数等，控制 HC-05 模块的工作。

HC-05 蓝牙模块上的输入引脚 EN 控制蓝牙模块的工作模式，引脚为高电平时进入命令响应工作模式，为低电平时进入自动连接工作模式。模块上将该引脚设置为输入下拉模式，上电后蓝牙模块进入自动连接工作模式。当外部将引脚上拉为高电平时，模块进入命令响应工作模式，此时模块能够响应 AT 命令，也称为“AT 模式”。

模块上的按键控制 EN 引脚的电平，按下按键时 EN 引脚上拉为高电平，松开时为低电平，可以通过按键切换蓝牙模块的工作模式。

12.2.3 AT命令

HC-05蓝牙模块出厂时默认设置为从模式,配对码为1234,波特率为9600b/s,1个停止位,没有校验位。模块进入命令响应工作模式(即AT模式)后,可以发送AT命令对模块进行配置,如查询模块状态、修改模块参数等。

AT命令是以字符“AT”开始,以回车换行结束的字符串,AT命令不区分字母大小写。发送AT命令时需要将EN引脚拉高一次,而部分AT命令需要将EN引脚一直设置为高电平才有效。常用AT命令见表12.1,详情参见HC-05蓝牙模块的用户手册。

表12.1 HC-05蓝牙模块AT命令简表

命令	响应	参数	EN引脚	功能描述
AT	OK	无	拉高1次	测试模块是否能正常响应AT指令。若正常,则返回OK
AT+RESET	OK	无	拉高1次	将模块复位
AT+ADDR?	+ADDR:<Param>OK	<Param>为48位蓝牙地址	拉高1次	返回模块的蓝牙地址
AT+NAME?	+NAME:<Param>OK	<Param>为蓝牙设备名称	一直拉高	返回蓝牙设备的名称
AT+NAME=<Param>	OK	<Param>为蓝牙设备名称	一直拉高	设置蓝牙设备的名称。返回OK,说明修改成功
AT+ORGL	OK	无	拉高1次	恢复默认状态。从模式,传输速率为38 400b/s,配对码为1234,名称为hc01.com HC-05
AT+ROLE?	+ROLE:<Param>OK	<Param>说明设备角色	拉高1次	查询模块角色。Param:0 Slave,1 Master,2 Slave Loop
AT+ROLE=<Param>	OK	<Param>设备角色	拉高1次	设置模块角色。Param:0 Slave,1 Master,2 Slave Loop
AT+PSWD?	+PSWD:<Param>OK	<Param>配对码	拉高1次	查询模块配对码,默认值为1234
AT+PSWD=<Param>	OK	<Param>配对码	拉高1次	设置模块配对码

默认名称和配对码与蓝牙模块具体芯片相关,执行“AT+ORGL”命令后,最好再执行“AT+NAME?”命令查询确定模块名称。

12.2.4 PC串口配置蓝牙模块

1. USB转串口模块

通过USB转串口模块可以在PC上模拟出一个串口,通过串口连接蓝牙模块,这样

PC就能通过串口向蓝牙模块发送AT命令，查询或配置蓝牙模块的工作情况。

USB转串口模块又称为“USB转TTL”模块，转换芯片有很多型号，如CH340、CP2102等，需要安装对应的驱动程序，Windows操作系统才能正确识别。模块的一端为USB接口，另一端为串口引脚，通常还会将电源VCC和GND引出，向外输出5V或3.3V电压，可用于为其他外设供电，如图12.4所示。

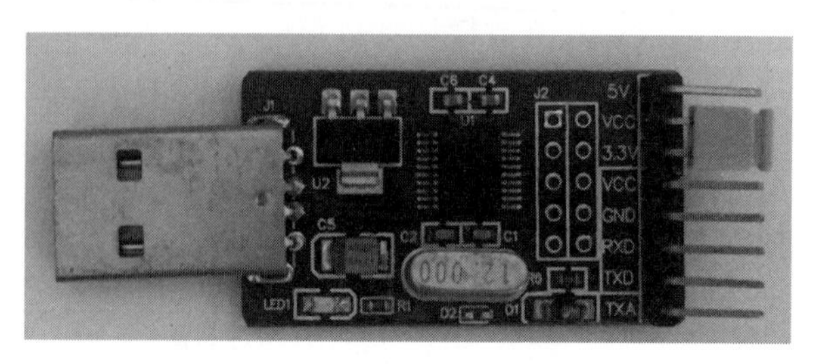

图12.4　USB转串口模块

安装驱动程序后，将USB转串口模块接入PC，在Windows的设备管理器中应该能正确识别出模块，显示为串口，即COM口，具体COM口的序号不定，如图12.5所示。

图12.5　在Windows设备管理器中识别转换模块

2. PC配置蓝牙模块

将USB转串口模块与蓝牙模块互连，连接时先用万用表确定串口模块向外输出3.3V电压。串口模块为蓝牙模块供电，将串口模块的VCC和GND引脚与蓝牙模块的VCC、GND相连，串口模块的RXD引脚与蓝牙模块的TXD引脚相连，而串口模块的TXD与蓝牙模块的RXD相连。TXD、RXD分别是串口的发送端和接收端，通信双方的发送端和接收端应该交叉互连，如图12.6所示。

连接时注意确定USB转串口模块的VCC引脚输出电压为3.3V，若输出5V，则将烧毁蓝牙模块。

运行XCOM串口调试助手软件，通过串口模块与HC-05蓝牙模块通信，如图12.7所示。在串口选择下拉列表框中选择对应的COM口。若不确定COM口序号，则可以在设备管理器中查看。蓝牙模块有两个常用波特率：9600b/s和38 400b/s，可以先设置为38 400b/s，尝试进行通信，若通信失败，再尝试9600b/s波特率。打开串口之后，在下

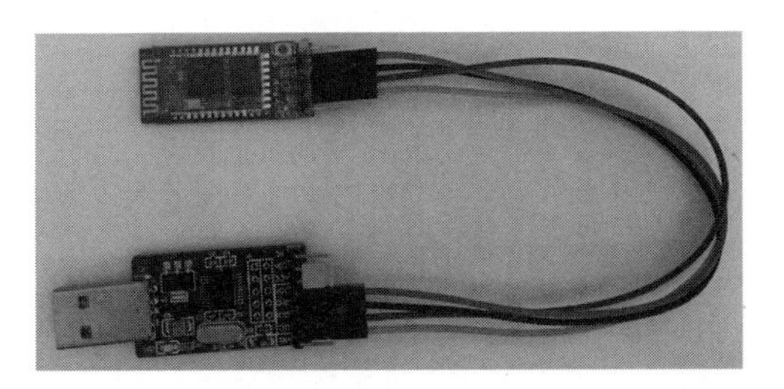

图 12.6　USB 转串口模块与蓝牙模块互连

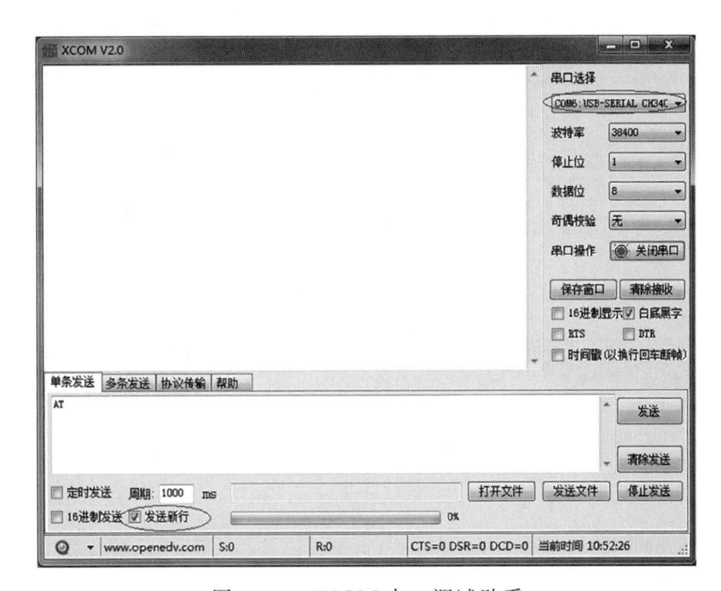

图 12.7　XCOM 串口调试助手

方发送框中输入 AT 命令，必须选中“发送新行”复选框，这样发送时才会自动在所发送内容后添加回车换行符。

上电后蓝牙模块的状态灯快速闪烁，此时蓝牙模块为从机模式。按下蓝牙模块上的按键，同时单击 XCOM 窗口中的“发送”键，发送 AT 命令。若通信成功，则在上方接收栏中会看到收到的回复信息。图 12.8 为发送“AT+NAME?”命令查询模块名称收到的信息。

AT 命令是字符串命令，XCOM 窗口中发送和接收的都是字符串形式的信息。如果选中“16 进制发送”和“16 进制显示”复选框，就能看到每个字节的具体数值，如图 12.9 所示，0D 和 0A 分别是回车符和换行符的十六进制数值。

图 12.9 显示出图 12.8 收发信息的十六进制数值。选中“发送新行”复选框，就意味着发送完发送框中的所有字节数据后，发送 0D 和 0A 两个字节数据，即回车符和换行符。

如图 12.9 所示的接收框中显示了所接收到的每个字节的数据，将其按照 ASCII 码字符显示，就是在图 12.8 中看到的信息。

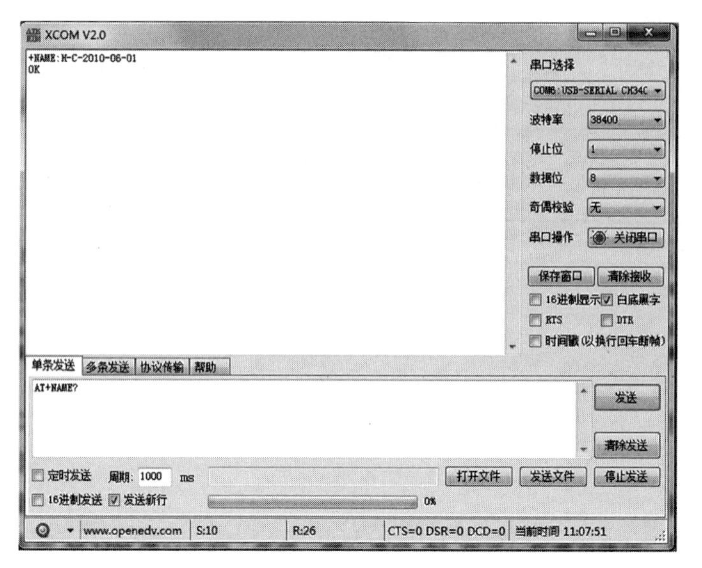

图 12.8　查询蓝牙模块名称

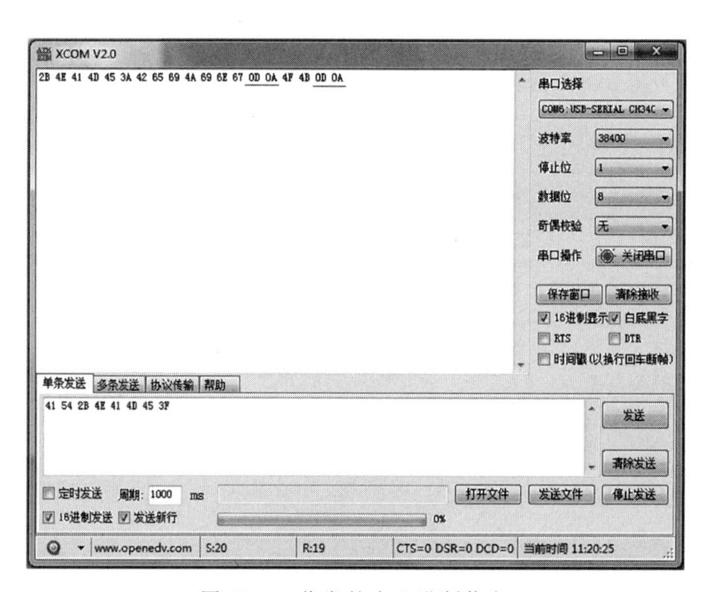

图 12.9　收发的十六进制信息

3. 手机连接蓝牙模块

手机上都集成有蓝牙模块，打开手机蓝牙，运行蓝牙通信测试 App，就可以与 HC-05 蓝牙模块配对了。配对成功后，手机就可以通过蓝牙与 HC-05 模块进行通信，如图 12.10 所示。两者都以 ASCII 码方式发送字符串信息，双方都收到了对方发来的信息。

实际测试发现，安卓手机可以顺利连接蓝牙模块，实现通信，但是苹果手机出于安全性考虑，没有显示出 HC-05 蓝牙模块，无法连接。

(a) 手机App界面

(b) PC的XCOM界面

图 12.10 手机与 PC 的蓝牙通信

12.3 UART 串口通信

12.3.1 串口通信基本概念

1. 并行传输与串行传输

设备之间进行数据传输时，根据一次传输的数据位数，可分为并行数据传输和串行数据传输。

并行数据传输，即一次可以传输多位数据。接收方收到数据后，无须做任何转换。传输速度快，处理简单，但是需要多位数据信号线，硬件相对比较复杂，传输距离近。

串行数据传输，即一次只能传输 1 位二进制数据，接收方一位一位收到数据后，需要进行串-并转换。具有硬件简单，抗干扰能力强，传输距离远等优点。

在工作频率相同的情况下，串行通信的数据传输速率远远低于并行通信。但是并行传输由于无法解决高频传输时的干扰问题，工作频率有限。随着技术的发展，串行传输的工作频率越来越高，数据传输速率不断提升，近年来，串行传输有逐渐取代并行传输的趋势。过去 PC 中连接硬盘采用的是并行总线 PCI，而现在连接硬盘采用的是串行总线 PCI-E。PC 上连接打印机的接口，也从过去的并口，转变成现在串行传输的 USB 接口。目前，PC 上取消了过去的串口(即 COM 口)和并口，改为提供多个 USB 接口，用于连接外设。通过 USB 转串口模块可以将 USB 接口转换成 COM 口。

2. 同步通信与异步通信

根据收发双方之间是否有同步时钟，串行通信可分为同步通信与异步通信。

由于串行通信中,数据一位一位地依次传输,每一位数据传输占据一个固定的时间长度,如图 12.11 所示。收发双方必须有时钟来计量每一位数据传输的时间长度。

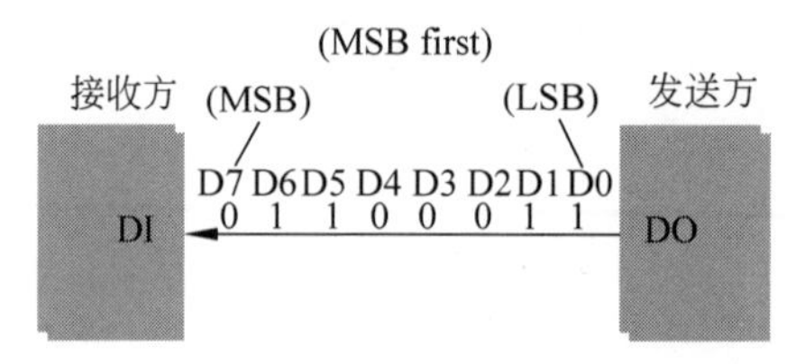

图 12.11 串行通信示意图

同步通信要求收发双方由一个时钟来同步双方的工作,而对于异步通信来说,发送方与接收方各自有自己的时钟,只需要时钟频率相同即可,如图 12.12 所示。

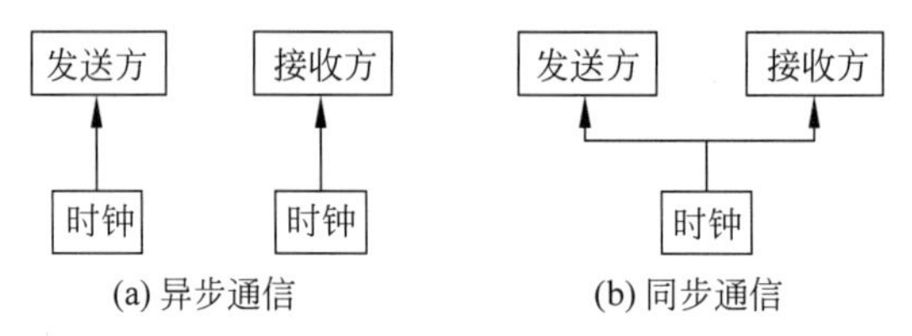

图 12.12 异步通信与同步通信

同步通信收发双方由一个时钟信号控制,可以以较高的频率连续传输大量的数据。同步通信中一帧数据(Frame)可以包含多个字节的有效数据,如图 12.13 所示。同步通信数据传输的效率高于异步通信。

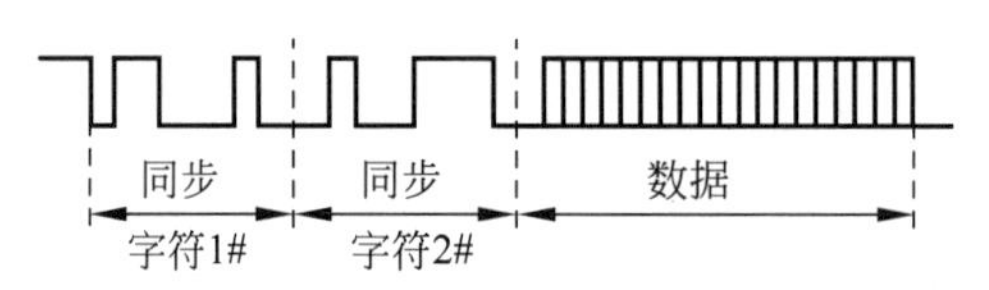

图 12.13 同步通信数据帧结构

异步通信一帧只能发送一个字节的有效数据。一个数据帧中有起始位和停止位,根据需要还可以设置校验位。UART 串口通信协议中规定,空闲时数据线为高电平,发送方将数据线拉低发送起始位,启动一帧数据的传输。然后从低位到高位发送一个字节的有效数据,接着发送校验位,最后发送停止位,完成一帧数据的传输。图 12.14 为带有一个校验位的异步通信数据帧结构。

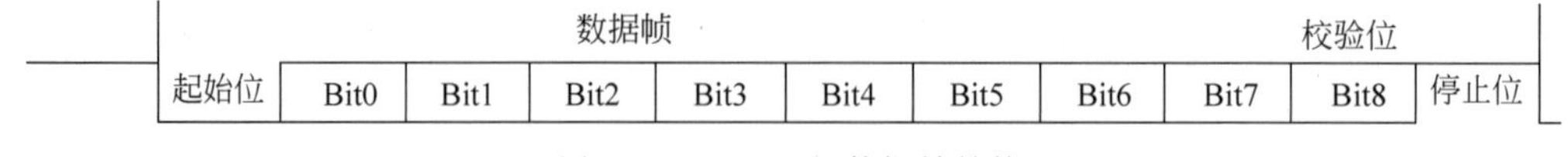

图 12.14 UART 数据帧结构

3. 单工、半双工与全双工

根据数据传输方向,串行通信分为单工、半双工和全双工。

在单工模式下，系统中只有一根数据线，并且数据传输是单向的。一方固定为发送方，另一方固定为接收方。

在半双工模式下，系统中同样只有一根数据线，可以实现双向的数据传输，但是不能同时实现双向传输。即数据传输可以是 A→B，或 A←B，但 A 不能在发送的同时进行接收。

全双工模式下，系统中有两根数据线，可以同时在两个方向上进行数据传输。通信中的每一方都有发送器和接收器，通过两根数据线，可同时进行发送和接收。通信双方的发送端和接收端应该交叉互连，图 12.15 为全双工模式下 UART 串口的连接。

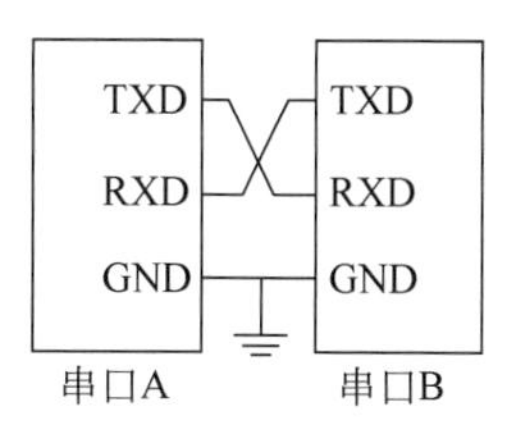

图 12.15　UART 全双工连接示意图

4. 波特率与比特率

在电子通信领域，波特率(Baud Rate)即调制速率，指有效数据信号调制载波的速率，即单位时间内载波调制状态变化的次数，其单位为 baud。1 baud 意味着每秒传输 1 个码元符号。通过不同的调制方式，可以在一个码元符号上负载多个二进制位信息。在 2 相调制下，一个码元有 2 种状态：低电平和高电平，每个码元可以传输 1 位二进制信息。在 4 相调制下，一个码元有 4 种状态，可以表达 2 位二进制信息，如图 12.16 所示。

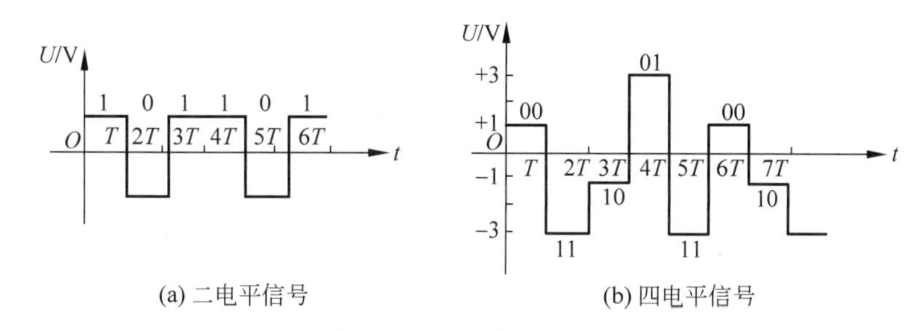

图 12.16　2 相与 4 相码元

比特率是数据传输速率，指每秒传输的二进制位数，单位为 b/s(bits per second，bps)，即位每秒。比特率与波特率之间的换算关系为

$$\text{比特率} = \text{波特率} \times \log_2 N \tag{12.1}$$

其中，N 为码元的状态个数。单位 kb/s 为 1000b/s，Mb/s 为 1000kb/s。

由于数字电路中信号只有两种状态：低电平和高电平，波特率与比特率数值相同，有些书籍与文档中没有区分波特率和比特率，本书也是如此。这种情况下波特率也意味着串行传输中收发双方时钟的频率。UART 串口常用的波特率有 9600b/s、19 200b/s、38 400b/s 等。

12.3.2 UART 模块概述

1. 特性描述

STM32 单片机中集成有 USART 和 UART 两种串口。USART(Universal Synchronous

Asynchronous Receiver and Transmitter)指通用同步异步收发器,而 UART 为通用异步收发器,它没有同步收发相关的功能,只能实现异步串行通信。USART 可以当作 UART 来使用,反之则不能。

USART 具有以下特性:

- 支持单工、单线半双工和全双工异步通信。
- 内有波特率发生器,发送与接收共用一个波特率发生器,但分别由发送使能位和接收使能位控制,使能位置位时向其提供时钟。
- 可编程设置数据字长度:8 位或 9 位。
- 可设置停止位:1 位或 2 位。
- 可单独使能/禁止发送或接收。
- 发送校验位,并对接收数据进行校验。
- 3 个检测标志:发送缓冲器空、接收缓冲器满和传输结束标志,均可触发中断。
- 4 个错误检测标志:溢出错误、噪音错误、帧错误和校验错误,均可触发中断。

2. 内部结构

USART 接口的内部结构如图 12.17 所示。本章只重点讨论串行异步收发功能,即 UART 接口的数据收发功能。

UART 接口中集成有发送器与接收器,并且发送器与接收器可以单独使能或禁止,因此 UART 接口的工作模式有全双工模式、单工发送模式、单工接收模式以及单线半双工模式。双向通信需要两根数据线,TX 为数据发送端,RX 为数据接收端。

从图 12.17 可以看出,虽然编程操作时看起来 UART 接口只有一个数据寄存器 DR,但实际上读 DR 寄存器时读出的是接收器收到的数据,即接收数据寄存器 RDR 中的数据,而写 DR 寄存器时写的是发送数据寄存器 TDR。

nRTS、nCTS 引脚用于硬件流控制,IRDA_IN 和 IRDA_OUT 引脚用于 IRDA 模式的数据输入和数据输出,在同步通信模式下通过 SCK 引脚传输时钟信号。在全双工异步通信模式下,通常不启用硬件流控制,此时只需要 RX 和 TX 引脚收发数据,不需要用到其他引脚,而单工或半双工通信模式只需要一根数据线。

3. 帧格式

UART 接口收发的帧分为数据帧、空闲帧和断开帧,格式如图 12.18 所示。数据帧可以包含 8 位或 9 位有效数据,可以编程设定数据位数。

4. 收发数据帧

发送数据时只需要执行指令写 DR 寄存器。此时待发送的数据写入 TDR 寄存器,硬件将“发送缓冲器空”标志 TXE 清零,说明有数据等待发送。

发送器将 TDR 数据传递到发送移位寄存器中,开始发送数据时,硬件将 TXE 标志置位,说明已经开始发送数据,TDR 寄存器被清空,可以再次写入待发送数据了。

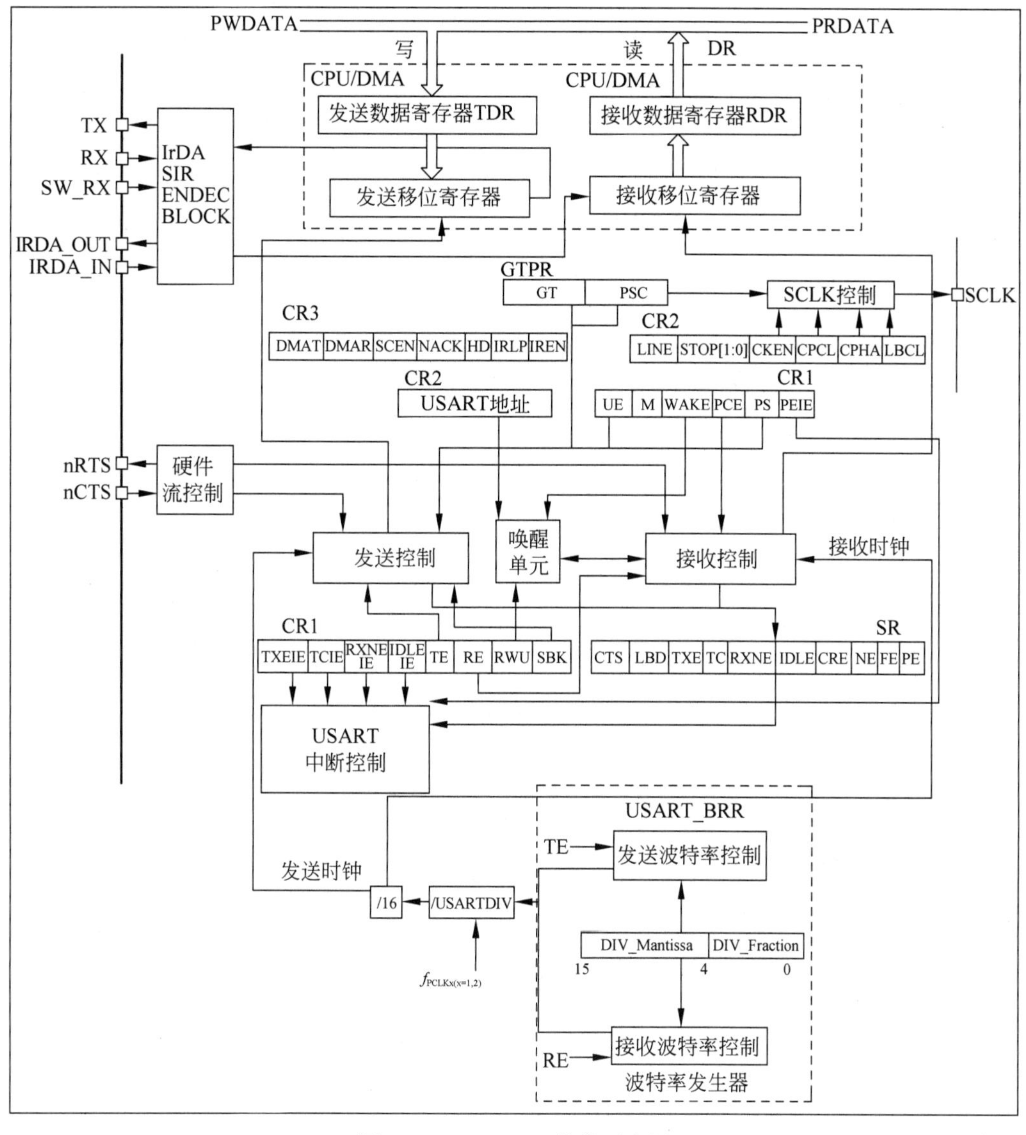

图 12.17 USART 结构示意图

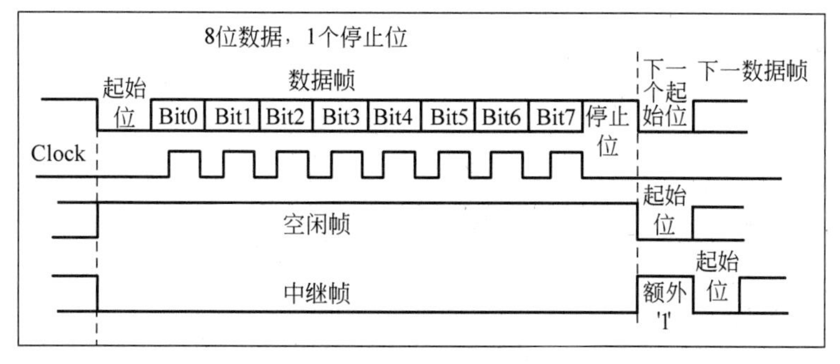

图 12.18 帧格式

数据帧发送结束时硬件将“发送完成”标志 TC 置位。

当接收器收到一帧数据后，硬件将“接收缓冲器非空”标志 RXNE 置位，说明收到了数据。执行指令读 DR 寄存器，将 RDR 中收到的数据读出，并且读 DR 寄存器操作会将 RXNE 标志清零。

TXE、RXNE 以及 TC 标志都能触发中断，使能对应中断后，当标志被置位时就会触发中断请求。

5. 中断

UART 接口中能够触发中断的事件有多个，表 12.2 中列出了一部分接口中断。一个 UART 接口只占有一个中断类型号，所有的中断都被连接到对应的一个中断向量，因此中断处理函数中必须判断具体的中断标志，针对每个中断完成相应的处理。

表 12.2 UART 接口中断事件

中断事件	中断标志	使能位
发送数据寄存器空	TXE	TXEIE
发送完成	TC	TCIE
接收数据就绪可读	RXNE	RXNEIE
检测到数据溢出	ORE	
检测到空闲线路	IDLE	IDLEIE
奇偶检验错	PE	PEIE

12.3.3 相关寄存器

1. 控制寄存器 CR1

控制寄存器 CR1 如图 12.19 所示。

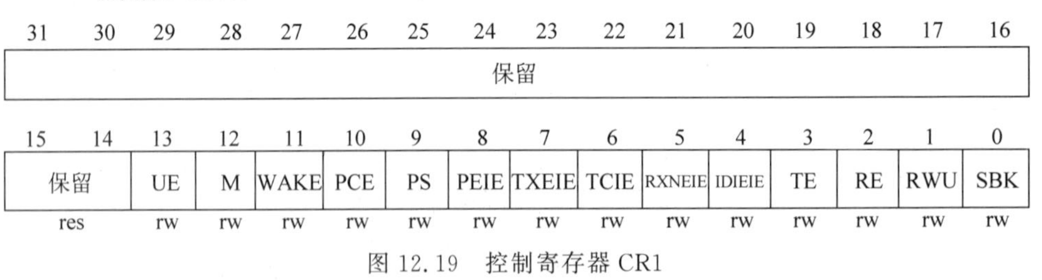

图 12.19 控制寄存器 CR1

UE(d13 位)：UART 使能控制位，为 1 使能模块，为 0 禁止模块。

TE(d3 位)：发送使能控制位，为 1 使能发送功能，为 0 禁止发送功能。

RE(d2 位)：接收使能控制位，为 1 使能接收功能，为 0 禁止接收功能。

使能 UART 模块后，可根据需要，分别使能发送功能或接收功能。

TXEIE(d7 位)：发送缓冲区空中断使能控制位，为 1 使能 TXE 中断，为 0 禁止。

RXNEIE(d5 位)：接收缓冲区非空中断使能控制位，为 1 使能 RXNE 中断，为 0 禁止。

TCIE(d6 位)：发送完成中断使能控制位，为 1 使能 TC 中断，为 0 禁止。

M(d12 位)：设定数据位数，为 0 设定为 8 个数据位，n 个停止位；为 1 设定为 9 个数据位，1 个停止位。

停止位个数 n 由 CR2 寄存器的 STP[1:0]位设置，可设置为 0、1、2 或 0.5、1.5 个停止位，默认设定为 1 个停止位。

2. 状态寄存器 SR

状态寄存器 SR 如图 12.20 所示。

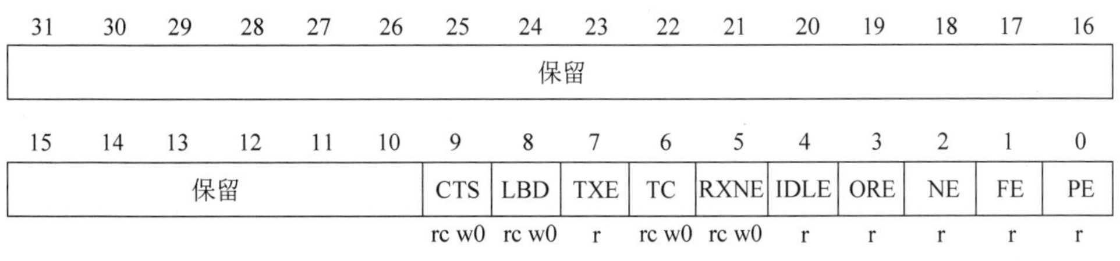

图 12.20　状态寄存器 SR

TXE(d7 位)：发送缓冲区空标志。TDR 寄存器数据传送到发送移位寄存器时硬件将 TXE 标志置位，写 DR 寄存器将 TXE 标志清零。

TC(d6 位)：发送完成标志。发送数据帧结束时硬件将 TC 标志置位。向该位写 0 可以清除标志，或者先读 SR 寄存器，接着写 DR 寄存器，也可以将 TC 标志清零。

RXNE(d5 位)：接收缓冲区非空标志。RDR 移位寄存器数据传送到 DR 寄存器时硬件将 RXNE 标志置位，读 DR 寄存器或向该位写 0 都可以将标志清零。

3. 数据寄存器 DR

数据寄存器 DR 为可读写的寄存器，如图 12.21 所示。读操作时读的是 RDR，即接收数据寄存器；而写操作时写的是 TDR，即发送数据寄存器。

4. 波特比率寄存器 BRR

UART 内置有波特率发生器，配置 BRR 寄存器可设置波特率，如图 12.22 所示。

DIV_MantiSSA[11:0](d15～d4 位)：定义分频器除法因子的整数部分。

DIV_Fraction[3:0](d3～d0)：定义分频器除法因子的小数部分。

CMSIS 提供库函数设置波特率，不必自己计算，设置 BRR 寄存器。

地址偏移：0x04
复位值：不确定

31	30	29	28	27	26	25	24	23	22	21	20	19	18	17	16
保留															

15	14	13	12	11	10	9	8	7	6	5	4	3	2	1	0
保留							DR[8:0]								
							rw	rw	rw	rw	rw	rw	rw	rw	rw

图 12.21　数据寄存器 DR

地址偏移：0x08
复位值：0x0000

31	30	29	28	27	26	25	24	23	22	21	20	19	18	17	16
保留															

15	14	13	12	11	10	9	8	7	6	5	4	3	2	1	0
DIV_MantiSSA[11:0]												DIV_Fraction[3:0]			
rw	rw	rw	rw	rw	rw	rw	rw	rw	rw	rw	rw	rw	rw	rw	rw

图 12.22　波特比率寄存器 BRR

教学视频

12.3.4　相关库函数

与其他模块库函数相似，USART 模块库函数也有初始化函数 USART_Init()、命令函数 USART_Cmd()、中断配置函数 USART_ITConfig()，以及中断标志获取函数 USART_GetITStatus()和清零函数 USART_ClearITPendingBit()，状态标志获取函数 USART_GetFlagStatus()和清零函数 USART_ClearFlag()。

除此之外，作为串行接口，CMSIS 还提供了发送数据函数 USART_SendData()和接收数据函数 USART_ReceiveData()。

1. 初始化函数 USART_Init()

USART_Init()函数实现 USART 模块初始化工作，函数如图 12.23 所示。

USART_BaudRate 参数直接传递整数，如 9600、19 200 或 38 400 等，波特率不要自己随意设置，应该设定为串行常用波特率之一，在 PC 串口通信软件 XCOM 中列出了常用波特率。

USART_WordLength 参数设定一个数据帧中的数据位数，可以是 8 位或 9 位。

USART_StopBits 参数设定停止位个数，通常设为 1 位。UART4 和 UART5 不能设定为 0.5 个或 1.5 个停止位。

USART_Parity 参数设定校验位，可以设定为无校验、偶校验(Even)或奇校验(Odd)。

```
void USART_Init(USART_TypeDef* USARTx, USART_InitTypeDef* USART_InitStruct);

typedef struct
{
  uint32_t USART_BaudRate;

  uint16_t USART_WordLength;

  uint16_t USART_StopBits;

  uint16_t USART_Parity;

  uint16_t USART_Mode;

  uint16_t USART_HardwareFlowControl;

} USART_InitTypeDef;

#define USART_WordLength_8b                    ((uint16_t)0x0000)
#define USART_WordLength_9b                    ((uint16_t)0x1000)

#define USART_StopBits_1                       ((uint16_t)0x0000)
#define USART_StopBits_0_5                     ((uint16_t)0x1000)
#define USART_StopBits_2                       ((uint16_t)0x2000)
#define USART_StopBits_1_5                     ((uint16_t)0x3000)

#define USART_Parity_No                        ((uint16_t)0x0000)
#define USART_Parity_Even                      ((uint16_t)0x0400)
#define USART_Parity_Odd                       ((uint16_t)0x0600)

#define USART_Mode_Rx                          ((uint16_t)0x0004)
#define USART_Mode_Tx                          ((uint16_t)0x0008)

#define USART_HardwareFlowControl_None         ((uint16_t)0x0000)
#define USART_HardwareFlowControl_RTS          ((uint16_t)0x0100)
#define USART_HardwareFlowControl_CTS          ((uint16_t)0x0200)
#define USART_HardwareFlowControl_RTS_CTS      ((uint16_t)0x0300)
```

图 12.23　USART_Init()函数

USART_Mode 参数设定传输模式，接收模式和发送模式可以分别使能，若通过逻辑或运算符“|”，将两个模式相或后传递参数，同时使能发送和接收模式，则模块工作于全双工模式下。

USART_HardwareFlowControl 参数设定硬件流控制，通常关闭硬件流控制。

CMSIS 提供 USART_StructInit()函数，用默认值初始化 USART_InitTypeDef 结构体变量，默认值为 9600b/s 波特率、8 位数据、1 位停止位、无校验、收发模式、无硬件流控制。

调用 USART_Init()函数初始化串口模块时，可以先调用 USART_InitTypeDef()函数，用默认值初始化结构体变量后，再设定需要修改的结构体变量成员。

2. 中断配置函数 USART_ITConfig()

USART_ITConfig()函数使能或禁止串口模块的指定中断事件，函数如图 12.24 所示。

```
void USART_ITConfig(USART_TypeDef* USARTx, uint16_t USART_IT, FunctionalState NewState);

#define USART_IT_PE          ((uint16_t)0x0028)
#define USART_IT_TXE         ((uint16_t)0x0727)
#define USART_IT_TC          ((uint16_t)0x0626)
#define USART_IT_RXNE        ((uint16_t)0x0525)
#define USART_IT_IDLE        ((uint16_t)0x0424)
#define USART_IT_LBD         ((uint16_t)0x0846)
#define USART_IT_CTS         ((uint16_t)0x096A)
#define USART_IT_ERR         ((uint16_t)0x0060)
#define USART_IT_ORE         ((uint16_t)0x0360)
#define USART_IT_NE          ((uint16_t)0x0260)
#define USART_IT_FE          ((uint16_t)0x0160)
```

图 12.24　USART_ITConfig()函数

串口能够触发中断请求的事件较多，图 12.24 显示了所有中断事件，收发数据相关的 3 个中断事件分别为“发送缓冲区为空”TXE、“传输完成”TC 和“接收缓冲区非空”RXNE。

每次调用 USART_ITConfig()函数只能使能或禁止一个中断源，不能通过逻辑或运算符“|”将多个中断源相或。

3．获取中断标志函数 USART_GetITStatus()

USART_GetITStatus()函数返回指定中断标志状态，所传中断标志参数参见 USART_ITConfig()函数。

函数中综合判断了 SR 寄存器中的相应状态标志以及 CR1 和 CR2 寄存器中的相应中断源使能位状态。如果相应中断源处于禁止状态，那么函数始终返回“RESET”。只有使能中断源并且 SR 中的相应状态标志置位时，函数才返回“SET”。

4．清除中断标志函数 USART_ClearITPendingBit()

USART_ClearITPendingBit()函数将指定中断标志位清零，所传中断标志位只能是 USART_IT_CTS、USART_IT_LBD、USART_IT_TC 或 USART_IT_RXNE。函数实质是写 SR 寄存器，这 4 个标志位都可以通过向对应位写 0 来清除。

其他中断标志由硬件清零或者其他软件操作清零，不能调用 USART_ClearITPendingBit()函数清除中断标志。例如，TXE 标志只能通过写 DR 寄存器来清除。

5．获取状态标志函数 USART_GetFlagStatus()

USART_GetFlagStatus()函数返回指定状态标志情况，函数如图 12.25 所示。

```
FlagStatus USART_GetFlagStatus(USART_TypeDef* USARTx, uint16_t USART_FLAG);

#define USART_FLAG_CTS                    ((uint16_t)0x0200)
#define USART_FLAG_LBD                    ((uint16_t)0x0100)
#define USART_FLAG_TXE                    ((uint16_t)0x0080)
#define USART_FLAG_TC                     ((uint16_t)0x0040)
#define USART_FLAG_RXNE                   ((uint16_t)0x0020)
#define USART_FLAG_IDLE                   ((uint16_t)0x0010)
#define USART_FLAG_ORE                    ((uint16_t)0x0008)
#define USART_FLAG_NE                     ((uint16_t)0x0004)
#define USART_FLAG_FE                     ((uint16_t)0x0002)
#define USART_FLAG_PE                     ((uint16_t)0x0001)
```

图 12.25　USART_GetFlagStatus()函数

每个宏定义指明了相应标志在 SR 寄存器中的位，例如，TXE 标志是 SR 寄存器的 d3 位，对应的宏定义数值为 0x0080，即 d3 位为 1，其他位为 0。

函数直接返回 SR 寄存器中相应标志位的状态，若标志位为 1 则返回“SET”，为 0 则返回“RESET”。

调用 USART_ClearFlag()函数可以清除状态标志，但同样只能清除 CTS、LBD、TC 和 RXNE 状态标志。

6．收发数据函数 USART_SendData()和 USART_ReceiveData()

收发数据函数实际上就是读 DR 寄存器和写 DR 寄存器，可以调用库函数，也可以直接读写 DR 寄存器实现数据收发，而后者执行效率更高。

虽然 USART_TypeDef 结构体定义中将数据成员 DR 定义为 uint16_t 类型，但是串口模块中的 DR 寄存器实际上只有 9 位有效，初始化串口时设定了收发的数据位数，可以是 8 位或 9 位。

12.4 应用实例

12.4.1 单片机与PC之间的串口通信

单片机通过片上集成的串口模块可以与PC之间实现串口通信,PC通过USB转串口模块可以将USB接口模拟成COM口。

单片机上集成了5个串口模块:USART1~USART3、UART4、UART5,这里用UART4模块实现与PC的通信

1. 硬件连接

查阅数据手册可知,UART4的TX和RX引脚分别是PC10和PC11,将它们与USB转串口模块上的TX和RX交叉互连。两个硬件模块之间只需要连接以下3个信号。

- 单片机最小板PC10(UART4_TX)接USB转串口模块的RXD引脚;
- 单片机最小板PC11(UART4_RX)接USB转串口模块的TXD引脚;
- 单片机最小板的GND与USB转串口模块的GND互连,两者共地。

2. 软件设计

单片机使用了UART4模块,需要完成模块的初始化以及数据的发送,而接收采用中断机制实现,需要完成NVIC初始化以及UART4中断处理函数。

串口每次只能收发一个字节的数据,然而通信中一条信息常常包含多个字节,因此通信双方需要规定一条信息的结束符,例如,以回车换行符作为一条信息的结束。每次发送都应发送一条完整的信息,而接收方只有收到一条完整信息时才能进行信息处理。

1) 发送函数

发送函数完成一条信息的发送。一条信息包含多个字节,而串口每次写DR寄存器,发送一个字节的数据。不能连续写DR寄存器,这会导致数据尚且未被发送,就被新写入的数据覆盖。发送下一字节数据时必须先检查"发送缓冲区为空"状态标志TXE,当TXE标志为1时才写入下一个待发送数据。实现连续发送,直到完成整条信息的发送。

2) 中断处理函数

接收数据时由于不知道对方何时会发送信息,而查询方式会浪费CPU资源,因此应该使能RXNE中断,用中断方式接收数据。当对方发送信息时,每收到一个字节数据,串口模块就会触发中断请求,在中断处理函数中读DR寄存器,将收到的数据存入接收缓冲区,直到收到结束符,确认收到了一条完整的信息,这时才将自定义的接收信息标志置位,说明收到一条待处理的信息。

3) 主函数

主程序中检查信息接收标志位,标志为1时说明收到一条信息,就执行代码完成信

息处理，并且将信息接收标志清零，接收缓冲区指针复位，等待接收下一条信息。

4）项目文件架构

新建 usart.c 和 usart.h 文件实现串口模块接口函数，在 main.c 中实现 NVIC 初始化函数，使能 UART4 中断，在 myIT.c 中实现 UART4 中断处理函数。串口模块接口函数主要有两个：串口初始化函数和发送消息函数。串口初始化函数流程如下：

```
void UART4_Init(uint32_t baud)
{   ① IO 引脚初始化,PC10(TX)初始化,复用推挽输出模式,PC11(RX)初始化,浮空输入模式.
    ② UART4 初始化,参数 baud 指定波特率,设定为 8 位数据,1 位停止位,无校验,无硬件流控制.
    ③ 使能 UART4 模块的 RXNE 中断,使能 UART4.
}
```

发送消息函数在每发送一个字节时都需要先判断“发送缓冲区空”TXE 标志，只有当 TXE 标志为 1 时才能写 DR 寄存器，发送数据，函数代码如下：

```
void UART_SendMsg(uint8_t *msg, uint8_t len)
{   uint8_t pt = 0;
    while(pt < len)
    {   while(USART_GetFlagStatus(UART4, USART_FLAG_TXE) != SET);   //TXE 为 0 则等待
        UART4 -> DR = msg[pt];                                     //写 DR 寄存器,发送数据
        pt++;
    }
    //发送结束符,0x0D, 0x0A
    while(USART_GetFlagStatus(UART4, USART_FLAG_TXE) != SET);
    UART4 -> DR = 0x0D;
    while(USART_GetFlagStatus(UART4, USART_FLAG_TXE) != SET);
    UART4 -> DR = 0x0A;
}
```

串口模块每接收到一个字节数据就触发中断请求，CPU 响应中断，执行一次中断处理函数。然而一条消息包含多个字节的数据以及 2 字节的结束符，因此中断处理函数中需要保存收到的字节数据，并且判断是否接收到结束符，只有当接收完一条完整的消息时，才将接收消息标志置位。函数定义如下：

```
void UART4_IRQHandler(void)
{   uint8_t rev;
    //接收中断
    if(USART_GetITStatus(UART4, USART_IT_RXNE) != RESET)
    {   USART_ClearITPendingBit(USART1,USART_IT_RXNE);   //首先复位 RXNE 中断标志
        rev = UART4 -> DR;                                //读出收到的数据
        //如果此时收到消息标志为 1,说明上一条收到的消息尚且未及时处理,就抛弃它,接
        //收新消息
        if(UART_RX_STA & UART_RVMSG)
        {   UART_RX_STA = 0;
            UART_RX_BUF[UART_RX_STA] = rev;
            UART_RX_STA++;
```

```
        }
        else
        {   UART_RX_BUF[UART_RX_STA] = rev;   //收到的字节存入接收缓冲区
            UART_RX_STA++;
            if(rev == 0x0A)          //如果收到的字节为 0x0A,就判断前一字节是否是 0x0D
            {
                if(UART_RX_BUF[UART_RX_STA - 2] == 0x0D)
                {   UART_RX_STA |= UART_RVMSG;   //收到结束符,将收到消息标志置位
                }
            }
        }
    }
}
```

主程序的 while(1)循环体中判断收到消息标志,及时处理收到的消息。首先将消息整体复制到 main()函数中定义的数组中,释放接收缓冲区,避免在消息处理过程中串口收到新消息,直接抛弃正在处理的消息。main()函数代码如下:

```
int main(void)
{   uint8_t msg[250];
    uint16_t msglen;
    CLI();
    UART4_Init(115200);                    //调用接口函数完成 UART4 模块初始化
    myNVIC_Init();
    STI();
    while(1)
    {   if(UART_RX_STA & UART_RVMSG)       //判断接收消息标志,即 UART_RX_STA 的 d15 位
        {   UART_RX_STA &= ~UART_RVMSG;  //标志清零,UART_RX_STA 低位为消息字节数
            msglen = UART_RX_STA - 2;      //消息字节数包括结束符,减 2,删除结束符
            memcpy(msg, UART_RX_BUF, msglen);    //将消息复制到 msg 数组
            UART_RX_STA = 0;             //UART_RX_STA 变量清零,为接收新消息做好准备
            //处理收到的消息——发送提示信息,然后将消息发回
            //发送消息函数会在所发送消息后自动添加结束符
            UART_SendMsg("Received Message:", 17);
            UART_SendMsg(msg, msglen);
        }
    }
}
```

程序下载到单片机后,复位最小系统板运行串口通信程序。PC 上运行 XCOM 串口调试软件,将波特率设为 115 200b/s。在下方发送栏输入信息,发送后,立刻能够在上方接收栏收到单片机回送的消息,如图 12.26 所示。

图 12.26　单片机串口通信

12.4.2　单片机与手机之间的蓝牙通信

HC-05 蓝牙模块已经配置为从模式，设置了蓝牙名称和连接密码。手机与 HC-05 蓝牙模块配对连接后，运行手机上的蓝牙调试软件。单片机通过 UART4 模块控制 HC-05 蓝牙模块，这样手机与单片机之间就能够通过蓝牙模块收发信息了。

本实例测试蓝牙通信功能，收发双方约定以回车换行作为消息结束符。手机为主控方，可以发送 2 个控制命令，每个命令包含 1 字节的命令字和 n 字节的数据字，控制命令格式见表 12.3。

表 12.3　控制命令

命令字	数 据 字	功　　能
0x01	0xAA	成功则回复“LOOP BACK MODE OK” 回环模式，单片机直接发回收到的消息
	0x55	成功则回复“COUNT MSG MODE OK” 消息计数模式，单片机收到消息后，发回所收到的消息条数
0x02	4 字节 时间间隔	时间间隔为 uint32_t 数据类型，先收到低位字节 成功则回复“SET TIME SUCCEED” 设置单片机控制小灯 D1 闪烁的时间间隔，以毫秒(ms)为单位

1. 硬件连接

单片机最小系统板为 HC-05 蓝牙模块提供 3.3V 电源，通过 UART4 模块连接蓝牙模块串口。

单片机 3.3V 引脚接蓝牙模块的 VCC，单片机 GND 引脚与蓝牙模块的 GND 引脚互连。

PC10(UART4_TX)接蓝牙模块的 RXD 引脚，PC11(UART4_RX)接蓝牙模块的 TXD 引脚。

面包板上搭建 1 个小灯接口电路，PC0 引脚接小灯阳极，小灯阴极通过限流电阻接地。

2. 软件设计

软件按功能模块可分为串口通信模块、小灯控制模块和定时器模块。在 LED.c 和 LED.h 文件中实现小灯接口程序设计。在 myTim.c 和 myTim.h 文件中实现定时器相关接口函数，用基本定时器 TIM6 实现定时，在 TIM6 的中断处理函数中改变 PC0 引脚输出的电平，控制小灯亮灭。

通过 UART4 模块控制蓝牙收发信息，在 usart.c 和 usart.h 文件中实现串口接口函数，程序基本与 12.4.1 节实例的程序相同，只添加了命令处理函数，在 main()函数的 while(1)循环体中判断接收消息标志，收到消息就调用命令处理函数。命令处理函数定义如下：

```
void UART_MsgHandler(uint8_t * msg, uint8_t len)
{   char str[100];
    switch(msg[0])
    {   case 0x01:              //命令 0x01
            if(len!= 2)         //根据命令字，检查消息字节数，字节数错误就直接返回
                return;
            else
            {   if(msg[1] == 0xAA)                          //设置为回环模式
                {   UART_Mode = UART_MODE_LOOPBACK;
                    UART_SendMsg("LOOP BACK MODE OK", 17);   //回送提示信息
                }
                else if(msg[1] == 0x55)                     //设置为消息计数模式
                {   UART_Mode = UART_MODE_CUNTMSG;
                    UART_SendMsg("COUNT MSG MODE OK", 17);   //回送提示信息
                }
            }
            break;
        case 0x02:                                          //命令 0x02
            if(len!= 5)
                return;
```

```
            else                                                    //设定定时时间
            {   Time = msg[1];
                Time |= ((uint32_t)msg[2]) << 8;
                Time |= ((uint32_t)msg[3]) << 16;
                Time |= ((uint32_t)msg[4]) << 24;
                UART_SendMsg("SET TIME SUCCEED", 16);          //回送提示信息
            }
            break;
        default:                                          //收到其他消息,根据模式,回送信息
            if(UART_Mode == UART_MODE_LOOPBACK)
            {   UART_SendMsg(msg, len);                   //回环模式下,直接发回收到的消息
            }
            else if(UART_Mode == UART_MODE_CUNTMSG)
            {   sprintf(str, "Msg Number: %d", UART_RevMsgNum);
                UART_SendMsg((uint8_t *)str, strlen(str));     //消息计数模式下发回
                                                               //收到的消息条数
            }
            return;
    }
}
```

3. 测试情况

在手机上下载蓝牙测试 App,运行测试 App,与 HC-05 蓝牙模块配对,配对成功后 HC-05 蓝牙模块小灯不再是连续快闪,改变为两闪一灭状态,说明配对连接成功。

图 12.27　手机界面

连接成功后,手机可以发送命令消息或普通消息,每条消息必须以回车换行作为结束符。单片机接收到消息后,执行消息处理函数,回送提示信息。

进入 Debug 调试模式,串口中断处理函数中,在收到结束符,将接收消息标志置位的指令旁设置断点,连续运行程序。在手机上选择 HEX 模式,以十六进制数方式输入待发送的消息,如图 12.27 所示。

单片机收到消息,遇到断点暂停程序,在 Watch 窗口中观察接收缓冲区 UART_RX_BUF 和变量 UART_RX_STA,如图 12.28 所示。

确定单片机与手机之间可以正常收发消息后,就可以通过手机发送命令,控制单片机的工作了。图 12.29 为发送 0x02 命令将时间间隔设置为 1000ms 的手机 App 界面,单片机收到命令,回送了时间设置成功的提示信息。

手机发送 0x02 命令给单片机,将时间间隔设置为 1000,即十六进制数 0x000003E8,单片机收到命令后,回送设置成功提示信息。控制小灯以 1s 间隔亮灭闪烁。

```
      UART_RX_STA=0;
      UART_RX_BUF[UART_RX_STA] = rev;
      UART_RX_STA++;
    }
    else   //继续接收消息的内容，若接收到结束符(0x0D,
    {
      UART_RX_BUF[UART_RX_STA]= rev;
      UART_RX_STA++;

      if(rev==0x0A)
      {
        if(UART_RX_BUF[UART_RX_STA-2]==0x0D)
        {
          UART_RX_STA |= UART_RVMSG;    //标志置位
          UART_RevMsgNum++;
        }
      }
    }
  }
}
```

Watch 1

Name	Value	Type
UART_RX_STA	0x8005	unsigned short
UART_RX_BUF	0x20000024 UART_RX_...	unsigned char[200]
[0]	0x41 'A'	unsigned char
[1]	0x42 'B'	unsigned char
[2]	0x43 'C'	unsigned char
[3]	0x0D	unsigned char
[4]	0x0A	unsigned char
[5]	0x00	unsigned char
[6]	0x00	unsigned char

图 12.28　调试信息

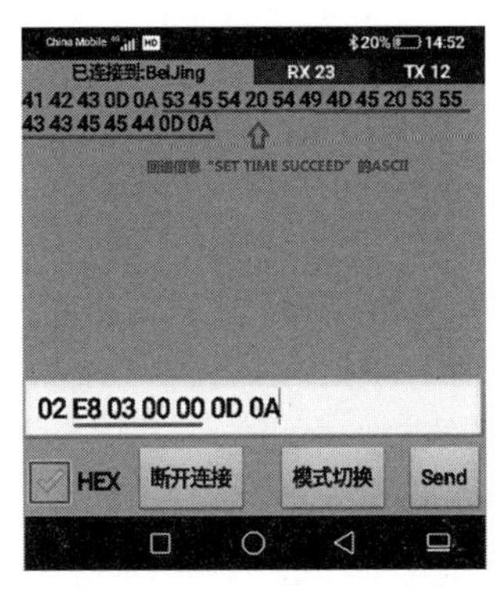

图 12.29　手机发送 0x02 命令

第13章 智能小车设计方案分析

13.1 避障小车设计方案

教学视频1

教学视频2

13.1.1 小车功能规划

避障小车的核心功能是运动和避障，在此基础上可以为小车添加一些辅助功能。

1. 核心功能

1）运动功能

小车能够前进、后退、左转和右转，能够控制小车启、停，并且能够调节小车运动速度。

2）主动避障

在小车基本运动功能基础上，增加主动避障功能。小车前进时定时启动测距功能，检测小车在前、左、右3个方向上与障碍物之间的距离。若前方有障碍物，而左、右无障碍物，则小车左转后，继续前进。若前方、左边都有障碍物，则小车右转后，继续前进。如果3个方向都有障碍物，小车先后退，然后继续检测距离，直到可以左转或右转，避开障碍物为止。

2. 辅助功能

规划了核心功能后，可以思考设计一些有趣的小功能，丰富小车设计。以下是一些常见的辅助功能。

1）报警提示功能

灯光或蜂鸣器报警功能。灯光报警可以用小灯闪烁频率反映对应方向上障碍物的距离。无障碍物或距离超过上限时小灯熄灭。有障碍物时，距离越小则闪烁频率越高。距离低于下限时小灯长亮。蜂鸣器报警可以用蜂鸣器鸣叫频率反映障碍物之间的距离。

2）速度显示功能

简单实现可以将小车速度分为低、中、高3挡调速，然后在一位8段LED上显示速度挡位。可以用数字0～3表示停止以及速度挡位。

再复杂一些，可以增加光电测速模块，检测小车轮子转速，并显示在8位8段LED上。

3）温度检测显示功能

DS18B20芯片可以检测环境温度，通过I^2C总线启动测温，并传输检测结果。无需外围接口硬件，除电源外，直接通过一根信号线与单片机相连。在网上可以搜索到很多DS18B20测温的程序，可以方便地移植到STM32单片机上。

设计中需要显示多个信息时，可以合理分配8位8段LED，同时显示速度、温度、运动方向等。

13.1.2 硬件选型

首先根据所规划的小车功能,确定所需要的硬件元器件种类及数量。然后根据控制这些硬件模块所需的单片机资源,完成单片机选型。选择满足要求,价格低廉的单片机型号。

1. 小车运动

直接购买小车套件,包含了底盘、电动机等基本元件。控制小车运动至少需要控制左、右两个车轮的转速。这需要一个 L298N 模块,需要两路 PWM 信号实现运动控制。

2. 避障功能

至少需要检测前方、左、右 3 个方向的距离,需要 3 个超声波测距模块。定时启动测距,测距时需要检测 3 个超声波模块 echo 引脚的脉冲宽度。

3. 小灯报警功能

可以用一个 LED 小灯实现报警功能。只需要 1 个 IO 引脚控制小灯亮灭即可。

4. 速度控制

小车速度设定为低、中、高 3 挡,可以用 2 个自锁按键控制小车速度,需要 2 个 IO 引脚实现按键控制。

5. 8 位 8 段 LED 显示

可以直接在面包板上用两片 4 位 8 段 LED 模块实现 8 位 8 段 LED 显示,也可以直接购买 8 位 8 段 LED 显示模块。

在面包板上实现接口电路,没有驱动芯片,直接通过 IO 口控制 8 位 8 段 LED 显示模块,需要 8 个 IO 引脚控制位选,8 个 IO 引脚控制段选,共需要 16 个 IO 引脚。

直接购买显示模块,可以选择有驱动芯片的模块,常用的驱动芯片有 TM1638、MAX7219 等,驱动芯片大多通过串行接口与单片机通信,大大降低了所需的 IO 引脚个数。通常模块资料中包含有模块的单片机控制程序,略加修改就可以移植到 STM32 单片机上。

6. 测速功能

小车直流电动机上带有码盘,码盘上均匀地刻有 20 条线。将光电测速模块的槽口插在码盘两边,槽口两边是光耦传感器,光线被遮挡时模块输出高电平,光线透过时模块输出低电平。20 线的码盘旋转一圈,光电测速模块输出 20 个正脉冲。统计单位时间内脉冲个数就能计算出电动机转速了。光电测速模块如图 13.1 所示。小车底盘上留出的槽口宽度有限，一般选择槽宽5mm的窄槽测速模块。

测速模块除了供电电源外，只需要一根IO线。小车速度检测需要两个测速模块分别检测左轮和右轮的转速，共需要两根IO线。

图13.1 光电测速模块

7. 测温功能

DS18B20芯片除供电电源外，只需要一根IO与单片机相连，实现半双工的双向通信。芯片不需要外围接口电路，但是IO线需要外接4.7kΩ左右的上拉电阻。可以直接购买芯片，在面包板上实现上拉电路，通过杜邦线与单片机相连。

确定所需硬件模块种类及个数后，将主要参数列成表格，以方便后续根据性能要求，选择单片机型号，如表13.1所示。

表13.1 避障小车硬件

模块名称	个数	电源电压	IO引脚数	单片机资源	备注
小车套件	1套				
L298N模块	1个	7V	4	一个定时器输出 2路PWM	7V及以上模拟电源 采用板载5V
超声波测距模块	3个	5V	3	一个定时器 3个输入捕获通道	每个模块需要 1个trig引脚
8位8段LED	1	3.3V	16	GPIO口低8位或高8位	面包板上实现 需要限流电阻
光电测速模块	2个	3.3V	2	1个定时器 2个外部中断	1个定时器设定单位时间 2个外部中断统计脉冲个数
DS18B20	1个	3.3V	1		面包板上实现 IO线上接4.7kΩ上拉电阻
LED小灯	1个	3.3V	1		面包板上实现 需要限流电阻
自锁按键或薄膜按键	2个		2		面包板上实现

单片机需要控制表13.1中的所有硬件，这需要2个通用定时器、1个基本定时器、29个IO引脚。一个通用定时器内集成了4个捕获比较通道，有4个通道引脚和1个ETR引脚，这些都是通过GPIO引脚的复用功能实现的，所以加上通用定时器引脚，单片机至少需要有39个IO引脚。选择单片机型号时需要留出一定裕量，这样后续硬件设计才有一定的调整空间。

STM32F103VET6单片机作为大容量单片机，内部集成了2个基本定时器、4个通用定时器和2个高级定时器，定时器资源非常丰富。5个GPIO口，共有80个IO引脚。具有引脚重映射功能，使能重映射功能可以改变片上模块所用IO引脚，使IO引脚的分配更灵活。

STM32F103VET6 单片机最小系统板足以完成避障小车设计。

在确定系统中的所有硬件后，最后设计供电模块。前面章节中已分析了小车供电模块，此处不再赘述。采用 2 节 18650 充电电池供电，单节电压最低 3.7V，2 节串联电压最低 7.4V，能够满足 L298N 模拟电源要求。

13.1.3 硬件设计分析

前面已经确定了避障小车所需的硬件模块，现在需要在小车车体上定位安装上述硬件模块，完成硬件连接，实现小车的硬件设计。

前一阶段只确定需要使用多少片上资源，现在分配片上资源，完成硬件连接。这里需要综合考虑最小板位置以及模块位置，选择合适的 IO 引脚连接硬件模块。例如，L298N 模块桥 A 和桥 B 输出需要连接两个直流电动机，它比较适合在两个电动机之间居中的位置。而 3 个方向的超声波测距模块只能摆放在车头以及左右两侧。

如果底盘空间不够，可以在 4 个边角用铜柱支撑，上方用纸板、冰糕棒或 PVB 板搭出第二层，拓展小车空间。大致确定摆放好硬件模块和单片机最小系统板的安装位置后，再尝试分配 IO 引脚。先分配定时器等片上硬件模块，它们默认占用的 IO 引脚是固定的，通过重映射功能，也只能重新映射到指定的 IO 引脚上，并且大多数模块都是整个模块引脚整体重新映射到新的 IO 引脚上，相对来说，片上硬件模块 IO 引脚比较固定。应尽量先满足片上硬件模块的 IO 引脚分配，然后才分配通用目的 IO 引脚，例如控制小灯或按键的 IO 引脚，通用目的 IO 引脚没有限制，可以灵活分配任何一个未被使用的 IO 引脚。

为了方便后续调试软件，小车系统需要有电源开关。由于采用 L298N 输出的 5V 为单片机供电，直接接到了单片机最小系统板的＋5V 和 GND 引脚，使得最小系统板上的电源开关失效，可以自行在供电回路中添加一个电源开关，方便控制小车系统的电源，如图 13.2 所示。

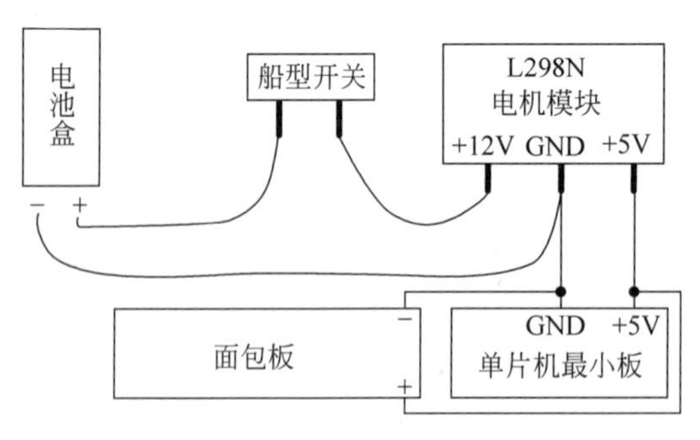

图 13.2 小车电源连接示意图

单片机控制的外部硬件模块都需要与单片机“共地”，最好将 GND 连接到面包板上，方便与其他模块互连，示意图将＋5V 连接到面包板另一边的“＋”列，方便为 5V 外设供电。这里应注意GND与电源正极尽可能分开，不要在同一侧，以免硬件连接时不小心接错，烧毁模块。面包板同一侧的"+""−"分为左右两半，左侧与右侧互相不导通，可以利用这个特性，分别将5V和3.3V电源接到面包板上，通过面包板为其他硬件模块供电。

通过电池盒流出的电流有限，并且系统中没有大电流模块，所以小车电源连接中可以直接使用杜邦线。船形电源开关的连线需要焊接，确保牢固可靠连接，并且焊接后应该用绝缘胶布缠绕裸露出来的接头处。

硬件设计中要特别注意插针、焊点、铜柱等导电的接触点，必要时可用绝缘胶布、热熔胶等实现电气隔离，以免这些触点不慎互相碰触，导致硬件故障，甚至损毁。

13.1.4 软件设计分析

设计软件时，首先应完成各个硬件模块的测试程序，为每个硬件模块新建项目，单独测试该硬件模块的功能。完成硬件测试后，注意保存好各个硬件模块的测试项目。在后续软件开发中，可能添加新功能时发现已经实现的功能不能正常工作，这时可以下载硬件模块的测试项目，先判断相关硬件模块是否正常，逐步排查故障原因。

完成硬件测试后，应从核心功能开始，逐步实现小车功能。硬件模块测试时已经编写了模块接口函数，现在可以直接利用前面的工作成果。将模块接口函数的C语言源文件和头文件复制到小车项目文件夹下，在Keil中将接口文件添加到项目中，在此基础上编写代码，实现规划的小车功能。

在项目开发过程中注意做好记录。编写开发日志，记录每日的工作进展、遇到的问题、解决问题的思路等。如果每天都有一定的进展，那么应该每天备份项目，将整个项目文件夹复制到备份文件夹下，修改项目文件夹名称，添加日期信息。如果没有每天备份，那么至少在每次取得阶段性进展时做好备份工作。对照开发日志就能确定每个备份完成的功能，在软件开发遇到问题时可以考虑回退到某个备份。

此外，还需要注意维护硬件设计文档。硬件设计阶段为各个硬件模块分配了IO引脚，形成了硬件设计文档。在软件设计阶段，有可能对此做少量调整。原因很多，比如改变了硬件布局，为了优化连接，改变了所分配的IO引脚；或者调试过程中发现某个IO引脚已经损坏，改用其他IO引脚等。这时一定要注意修改硬件设计文档，确保文档的正确性。

13.2 遥控小车设计方案

教学视频1

教学视频2

13.2.1 小车功能规划

遥控小车的基本功能与避障小车一样，都需要小车具有运动功能。这里可以有两种设计思路：一种是在避障小车的基础上，添加遥控功能；另一种是取消避障功能，增加遥控功能。后者比较简单，这里只讨论遥控避障小车的设计规划。

在避障小车设计中，小车自由运动，遇到障碍物时采用固定的策略，改变运动方向，避开障碍物，继续自由运动。增加遥控功能时需要协调遥控功能和避障策略，小车控制需要区分为两种控制模式：一种是自由避障模式；另一种是遥控模式。可以通过遥控器随时切换小车运动模式。

在遥控模式下，可以通过遥控器控制小车的启停、运动方向和运动速度，这是最基本的遥控功能。需要思考的是遥控模式下是否需要考虑避障，车速过快，控制者反应不及，即将撞车时是否主动避障，主动避障功能是否会影响遥控的体验等。这里没有对错之分，不同人群有不同的要求，个体感受差异极大，功能规划阶段需要多多思考，多设想各种应用场景，尽量完善规划，避免逻辑冲突。

13.2.2 硬件需求分析

13.1 节详细分析了避障小车，讨论了它的硬件设计和软件设计。在实现避障小车的基础上，拓展小车功能，为其添加遥控功能。首先需要确定采用什么方式实现遥控，常用的无线通信有红外遥控、无线遥控和蓝牙遥控。

1. 红外遥控

红外遥控器及接收模块如图 13.3 所示。按下遥控器的某一个键，遥控器通过红外发光二极管发出一连串经过调制后的信号。红外一体化模块收到信号，对信号进行解调后，输出一连串的数字脉冲。每个按键对应不同的脉冲序列，识别出不同的脉冲序列就能识别出具体按键了。

红外遥控编码方式分为 PWM(脉冲宽度调制)和 PPM(脉冲位置调制)，对应的常见编码分别为 NEC 编码 和 RC-5 编码，NEC 编码在家电遥控器中用得较多。

红外遥控器具有距离远、抗干扰性强、价格低廉等优点，单片机控制中使用较多的是 NEC 编码的红外遥控。

2. 无线遥控

图 13.4 为 NRF24L01 无线数传模块。该模块工作在 2.4GHz 的 ISM 频段上，传输距离可达 1000m。采用广播模式可以实现一对多的通信，一个模块内可以设置多个接收地址，接收来自多个模块的信息。功能强大，相应地价格较高，并且编程相对复杂一些。

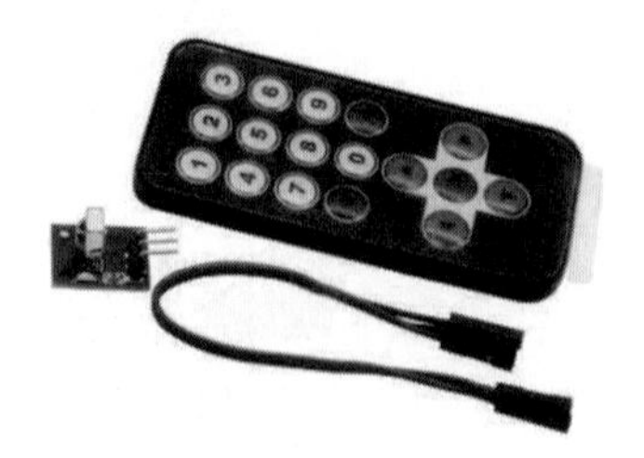

图 13.3 红外遥控

图 13.4 无线数传模块

3. 蓝牙遥控

蓝牙技术的应用范围越来越广，普及程度越来越高，手机、平板电脑上都已集成了蓝牙模块。单片机通过蓝牙模块，就能与手机蓝牙配对，实现蓝牙遥控，成本低廉、实现便捷。

在上述3种实现方法中，成本最低的是红外遥控，成本最高的是无线遥控。传输距离最远的是无线遥控，也只有无线模块能通过广播方式，实现一对多的通信。蓝牙遥控成本居中，优点是可以直接用手机或平板电脑作为遥控器，灵活便捷。

这里选用 HC-05 蓝牙模块实现遥控功能。

13.2.3 硬件设计分析

HC-05 蓝牙模块需要 3.3V 电源，通过串口与单片机相连。单片机中集成有5个串口模块，选择片上硬件模块时需要避免与已使用硬件模块发生引脚冲突，仔细研究遥控小车的硬件设计文档，对比数据手册中各串口模块所用引脚，选出合适的串口模块。

例如，USART2 模块引脚与定时器 TIM5、TIM2，以及 ADC 的输入通道重叠，如图13.5所示。除非能够通过重映射，将模块引脚映射到其他 IO 引脚上，避免引脚重叠，否则项目设计中只能启用其中一个模块。

Pins					Pin name	Type[1]	I/O Level[2]	Main function[3] (after reset)	Alternate functions	
BGA144	BGA100	LQFP64	LQFP100	LQFP144					Default	Remap
J2	G2	14	23	34	PA0-WKUP	I/O		PA0	WKUP/USART2_CTS[6] ADC123_IN0 TIM2_CH1_ETR TIM5_CH1/TIM8_ETR	
K2	H2	15	24	35	PA1	I/O		PA1	USART2_RTS[6] ADC123_IN1/TIM5_CH2 TIM2_CH2[6]	
L2	J2	16	25	36	PA2	I/O		PA2	USART2_TX[6]/ TIM5_CH3/ADC123_IN2/ TIM2_CH3[6]	
M2	K2	17	26	37	PA3	I/O		PA3	USART2_RX[6]/ TIM5_CH4/ADC123_IN3 TIM2_CH4[6]	
J3	G3	20	29	40	PA4	I/O		PA4	SPI1_NSS[6]/DAC_OUT1 USART2_CK[6] ADC12_IN4	

图13.5 USART2 模块引脚

硬件设计时注意避免所选用片上硬件的引脚冲突，如果通过重映射无法解决引脚冲突问题，那么只能选择片上资源更丰富、IO 引脚更多的单片机型号。

13.2.4 软件设计分析

实现拓展功能时依然要先单独做硬件测试,新建项目测试硬件模块。硬件测试成功后,可以在测试项目中实现蓝牙模块的接口函数。逐一测试功能规划中的遥控按键,充分测试后再向小车设计项目中添加蓝牙遥控功能。

串口接收采用中断机制实现,但是串口发送采用查询等待机制实现,调用接口函数发送命令消息会占用CPU一定的执行时间,尽量不要在串口中断处理函数中调用发送命令消息的函数,避免由于中断处理函数执行时间过长,影响下一次中断响应或影响主程序的执行。

项目设计中使能了多个中断源,要合理设定中断源的优先级。可以按照中断频率高低设计中断源优先级,中断频率越高的中断源优先级越高,相应地,中断处理函数的执行时间应该越短。

中断响应有"高嵌低"现象,函数调用也有嵌套现象,而函数中定义的局部变量都是在堆栈中分配存储单元,每一层"嵌套"都在消耗堆栈资源。软件设计时应注意不要在函数中定义大量的局部变量或数组,避免过度消耗堆栈。可以修改启动文件中定义的堆栈大小,为堆栈分配更多的存储空间。

现在你可以自由发挥,设计独属于自己的"智能小车"。